“十二五”职业教育国家规划教材
经全国职业教育教材审定委员会审定

全国高职高专教育土建类专业教学指导委员会规划推荐教材

工程量清单计价

（第五版）

（工程造价与工程管理类专业适用）

袁建新　主　编
迟晓明　副主编
田恒久　主　审

中国建筑工业出版社

图书在版编目（CIP）数据

工程量清单计价/袁建新主编. —5版. —北京：中国建筑工业出版社，2019.12（2024.11重印）
“十二五”职业教育国家规划教材经全国职业教育教材审定委员会审定 全国高职高专教育土建类专业教学指导委员会规划推荐教材
ISBN 978-7-112-24632-8

Ⅰ.①工… Ⅱ.①袁… Ⅲ.①建筑造价-高等职业教育-教材 Ⅳ.①TU723.3

中国版本图书馆CIP数据核字（2020）第010894号

工程量清单计价课程是教育部颁发的高等职业教育工程造价专业教学标准列入的专业核心课程。本书主要包括：概论、工程量清单编制方法、招标工程量清单编制实例、投标报价编制、房屋建筑与装饰工程投标报价编制实例、水电安装工程投标报价编制实例等。

本书根据《中华人民共和国增值税暂行条例》的规定以及《住房和城乡建设部办公厅关于做好建筑业营改增建设工程计价依据调整准备工作的通知》（建办标[2016]4号）文件要求和建筑业增值税计算办法，全面改写了“营改增”后工程造价计算的内容。

为更好地支持相应课程的教学，我们向采用本书作为教材的教师提供教学课件，有需要者可与出版社联系，邮箱：jckj@cabp.com.cn，电话：（010）58337285，建工书院 https：//edu.cabplink.com（PC端）。

* * *

责任编辑：张 晶 王 跃
责任校对：党 蕾

“十二五”职业教育国家规划教材
经全国职业教育教材审定委员会审定
全国高职高专教育土建类专业教学指导委员会规划推荐教材
工程量清单计价
（第五版）
（工程造价与工程管理类专业适用）
袁建新 主 编
迟晓明 副主编
田恒久 主 审
*
中国建筑工业出版社出版、发行（北京海淀三里河路9号）
各地新华书店、建筑书店经销
北京红光制版公司制版
建工社（河北）印刷有限公司印刷
*
开本：787×1092毫米 1/16 印张：21¼ 字数：518千字
2020年6月第五版 2024年11月第三十八次印刷
定价：**56.00**元（赠教师课件）
ISBN 978-7-112-24632-8
（34960）

修订版教材编审委员会名单

教材编审委员会名单

修订版序言

住房和城乡建设部高职高专教育土建类专业教学指导委员会工程管理类专业分委员会（以下简称工程管理类分指委），是受教育部、住房和城乡建设部委托聘任和管理的专家机构。其主要工作职责是在教育部、住房和城乡建设部、全国高职高专教育土建类专业教学指导委员会的领导下，按照培养高端技能型人才的要求，研究和开发高职高专工程管理类专业的人才培养方案，制定工程管理类的工程造价专业、建筑经济管理专业、建筑工程管理专业的教育教学标准，持续开发“工学结合”及理论与实践紧密结合的特色教材。

高职高专工程管理类的工程造价、建筑经济管理、建筑工程管理等专业教材自2001年开发以来，经过“专业评估”、“示范性建设”、“骨干院校建设”等标志性的专业建设历程和普通高等教育“十一五”国家级规划教材、教育部普通高等教育精品教材的建设经历，已经形成了有特色的教材体系。

通过完成住建部课题“工程管理类学生学习效果评价系统”和“工程造价工作内容转换为学习内容研究”任务，为该系列“工学结合”教材的编写提供了方法和理论依据。使工程管理类专业的教材在培养高素质人才的过程中更加具有针对性和实用性。形成了“教材的理论知识新颖、实践训练科学、理论与实践结合完美”的特色。

本轮教材的编写体现了“工程管理类专业教学基本要求”的内容，根据2013年版的《建设工程工程量清单计价规范》内容改写了与清单计价和合同管理等方面的内容。根据“计标［2013］44号”的要求，改写了建筑安装工程费用项目组成的内容。总之，本轮教材的编写，继承了管理类分指委一贯坚持的“给学生最新的理论知识、指导学生按最新的方法完成实践任务”的指导思想，让该系列教材为我国的高职工程管理类专业的人才培养贡献我们的智慧和力量。

住房和城乡建设部高职高专教育土建类专业教学指导委员会
工程管理类专业分委员会
2013年5月

第二版序言

高职高专教育土建类专业教学指导委员会（以下简称教指委）是在原“高等学校土建学科教学指导委员会高等职业教育专业委员会”基础上重新组建的，在教育部、建设部的领导下承担对全国土建类高等职业教育进行“研究、咨询、指导、服务”责任的专家机构。

2004年以来教指委精心组织全国土建类高职院校的骨干教师编写了工程造价、建筑工程管理、建筑经济管理、房地产经营与估价、物业管理、城市管理与监察等专业的主干课程教材。这些教材较好地体现了高等职业教育“实用型”“能力型”的特色，以其权威性、科学性、先进性、实践性等特点，受到了全国同行和读者的欢迎，被全国高职高专院校相关专业广泛采用。

上述教材中有《建筑经济》、《建筑工程预算》《建筑工程项目管理》等11本被评为普通高等教育“十一五”国家级规划教材，另外还有36本教材被评为普通高等教育土建学科专业“十一五”规划教材。

教材建设如何适应教学改革和课程建设发展的需要，一直是我们不断探索的课题。如何将教材编出具有工学结合特色，及时反映行业新规范、新方法、新工艺的内容，也是我们一贯追求的工作目标。我们相信，这套由中国建筑工业出版社陆续修订出版的、反映较新办学理念的规划教材，将会获得更加广泛的使用，进而在推动土建类高等职业教育培养模式和教学模式改革的进程中、在办好国家示范高职学院的工作中，做出应有的贡献。

高职高专教育土建类专业教学指导委员会

2008年3月

第一版序言

全国高职高专教育土建类专业教学指导委员会工程管理类专业指导分委员会（原名高等学校土建学科教学指导委员会高等职业教育专业委员会管理类专业指导小组）是建设部受教育部委托，由建设部聘任和管理的专家机构。其主要工作任务是，研究如何适应建设事业发展的需要设置高等职业教育专业，明确建设类高等职业教育人才的培养标准和规格，构建理论与实践紧密结合的教学内容体系，构筑“校企合作、产学结合”的人才培养模式，为我国建设事业的健康发展提供智力支持。

在建设部人事教育司和全国高职高专教育土建类专业教学指导委员会的领导下，2002年以来，全国高职高专教育土建类专业教学指导委员会工程管理类专业指导分委员会的工作取得了多项成果，编制了工程管理类高职高专教育指导性专业目录；在重点专业的专业定位、人才培养方案、教学内容体系、主干课程内容等方面取得了共识；制定了“工程造价”、“建筑工程管理”、“建筑经济管理”、“物业管理”等专业的教育标准、人才培养方案、主干课程教学大纲；制定了教材编审原则；启动了建设类高等职业教育建筑管理类专业人才培养模式的研究工作。

全国高职高专教育土建类专业教学指导委员会工程管理类专业指导分委员会指导的专业有工程造价、建筑工程管理、建筑经济管理、房地产经营与估价、物业管理及物业设施管理等6个专业。为了满足上述专业的教学需要，我们在调查研究的基础上制定了这些专业的教育标准和培养方案，根据培养方案认真组织了教学与实践经验较丰富的教授和专家编制了主干课程的教学大纲，然后根据教学大纲编审了本套教材。

本套教材是在高等职业教育有关改革精神指导下，以社会需求为导向，以培养实用为主、技能为本的应用型人才为出发点，根据目前各专业毕业生的岗位走向、生源状况等实际情况，由理论知识扎实、实践能力强的双师型教师和专家编写的。因此，本套教材体现了高等职业教育适应性、实用性强的特点，具有内容新、通俗易懂、紧密结合工程实践和工程管理实际、符合高职学生学习规律的特色。我们希望通过这套教材的使用，进一步提高教学质量，更好地为社会培养具有解决工作中实际问题的有用人才打下基础。也为今后推出更多更好的具有高职教育特色的教材探索一条新的路子，使我国的高职教育办的更加规范和有效。

全国高职高专教育土建类专业教学指导委员会

工程管理类专业指导分委员会

2004年5月

第五版前言

工程量清单计价课程是教育部颁发的高等职业教育工程造价专业教学标准列入的专业核心课程。通过本课程的学习，使学生熟练应用建设工程工程量清单计价规范、房屋建筑与装饰工程工程量计算规范、通用安装工程工程量计算规范；掌握分部分项清单工程量计算、单价措施项目清单工程量计算方法与技能；掌握建筑工程量清单、安装工程量清单编制方法与技能；掌握建筑工程量清单报价、安装工程量清单报价编制方法与技能。

第五版的教材根据《中华人民共和国增值税暂行条例》的规定以及《住房和城乡建设部办公厅关于做好建筑业营改增建设工程计价依据调整准备工作的通知》（建办标［2016］4号）文件要求和建筑业增值税计算办法，全面改写了“营改增”后工程造价计算的内容。

采用最新的规范与标准编写“工程量清单计价”教材，将最新的内容呈现给广大学员与读者，是我们保证教材的实用性以及理论与实践紧密结合的一贯追求。

本书由四川建筑职业技术学院袁建新教授、迟晓明副教授、侯兰高级工程师、刘渊讲师、刘晓满讲师、蒋飞讲师共同编写。

本书由山西建筑职业技术学院田恒久主审。书稿修订过程中得到了中国建筑工业出版社大力支持和帮助，在此一并表示衷心的感谢。

由于作者水平有限，书中难免会有不足之处，敬请广大读者批评指正。

作者

2019年7月

第四版前言

《工程量清单计价》第四版根据《建设工程工程量清单计价规范》GB 50500—2013、《房屋建筑与装饰工程工程量计算规范》GB 50854—2013、《通用安装工程工程量计算规范》GB 50856—2013进行了全面的修订，反映了当前最新的工程量清单计价内容。

第四版根据2013清单计价规范的内容，进一步理清了清单计价的思路，全面介绍了房屋建筑与装饰工程和水电安装工程工程量清单及清单报价的编制方法和步骤，采用了具有代表性的“全消耗量计价定额”列举了详实的工程量清单和清单报价的实例。教材中切合造价工作实际的内容和计算方法，由浅入深、由表及里、由简单到复杂的编排，实现了“螺旋进度法”的教学思想，是工学结合将工作内容转换为学习内容的又一次有益的实践成果。

第四版由四川建筑职业技术学院袁建新主编，迟晓明、袁鹰副主编，侯兰、刘渊、刘晓满、蒋飞参编。迟晓明编写了第2章的内容，袁鹰编写了第3章中的第3.1.1、3.1.2、3.1.3、3.1.4小节的内容，侯兰编写了第3章中的第3.1.5、3.1.6、3.1.7、3.1.8、3.1.9、3.1.10、3.1.11和第4章中的第4.3小节的内容，刘渊编写了第3章中的第3.2.2、3.2.3小节的内容，刘晓满编写了第三章中的第3.2.1、3.2.4、3.2.5、3.2.6小节的内容。蒋飞编写了第4.1节的内容。本书其余部分内容由袁建新编写。

本书由山西建筑职业技术学院教授、国家注册造价工程师田恒久主审。四川建筑职业技术学院夏一云工程师为本书设计了实例用的施工图。同时得到了建筑工业出版社的大力支持。为此一并表示感谢。

由于我国的工程造价计价方法和计价定额均处于发展时期，加上作者水平有限，书中也难免出现不准确的地方，敬请广大师生和读者批评指正。

2014年12月

第三版前言

工程量清单计价第三版教材根据2008年版的《建设工程工程量清单计价规范》GB 50500—2008进行了改写。按照“行动导向”、“工学结合”的指导思想，改写了工程量清单计价原理、综合单价编制方法，新编了建筑工程、装饰装修工程、电气设备安装工程工程量清单和清单报价实例。

第三版全书的修订工作及第一章、第四章的改写工作和第三章、第五章的新编工作均由四川建筑职业技术学院袁建新教授完成。

第三版由山西建筑职业技术学院副教授、造价工程师田恒久主审。在第三版改写过程中参考了有关文献资料，得到了中国建筑工业出版社的大力支持，谨此一并致谢。

2010年1月

第二版前言

本书是适应《建设工程工程量清单计价规范》和建设工程招标投标要求的全新教材。其计价理论源于建筑工程造价计价原理，但又有不同，区别在于工程量清单报价所采用的消耗量定额、人工单价、材料单价、机械台班单价以及有关措施项目费等全部由投标人自主确定。这一特点是不同于定额计价理论的本质区别。

第二版主要对有关概念进行了进一步的阐述和定位。例如，明确指出了工程量清单计价包含工程量清单和工程量清单报价两个方面的内容；对个别工程量清单项目进行了更加明确的归类；修正了个别错字和数据等等。

本书由袁建新编著，迟晓明编写了第四章的内容。本书由田恒久副教授、全国造价工程师主审。

由于作者水平有限，书中难免有不当之处，敬请广大读者批评指正。

2007年6月

第一版前言

本书是全国建设管理类高等职业教育工程造价、工程管理、建筑经济管理等专业的主干课教材。本书根据全国高等学校土建学科教学指导委员会高等职业教育专业委员会制定的该专业培养目标和培养方案及主干课程教学基本要求而编写。

工程量清单计价是建设工程招投标中与定额计价相区别的一种新的计价方式。工程量清单计价方式与定额计价方式有着密切的联系，但也有本质上的区别。定额计价的工程造价理论是工程量清单计价的理论基础之一，其计价方法也有一定的延续性。在掌握好定额计价理论和方法基础上，就可以在较短的时间内掌握工程量清单计价的理论与方法。定额计价与工程量清单计价的本质区别是，前者采用建设行政主管部门颁发的反映社会平均水平的消耗量定额和发布的指导价格计算工程造价，该工程造价具有计划价格的本质特征；后者由投标人自主选择消耗量定额（如企业定额）和自主确定各种单价，其工程报价具有市场价格的本质特征。

本书根据《建设工程工程量清单计价规范》有关内容，较详细地、系统地介绍了工程量清单报价的编制方法。全书在理论与方法上除进行了通俗易懂的阐述外，还结合工程量清单招标投标的实际情况，列举了较详实的例子。通过本书的学习，使学员在较短的学习时间内掌握工程量清单计价的基本理论与方法，达到能较熟练地运用《建设工程工程量清单计价规范》编制工程量清单和工程量清单报价的目的。

本书由四川建筑职业技术学院袁建新（中国造价工程师）主编，并编写了第一章、第二章、第三章、第五章、第六章、第七章，四川建筑职业技术学院迟晓明参加编写了第四章。

本书由山西建筑职业技术学院田恒久（中国造价工程师）主审。主审认真审阅了全部书稿，提出了许多宝贵的意见和建议。另外，在本书的编写过程中参考了有关文献资料、得到了编者所在院校的大力支持，谨此一并致谢。

我国工程造价的理论与实践正处于发展时期，新的内容还会不断出现，加之我们的水平有限，书中难免有不妥之处，敬请广大师生和读者批评指正。

2004 年 7 月

目　录

1　概　　论

1.1　工程量清单计价概述

1.1.1　工程量清单计价包含的主要内容

《建设工程工程量清单计价规范》GB 50500—2013 主要内容包括：工程量清单编制，招标控制价、投标价、合同价款约定、工程计量、合同价款调整、合同价款期中支付、竣工结算与支付、合同价款争议的解决、工程造价鉴定等内容。

本课程主要介绍工程量清单、招标控制价、投标价和应用实例编制方法。其余内容在工程造价控制、工程结算等课程中介绍。

1.1.2　工程量清单计价规范的编制依据和作用

《建设工程工程量清单计价规范》是为规范建设工程施工发承包计价行为，统一建设工程工程量清单的编制原则和计价方法，根据《中华人民共和国建筑法》《中华人民共和国合同法》《中华人民共和国招标投标法》等法律法规制定的法规性文件。

规范规定，使用国有资金投资的建设工程施工发承包，必须采用工程量清单计价。规范要求非国有资金投资的建设工程，宜采用工程量清单计价。

不采用工程量清单计价的建设工程，应执行本规范除工程量清单等专门性规定外的其他规定。例如，在工程发承包过程中要执行合同价款约定、工程计量、合同价款调整、合同价款期中支付、竣工结算与支付、合同价款争议的解决等规定。

1.1.3　什么是工程量清单

工程量清单是指载明建设工程的分部分项工程项目、措施项目、其他项目的名称和相应数量以及规范、税金项目等内容的明细清单。

工程量清单是招标工程量清单和已标价工程量清单的统称。

1.1.4　什么是招标工程量清单

招标工程量清单是指招标人依据国家标准、招标文件、设计文件以及施工现场实际情况编制的，随招标文件发布供投标报价的工程量清单，包括其说明和表格。

1.1.5　什么是已标价工程量清单

已标价工程量清单是指构成合同文件组成部分的投标文件中已标明价格，经算术性错误修正（如果有）且承包人已经确认的工程量清单，包括其说明和表格。

已标价工程量清单特指承包商中标后的工程量清单，不是指所有投标人的标价工程量清单。因为“构成合同文件组成部分”的“已标价工程量清单”只能是中标人的“已标价工程量清单”；另外，有可能在评标时评标专家已经修正了投标人“已标价工程量清单”的计算错误，并且投标人同意修正结果，最终又成为中标价的情况；或者投标人“已标价工程量清单”与“招标工程量清单”的工程数量有差别且评标专家没有发现错误，最终又成为中标价的情况。

上述两种情况说明“已标价工程量清单”有可能与“投标报价工程量”“招标工程量清单”出现不同情况的事实，所以专门定义了“已标价工程量清单”的概念。

1.1.6 什么是招标控制价

招标人根据国家或省级、行业建设主管部门颁发的有关计价依据和办法，以及拟定的招标文件和招标工程量清单，结合工程具体情况编制的招标工程的最高投标限价。

1.1.7 什么是投标价

投标价是指投标人投标时，响应招标文件要求所报出的对已标价工程量清单汇总后标明的总价。

投标价是投标人根据国家或省级、行业建设主管部门颁发的计价办法，企业定额、国家或省级、行业建设主管部门颁发的计价定额，招标文件、工程量清单及其补充通知、答疑纪要，建设工程设计文件及相关资料，施工现场情况、工程特点及拟定的投标施工组织设计或施工方案，与建设项目相关的标准、规范等技术资料，市场价格信息或工程造价管理机构发布的工程造价信息编制的投标时报出的工程总价。

1.1.8 什么是签约合同价

签约合同价是指发承包双方在工程合同中约定的工程造价，即包括了分部分项工程费、措施项目费、其他项目费、规费和税金的合同总价。

1.1.9 什么是竣工结算价

竣工结算价是指发承包双方依据国家有关法律、法规和标准规定，按照合同约定确定的，包括在履行合同过程中按合同约定进行的合同价款调整，承包人按合同约定完成了全部承包工作后，发包人应付给承包人的合同总金额。

在履行合同过程中按合同约定进行的合同价款调整是指工程变更、索赔、政策变化等引起的价款调整。

1.1.10 招标工程量清单与已标价工程量清单

1. 工程量清单的概念

工程量清单是建设工程的分部分项工程项目、措施项目、其他项目、规费项目和税金项目的名称和相应数量等的明细清单。这里是指出工程量清单所包含的内容。

2. 招标工程量清单的概念

招标工程量清单是招标人依据国家标准、招标文件、设计文件以及施工现场实际情况编制的，随招标文件发布供投标价的工程量清单。这里是指工程量清单的编制依据和重要作用。

3. 已标价工程量清单的概念

已标价工程量清单是构成合同文件组成部分的投标文件中已标明价格，经算术性错误修正（如有）且承包人已确认的工程量清单，包括对其的说明和表格。这里是指承包人根据承包合同的要求，在投标价的基础上进行调整（如有）后的已标价工程量清单。

1.1.11 工程量清单计价活动各种价格之间的关系

工程量清单计价活动各种价格主要指招标控制价、已标价工程量清单、投标价、签约合同价、竣工结算价。

1. 招标控制价与各种价格之间的关系

GB 50500—2013 的第 6.1.5 条规定“投标人的投标价高于招标控制价的应予废标”。所以，招标控制价是投标价的最高限价。

GB 50500—2013 的第 5.1.2 条规定“招标控制价应由具有编制能力的招标人编制，或者委托其具有相应资质的工程造价咨询人编制和复核”。

招标控制价是工程实施时调整工程价款的计算依据。例如，分部分项工程量偏差引起的综合单价调整就需要根据招标控制价中对应的分部分项综合单价进行。

招标控制价应根据工程类型确定合适的企业等级，根据本地区的计价定额、费用定额、人工费调整文件和市场信息价编制。

招标控制价应反映建造该工程的社会平均水平工程造价。

招标控制价的质量和复核由招标人负责。

2. 投标价与各种价格之间的关系

投标价一般由投标人编制。投标价根据招标工程量和有关依据进行编制。投标价不能高于招标控制价。包含工程量的投标价称为“已标价工程量清单”，它是调整工程价款和计算工程结算价的主要依据之一。

3. 签约合同价与各种价格之间的关系

签约合同价根据中标价（中标人的投标价）确定。发承包双方在中标价的基础上协商确定签约合同价。一般情况下承包商能够让利的话，签约合同价要低于中标价。签约合同价也是调整工程价款和计算工程结算价的主要依据之一。

4. 竣工结算价与各种价格之间的关系

竣工结算价由承包商编制。竣工结算价根据招标控制价、已标价工程量清单、签约合同价和工程变更资料编制。上述工程量清单计价各种价格之间的关系示意见图 1-1。

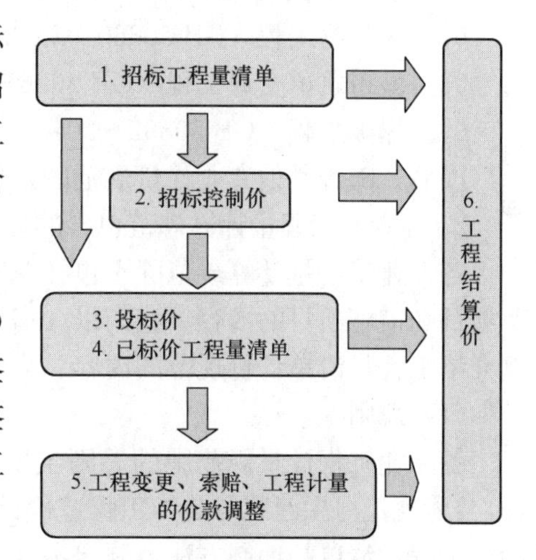

图 1-1　工程量清单计价各种价格之间的关系示意图

1.2　工程量计算规范

1.2.1　设置工程量计算规范的目的

1. 规范工程造价计量行为

在工程量清单计价时，确定工程造价一般首先要根据施工图，计算 m、m^2、m^3、t 等为计量单位的工程数量。工程施工图往往表达的是一个由不同结构和构造、多种几何形体组成的结合体。因此，在错综复杂的长度、面积、体积等清单工程量计算中必须要有一个权威的、强制执行的规定来统一规范工程量清单计价的计量行为。于是就颁发了工程量计算规范。

2. 规定工程量清单的项目设置和计量规则

颁发的工程量计算规范设置了各专业工程的分部分项项目，统一了清单工程量项目的划分，进而保证了每个单位工程确定工程量清单项目的一致性。

工程计量规范根据每个项目的计算特点和考虑到计价定额的有关规定，设置了每个清单工程量项目的项目名称、项目特征、计量单位、工程量计算规则和工作内容。

1.2.2 工程计量规范的内容

1. 工程量计算规范包括的专业工程

2013 年颁发的工程量计算规范包括 9 个专业工程，他们是：

01—房屋建筑与装饰工程（GB 50854—2013）

02—仿古建筑工程（GB 50855—2013）

03—通用安装工程（GB 50856—2013）

04—市政工程（GB 50857—2013）

05—园林绿化工程（GB 50858—2013）

06—矿山工程（GB 50859—2013）

07—构筑物工程（GB 50860—2013）

08—城市轨道交通工程（GB 50861—2013）

09—爆破工程（GB 50862—2013）

以后，随着其他专业计量规范的条件成熟，还会不断增加新专业工程的计量规范。

2. 各专业工程量计算规范包含的内容

各专业工程量计算规范除了包括总则、术语、一般规定外，其主要内容是分部分项工程项目和措施项目的内容。我们以《房屋建筑与装饰工程工程量计算规范》GB 50854 为例介绍工程量清单计价规范的内容。

（1）总则

各专业工程计量规范中的总则主要包括了：阐述了制定工程量计算规范的目的。例如，“为规范房屋建筑与装饰工程造价计量行为，统一房屋建筑与装饰工程工程量计算规则、工程量清单的编制方法，制定本规范”。

规范的适用范围。例如，“本规范适用于工业与民用的房屋建筑与装饰工程发承包及实施阶段计价活动中的工程计量和工程量清单编制”。

强制性规定。例如，“××工程计价，必须按本规范规定的工程量计算规则进行工程计量”。

（2）术语

术语是在特定学科领域用来表示概念的称谓的集合，在我国又称为名词或科技名词。术语是通过语言或文字来表达或限定科学概念的约定性语言符号，是思想和认识交流的工具。

工程量计算规范的术语通常包括对“工程量计算”“房屋建筑”“市政工程”“安装工程”等概念的定义。例如，安装工程是指各种设备、装置的安装工程。通常包括：工业、民用设备，电气、智能化控制设备，自动化控制仪表，通风空调，工业、消防及给水排水燃气管道以及通信设备安装等。

（3）工程计量

1）工程量计算依据

工程量计算依据除依据规范各项规定外，尚应依据以下文件：

① 经审定通过的施工设计图纸及其说明。

② 经审定通过的施工组织设计或施工方案。

③ 经审定通过的其他有关技术经济文件。

2）实施过程的计量办法

工程实施过程中的计量应按照现行国家标准《建设工程工程量清单计价规范》GB 50500的相关规定执行。

3）分部分项工程量清单计量单位的规定

分部分项工程量清单的计量单位应按附录中规定的计量单位确定。

本规范附录中有两个或两个以上计量单位的，应结合拟建工程项目的实际情况，选择其中一个确定。

工程计量时每一项目汇总的有效位数应遵守下列规定：

① 以“t”为单位，应保留小数点后三位数字，第四位小数四舍五入；

② 以“m”“m^2”“m^3”“kg”为单位，应保留小数点后两位数字，第三位小数四舍五入；

③ 以“个”“件”“根”“组”“系统”为单位，应取整数。

4）拟建工程项目中涉及非本专业计量规范的处理方法（以房屋建筑与装饰工程量计算规范为例）

房屋建筑与装饰工程涉及电气、给水排水、消防等安装工程的项目，按照现行国家标准《通用安装工程工程量计算规范》GB 50856 的相应项目执行；涉及小区道路、室外给排水等工程的项目，按现行国家标准《市政工程工程量计算规范》GB 50857 的相应项目执行。采用爆破法施工的石方工程按照现行国家标准《爆破工程工程量计算规范》GB 50862 的相应项目执行。

（4）工程量清单编制

1）编制工程量清单的依据

① 本规范和现行国家标准《建设工程工程量清单计价规范》GB 50500。

② 国家或省级、行业建设主管部门颁发的计价依据和办法。

③ 建设工程设计文件。

④ 与建设工程项目有关的标准、规范、技术等资料。

⑤ 拟定的招标文件。

⑥ 施工现场情况、工程特点及常规施工方案。

⑦ 其他相关资料。

2）分部分项工程量清单编制

① 工程量清单应根据附录规定的项目编码、项目名称、项目特征、计量单位和工程量计算规则进行编制。

② 工程量清单的项目编码，应采用十二位阿拉伯数字表示，一至九位应按附录的规定设置，十至十二位应根据拟建工程的工程量清单项目名称和项目特征设置，同一招标工程的项目编码不得有重码。例如，砖基础的清单工程量计算规范的编码为“010401001”九位数，某工程砖基础清单工程量的编码为“010401001001”十二位数，最后三位数“001”是工程量清单编制人加上的。

③ 工程量清单的项目名称应按附录的项目名称结合拟建工程的实际确定。

④ 工程量清单项目特征应按附录中规定的项目特征，结合拟建工程项目的实际予以描述。

⑤ 工程量清单中所列工程量应按附录中规定的工程量计算规则计算。

⑥ 工程量清单的计量单位应按附录中规定的计量单位确定。

3）其他项目、规费和税金项目编制

其他项目、规费和税金项目清单应按照现行国家标准《建设工程工程量清单计价规范》GB 50500 的相关规定编制。

4）补充工程量清单项目编制

编制工程量清单出现附录中未包括的项目，编制人应做补充，并报省级或行业工程造价管理机构备案，省级或行业工程造价管理机构应汇总报住房和城乡建设部标准定额研究所。

补充项目的编码由本规范的代码 01 与 B 和三位阿拉伯数字组成，并应从 01B001 起顺序编制，同一招标工程的项目编码不得重复。

将补充的清单项目，需在工程量清单附上补充项目的名称、项目特征、计量单位、工程量计算规则、工作内容。

补充的不能计量的措施项目，需附有补充项目的名称、工作内容及包含范围。

5）有关模板项目的约定

本规范现浇混凝土工程项目“工作内容”中包括模板工程的内容，同时又在措施项目中单列了现浇混凝土模板工程项目。对此，招标人应根据工程实际情况选用。若招标人在措施项目清单中未编列现浇混凝土模板项目清单，即表示现浇混凝土模板项目不单列，现浇混凝土工程项目的综合单价中应包括模板工程费用。

6）有关成品的综合单价计算约定

本规范对预制混凝土构件按现场制作编制项目，“工作内容”中包括模板工程，不再另列。若采用成品预制混凝土构件时，构件成品价（包括模板、钢筋、混凝土等所有费用）应计入单价中。

金属结构构件按成品编制项目，构件成品价应计入综合单价中，若采用现场制作，包括制作的所有费用。

门窗（橱窗除外）按成品编制项目，门窗成品价应计入综合单价中。若采用现场制作，包括制作的所有费用。

7）措施项目编制的规定

措施项目分“单价项目”和“总价项目”两种情况确定。

措施项目中列出了项目编码、项目名称、项目特征、计量单位、工程量计算规则的项目（单价项目），编制工程量清单时，应按照本规范分部分项工程量清单编制的规定执行。

措施项目中仅列出项目编码、项目名称，未列出项目特征、计量单位和工程量计算规则的项目（总价项目），编制工程量清单时，应按本规范附录的措施项目规定的项目编码、项目名称确定。

3. 房屋建筑与装饰工程工程量计算规范举例

房屋建筑与装饰工程工程量计算规范从附录 A～附录 S 共有 16 个（去掉了字母 I 和 O）分部工程。

每一附录的主要内容包括：①附录名称；②小节名称；③统一要求；④工程量分节表名称；⑤分节表中的工程量项目名称、项目编码、项目特征、计量单位、工程量计算规则、工作内容；⑥注明；⑦附加表等。

例如，下列《房屋建筑与装饰工程工程量计算规范》的附录 A 中的“A.1 土方工程”的主要内容为：

① 附录名称：附录 A 土石方工程；

② 小节名称：A.1 土方工程；

③ 统一要求：“土方工程工程量清单项目设置、项目特征描述的内容、计量单位及工程量计算规则，应按表 A.1 的规定执行。”；

④ 工程量分节表名称：表 A.1 土方工程（编号 010101）；

⑤ 分节表中的工程量项目名称、项目编码、项目特征、计量单位、工程量计算规则、工作内容：例如“平整场地”项目的编码为“010101001”、项目特征为“1. 土壤类别 2. 弃土运距 3. 取土运距”；

⑥ 注明：例如注 2“建筑物场地厚度不大于±300mm 的挖、填、运、找平，应按本表中平整场地项目编码列项。厚度大于±300mm 的竖向布置挖土或山坡切土应按本表中挖一般土方项目编码列项。”

⑦ 附加表：A.1 土方工程附加了“表 A.1-1 土壤分类表”、“表 A.1-2 土方体积折算系数表”、“表 A.1-3 放坡系数表”、“表 A.1-4 基础工程所需工作面宽度计算表”、“表 A.1-5 管沟施工每侧所需工作面宽度计算表”。

附录 A 土 石 方 工 程

A.1 土 方 工 程

土方工程工程量清单项目设置、项目特征描述的内容、计量单位及工程量计算规则，应按表 A.1 的规定执行。

土方工程（编码：010101） **表 A.1**

<table>
<tr><th>项目编码</th><th>项目名称</th><th>项目特征</th><th>计量单位</th><th>工程量计算规则</th><th>工程内容</th></tr>
<tr><td>010101001</td><td>平整场地</td><td>1. 土壤类别
2. 弃土运距
3. 取土运距</td><td>m²</td><td>按设计图示尺寸以建筑物首层建筑面积计算</td><td>1. 土方挖填
2. 场地找平
3. 运输</td></tr>
<tr><td>010101002</td><td>挖一般土方</td><td rowspan="3">1. 土壤类别
2. 挖土深度
3. 弃土运距</td><td rowspan="3">m³</td><td>按设计图示尺寸以体积计算</td><td rowspan="3">1. 排地表水
2. 土方开挖
3. 围护（挡土板）及拆除
4. 基底钎探
5. 运输</td></tr>
<tr><td>010101003</td><td>挖沟槽土方</td><td rowspan="2">按设计图示尺寸以基础垫层底面积乘以挖土深度计算</td></tr>
<tr><td>010101004</td><td>挖基础土方</td></tr>
</table>

续表

项目编码	项目名称	项目特征	计量单位	工程量计算规则	工程内容
010101005	冻土开挖	1. 冻土厚度 2. 弃土运距	m^3	按设计图示尺寸开挖面积乘厚度以体积计算	1. 爆破 2. 开挖 3. 清理 4. 运输
010101006	挖淤泥、流砂	1. 挖掘深度 2. 弃淤泥、流砂距离		按设计图示位置、界限以体积计算	1. 开挖 2. 运输
010101007	管沟土方	1. 土壤类别 2. 管外径 3. 挖沟深度 4. 回填要求	1. m 2. m^2	1. 以米计量，按设计图示以管道中心线长度计算 2. 以立方米计量，按设计图示管底垫层面积乘以挖土深度计算；无管底垫层按管外径的水平投影面积乘以挖土深度计算。不扣除各类井的长度，井的土方并入	1. 排地表水 2. 土方开挖 3. 围护（挡土板）、支撑 4. 运输 5. 回填

注：1. 挖土方平均厚度应按自然地面测量标高至设计地坪标高间的平均厚度确定。基础土方开挖深度应按基础垫层底表面标高至交付施工场地标高确定，无交付施工场地标高时，应按自然地面标高确定。

2. 建筑物场地厚度不大于±300mm 的挖、填、运、找平，应按本表中平整场地项目编码列项。厚度大于±300mm的竖向布置挖土或山坡切土应按本表中挖一般土方项目编码列项。

3. 沟槽、基坑、一般土方的划分为：底宽不大于 7m 且底长大于 3 倍底宽为沟槽；底长不大于 3 倍底宽且底面积不大于 150m^2 为基坑；超出上述范围则为一般土方。

4. 挖土方如需截桩头时，应按桩基工程相关项目列项。

5. 桩间挖土不扣除桩的体积，并在项目特征中加以描述。

6. 弃、取土运距可以不描述，但应注明由投标人根据施工现场实际情况自行考虑，决定报价。

7. 土壤的分类应按表 A. 1-1 确定，如土壤类别不能准确划分时，招标人可注明为综合，由投标人根据地勘报告决定报价。

8. 土方体积应按挖掘前的天然密实体积计算。非天然密实土方应按表 A. 1-2 折算。

9. 挖沟槽、基坑、一般土方因工作面和放坡增加的工程量（管沟工作面增加的工程量）是否并入各土方工程量中，应按各省、自治区、直辖市或行业建设主管部门的规定实施，如并入各土方工程量中，办理工程结算时，按经发包人认可的施工组织设计规定计算，编制工程量清单时，可按表 A. 1-3～表 A. 1-5 规定计算。

10. 挖方出现流砂、淤泥时，如设计未明确，在编制工程量清单时，其工程数量可为暂估量，结算时应根据实际情况由发包人与承包人双方现场签证确认工程量。

11. 管沟土方项目适用于管道（给水排水、工业、电力、通信）、光（电）缆沟［包括：人（手）孔、接口坑］及连接井（检查井）等。

土壤分类表 **表 A. 1-1**

土壤分类	土壤名称	开挖方法
一、二类土	粉土、砂土（粉砂、细砂、中砂、粗砂、砾砂）、粉质黏土、弱中盐渍土、软土（淤泥质土、泥浆、泥炭质土）、软塑红黏土、冲填土	用锹、少许用镐、条锄开挖。机械能全部直接铲挖满载者

续表

土壤分类	土壤名称	开挖方法
三类土	黏土、碎石土（圆砾、角砾）混合土、可塑红黏土、硬塑红黏土、强盐渍土、素填土、压实填土	主要用镐、条锄、少许用锹开挖。机械需部分刨松方能铲挖满载者或可直接铲挖但不能满载者
四类土	碎石土（卵石、碎石、漂石、块石）、坚硬红黏土、超盐渍土、杂填土	全部用镐、条锄挖掘、少许用撬棍挖掘。机械须普遍刨松方能铲挖满载者

注：本表土的名称及其含义按国家标准《岩土工程勘察规范》GB 50021—2001（2009 年版）定义。

土方体积折算系数表 **表 A.1-2**

天然密实度体积	虚方体积	夯实后体积	松填体积
0.77	1.00	0.67	0.83
1.00	1.30	0.87	1.08
1.15	1.50	1.00	1.25
0.92	1.20	0.80	1.00

注：1. 虚方指未经碾压、堆积时间不大于 1 年的土壤。
2. 本表按《全国统一建筑工程预算工程量计算规则》GJDGZ—101—95 整理。
3. 设计密实度超过规定的，填方体积按工程设计要求执行；无设计要求按各省、自治区、直辖市或行业建设行政主管部门规定的系数执行。

放坡系数表 **表 A.1-3**

土类别	放坡起点（m）	人工挖土	机械挖土		
			在坑内作业	在坑上作业	顺沟槽在坑上作业
一、二类土	1.20	1∶0.5	1∶0.33	1∶0.75	1∶0.5
三类土	1.50	1∶0.33	1∶0.25	1∶0.67	1∶0.33
四类土	2.00	1∶0.25	1∶0.10	1∶0.33	1∶0.25

注：1. 沟槽、基坑中土类别不同时，分别按其放坡起点、放坡系数，依不同土类别厚度加权平均计算。
2. 计算放坡时，在交接处的重复工程量不予扣除，原槽、坑作基础垫层时，放坡自垫层上表面开始计算。

基础施工所需工作面宽度计算表 **表 A.1-4**

基 础 材 料	每边各增加工作面宽度（mm）
砖基础	200
浆砌毛石、条石基础	150
混凝土基础垫层支模板	300
混凝土基础支模板	300
基础垂直面做防水层	1000（防水层面）

注：本表按《全国统一建筑工程预算工程量计算规则》GJDGZ—101—95 整理。

管沟施工每侧所需工作面宽度计算表 **表 A.1-5**

管沟材料 \ 管道结构宽(mm)	≤500	≤1000	≤2500	>2500
混凝土及钢筋混凝土管道（mm）	400	500	600	700
其他材质管道（mm）	300	400	500	600

注：1. 本表按《全国统一建筑工程预算工程量计算规则》GJDGZ—101—95 整理。
2. 管道结构宽：有管座的按基础外缘，无管座的按管道外径。

1.3 如何掌握好招标工程量清单的编制方法

1.3.1 要清楚招标工程量清单的作用

招标工程量清单随同工程项目的招标文件一起发布，最重要的作用是编制招标控制价和投标人编制投标价的依据。

其规则是：投标人报价中措施项目的安全文明施工费、规费和税金不得作为竞争性费用；投标人报价采用的分部分项工程量清单项目、措施项目清单中的计算工程量部分的项目、其他项目中的暂列金额、暂估价等必须与招标工程量清单完全一致，若不相同，评标办法规定该投标价作废。

招标工程量也是签订工程承包合同、工程变更、施工索赔、工程价款调整、工程结算价计算的依据。

1.3.2 要清楚招标工程量清单的编制依据以及他们相互间的关系

1. 招标工程量清单的编制依据

工程量是根据设计文件计算的，所以少不了施工图纸。招标工程量是招标文件的组成部分也是根据招标文件的要求编制的（例如招标文件确定某专业工程只给出一个暂估价），因此招标文件是招标工程量的编制依据。

另外招标工程量清单必须根据《建设工程工程量清单计价规范》确定内容、必须根据《××专业工程工程量计算规范》确定项目数量以及每个项目的项目编码、项目名称、项目特征、计量单位，并根据工作内容确定该项目范围，根据工程量计算规则计算清单工程量。

2. 编制依据之间的关系

施工图和专业工程工程量计算规范中的五大要素是计算分部分项清单工程量的重要依据，然后还要根据《建设工程工程量清单计价规范》的规定，将清单工程量包含的分部分项工程量清单、措施项目清单、其他项目清单和规费、税金项目清单整理和汇总为招标工程量清单。

编制依据之间的关系可以用图 1-2 说明：

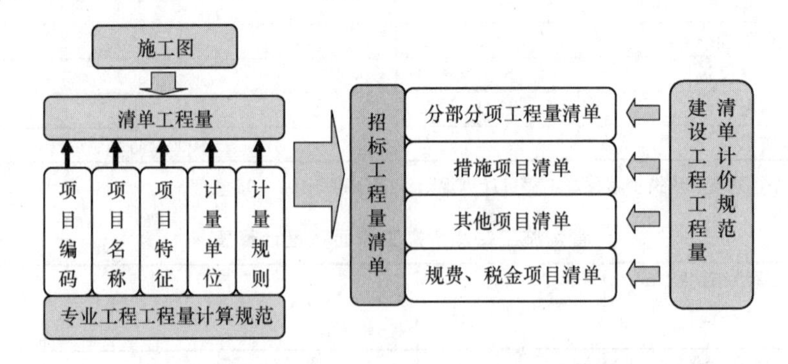

图 1-2 招标工程量清单编制依据之间关系示意图

1.3.3 掌握列项方法

根据施工图、专业工程量计算规范和建筑工程工程量清单计价规范划分一个单位工程的清单项目通常又称为列项。

分部分项工程量清单项目是根据施工图和专业工程量计算规范列出的。这是造价员工作的基本功，因为必须要看懂图纸和熟悉工程量计算规范，最关键之处是能根据施工图和工程量计算规范判断本工程中有多少个什么样的分部分项工程量清单项目。

措施项目清单首先要列出非竞争项目“安全文明施工费”，能计算工程量的“混凝土模板及支架”“脚手架”等措施项目要根据施工图和工程量计算规范的规定准确计算工程量。“施工排水、降水”等措施项目，根据施工方案自主确定。

其他项目清单的项目和数量主要由招标人在招标工程量清单中确定，例如，暂列金额的数额，计日工的数量等等。

规费项目和税金项目清单是根据省级、行业主管部门颁发的计价办法确定的。

1.3.4　掌握计算分部分项清单工程量的方法

我们把根据工程量计算规范和施工图计算出的工程量称为清单工程量。根据施工图和工程量计算规范计算清单工程量是造价员的基本功。所以，不会计算清单工程量就不会编制工程量清单。

1.3.5　掌握确定和计算措施项目清单工程量的方法

措施项目清单从价格计算方法上可以分为两类：一是可以计算工程量的“单价项目”，即可以根据工程量和计价定额编制综合单价的项目，例如，脚手架措施项目。二是不能计算工程量的“总价项目”，即只能以规定的计算基数和对应的费率计算价格的项目，例如，安全文明施工措施项目。

措施项目可以按是否可以竞争的特性分为两类：一是清单计价规定必须收取的非竞争性项目，例如，安全文明施工措施项目；二是投标人根据工程具体施工情况自主确定的项目，例如，施工排水措施项目。

1.3.6　掌握确定其他项目清单的计算方法

其他项目清单主要包括暂列金额、暂估价（材料和工程设备暂估价、专业工程暂估价）、计日工、总承包服务费。

暂列金额由招标人根据工程特点、工期长短、按有关计价规定进行估算确定的。暂列金额的数额是招标人根据设计文件和编制招标工程量清单的深入程度来确定的，一般是分部分项工程费的10%～15%。

材料和设备暂估价根据工程造价管理机构发布的信息价或参考市场价确定。专业工程暂估价根据编制投资估算、设计概算、施工图预算等计价方法编制确定。

计日工中的人工、材料、机械台班数量由招标人根据工程特点确定。

1.3.7　掌握确定规费和税金项目清单的计算方法

规费和税金项目清单的计算比较简单，一般根据省级、行业主管部门颁发的计价办法确定的。主要是要根据企业等级、工程所在地等不同情况，正确选择对应的规费费率和综合税金税率。

1.3.8　招标工程量清单编制简例

【例】　根据给出的某工程基础施工图和《房屋建筑与装饰工程工程量计算规范》中的清单项目，编制某基础工程的招标工程量清单。

1. 编制某基础工程分部分项工程量清单

第一步：识图。给出的某工程基础施工图见图 1-3。

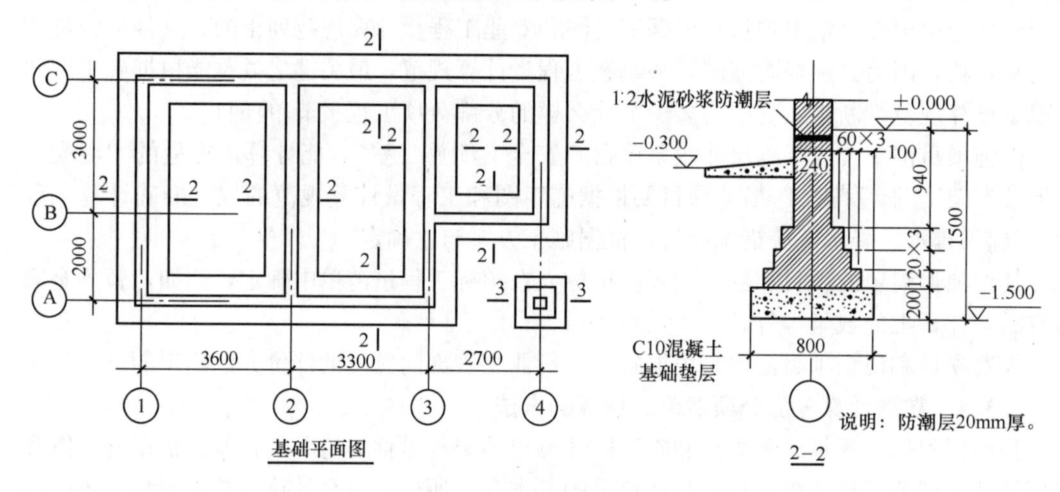

图 1-3　某工程基础施工图

第二步：找到《房屋建筑与装饰工程工程量计算规范》中的砖基础和垫层项目。

(1)《房屋建筑与装饰工程工程量计算规范》中的砖基础清单项目摘录

《房屋建筑与装饰工程工程量计算规范》中的砖基础清单项目摘录见表 D.1。

砖砌体（编号：010401）　　**表 D.1**

项目编码	项目名称	项目特征	计量单位	工程量计算规则	工作内容
010401001	砖基础	1. 砖品种、规格、强度等级 2. 基础类型 3. 砂浆强度等级 4. 防潮层材料种类	m^2	按设计图示尺寸以体积计算。 包括附墙垛基础宽出部分体积，扣除地梁（圈梁）、构造柱所占体积，不扣除基础大放脚 T 形接头处的重叠部分及嵌入基础内的钢筋、铁件、管道、基础砂浆防潮层和单个面积≤0.3m^2 的孔洞所占体积，靠墙暖气沟的挑檐不增加。 基础长度：外墙按外墙中心线，内墙按内墙净长线计算	1. 砂浆制作、运输 2. 砌砖 3. 防潮层铺设 4. 材料运输
010401002	砖砌挖孔桩护壁	1. 砖品种、规格、强度等级 2. 砂浆强度等级		按设计图示尺寸以立方米计算	1. 砂浆制作、运输 2. 砌砖 3. 材料运输

(2)《房屋建筑与装饰工程工程量计算规范》中的混凝土垫层清单项目摘录

《房屋建筑与装饰工程工程量计算规范》中的混凝土垫层清单项目摘录见表 E.1。

现浇混凝土基础（编号：010501）　　表 E.1

项目编码	项目名称	项目特征	计量单位	工程量计算规则	工作内容
010501001	垫层	1. 混凝土种类 2. 混凝土强度等级	m^3	按设计图示尺寸以体积计算，不扣除伸入承台基础的桩头所占体积	1. 模板及支撑制作、安装、拆除、堆放、运输及清理模内杂物、刷隔离剂等 2. 混凝土制作、运输、浇筑、振捣、养护
010501002	带形基础				
010501003	独立基础				
010501004	满堂基础				
010501005	桩承台基础				
010501006	设备基础	1. 混凝土种类 2. 混凝土强度等级 3. 灌浆材料及其强度等级			

注：1. 有肋带形基础、无肋带形基础应按本表中相关项目列项，并注明肋高。
2. 箱式满堂基础中柱、梁、墙、板按本附录表 E.2、表 E.3、表 E.4、表 E.5 相关项目分别编码列项；箱式满堂基础底板按本表的满堂基础项目列项。
3. 框架式设备基础中柱、梁、墙、板分别按本附录表 E.2、表 E.3、表 E.4、表 E.5 相关项目编码列项；基础部分按本表相关项目编码列项。
4. 如为毛石混凝土基础，项目特征应描述毛石所占比例。

第三步：根据某工程基础施工图和《房屋建筑与装饰工程工程量计算规范》中的分部分项清单项目列出的清单工程量项目，见表 1-1“分部分项工程和单价措施项目清单与计价表”。

分部分项工程和单价措施项目清单与计价表　　表 1-1

工程名称：某基础工程　　标段：　　第 1 页　共 1 页

序号	项目编码	项目名称	项目特征描述	计量单位	工程量	金额（元）		
						综合单价	合价	其中 暂估价
		D. 砌筑工程						
1	010401001001	砖基础	1. 砖品种、规格、强度等级：页岩砖、240×115×53、MU7.5。 2. 基础类型：带形。 3. 砂浆强度等级：M5 水泥砂浆。 4. 防潮层材料种类：1∶2 防水砂浆	m^3	14.93 （注：根据第四步计算的结果填入）			
		小　计						
		E. 混凝土及钢筋混凝土工程						
2	010501001001	基础垫层	1. 混凝土种类：卵石塑性混凝土。 2. 混凝土强度等级：C10	m^3	5.70 （注：根据第四步计算的结果填入）			
		小计						
本页小计								
合　计								

注：为计取规费等的使用，可在表中增设其中：“定额人工费”。

第四步：计算砖基础的分部分项清单工程量

(1) M5 水泥砂浆砌砖基础

V =基础长×基础断面积

=[(3.60+3.30+2.70+2.00+3.00)×2+2.00+3.00−0.24+3.00−0.24]×[(1.50−0.20)×0.24+0.007875×12]

=(29.20+4.76+2.76)×(0.312+0.0945)

=36.72×0.4066

=14.93m^3

(2) C10 混凝土基础垫层

V =基础垫层断面积×(外墙垫层长+内墙垫层长)

=(0.80×0.20)×[(3.60+3.30+2.70+2.00+3.00)×2+2.00+3.00−0.80+3.00−0.80]

=0.16×(29.20+6.40)

=0.16×35.6

=5.70m^3

第五步：将分部分项清单工程量填入“分部分项工程和单价措施项目清单与计价表”内。

2. 编制某基础工程措施项目清单

第一步：编制“总价项目”的措施项目清单

总价措施项目的“安全文明施工费”是非竞争性项目，每个工程都要计算。其他措施项目根据拟建工程的实际情况和工程量计算规范的要求编制。例如，本基础工程根据施工实际情况可能会发生“二次搬运费”项目。

某基础工程的措施项目清单的总价措施项目清单与计价表，见表 1-2。

总价措施项目清单与计价表 **表 1-2**

工程名称：某基础工程　　标段：　　第 1 页　共 1 页

序号	项目编码	项目名称	计算基础	费率(%)	金额(元)	调整费率(%)	调整后金额(元)	备　注
1	011707001001	安全文明施工费	定额基价	按规定				
2	011707002001	夜间施工增加费	定额人工费					
3	011707004001	二次搬运费	定额人工费					
4	011707005001	冬雨期施工增加费	定额人工费					
5	011707007001	已完工程及设备保护费	定额人工费					
		合计						

编制人（造价人员）：　　复核人（造价工程师）：

注：1. “计算基础”中安全文明施工费可为“定额基价”、“定额人工费”或“定额人工费+定额机械费”，其他项目可为“定额人工费”或“定额人工费+定额机械费”。

2. 按施工方案计算的措施费，若无“计算基础”和“费率”的数值，也可只填“金额”数值，但应在备注栏说明施工方案出处或计算方法。

第二步：编制“单价项目”的措施项目清单

“单价项目”是指能够计算工程量的措施项目，是招标人根据拟建工程施工图、工程量计算规范和招标文件编制的，主要包括脚手架、混凝土模板及支架、垂直运输、超高施工增加等措施项目。例如，某工程砖基础工程工程量清单编制简例中，应计算现浇混凝土基础垫层的模板措施项目。

《房屋建筑与装饰工程工程量清单计价》的混凝土模板及支架措施项目清单摘录见表 S. 2。

混凝土模板及支架（撑）（编码：011702） **表 S. 2**

项目编码	项目名称	项目特征	计量单位	工程量计算规则	工作内容
011702001	基础	基础类型	m²	按模板与现浇混凝土构件的接触面积计算 1. 现浇钢筋混凝土墙、板单孔面积≤0. 3m² 的孔洞不予扣除，洞侧壁模板亦不增加；单孔面积＞0. 3m² 时应予扣除，洞侧壁模板面积并入墙、板工程量内计算 2. 现浇框架分别按梁、板、柱有关规定计算；附墙柱、暗梁、暗柱并入墙内工程量内计算 3. 柱、梁、墙、板相互连接的重叠部分，均不计算模板面积 4. 构造柱按图示外露部分计算模板面积	1. 模板制作 2. 模板安装、拆除、整理堆放及场内外运输 3. 清理模板粘结物及模内杂物、刷隔离剂等
011702002	矩形柱				
011702003	构造柱				
011702004	异形柱	柱截面形状			
011702005	基础梁	梁截面形状			
011702006	矩形梁	支撑高度			
011702007	异形梁	1. 梁截面形状 2. 支撑高度			
011702008	圈梁				
011702009	过梁				
011702010	弧形、拱形梁	1. 梁截面形状 2. 支撑高度			

第三步：根据上述“混凝土模板及支架”工程量计算规范和本基础工程的实际情况，编制“单价项目”措施项目清单，见表 1-3。

分部分项工程和单价措施项目清单与计价表 **表 1-3**

工程名称：某基础工程 标段： 第 1 页 共 1 页

序号	项目编码	项目名称	项目特征描述	计量单位	工程量	金额（元）		
						综合单价	合价	其中 暂估价
		S. 措施项目						
1	011702001001	基础垫层模板	基础类型：带形基础	m²	13. 60 （注：根据第四步计算的结果填入）			
		分部小计						
本页小计								
合 计								

注：为计取规费等的使用，可在表中增设其中：“定额人工费”。

第四步：计算“砖基础混凝土垫层”模板措施项目清单工程量

S =模板与混凝土垫层的接触面积
=(混凝土垫层外边周长＋每个房间混凝土垫层的内周长)×垫层高
=[(3.60＋3.30＋2.70＋0.80＋3.00＋2.00＋0.80)×2
＋(3.00＋2.00－0.80＋3.60－0.80)×2
＋(3.00＋2.00－0.8＋3.30－0.80)×2
＋(3.00－0.80＋2.70－0.80)×2]×0.20
=[32.40＋(7.00×2＋6.70×2＋4.10×2)]×0.20
=68.00×0.20
=13.60m^2

3. 编制某基础工程其他项目清单

第一步：确定暂列金额数额

根据某基础工程的实际情况，经过预测由于地质情况会有一些变化，可能会增加基础垫层的厚度，因此考虑120元的暂列金额。某基础工程的其他项目清单，见表1-4。

其他项目清单与计价汇总表 **表1-4**

工程名称：某基础工程　　工程标段：　　第1页　共1页

序　号	项目名称	金额（元）	结算金额（元）	备　注
1	暂列金额	120		明细详见表12-1（略）
2	暂估价			
2.1	材料（工程设备）暂估价		明细详见表12-2（略）	
2.2	专业工程暂估价			明细详见表12-3（略）
3	计日工			明细详见表12-4（略）
4	总承包服务费			明细详见表12-5（略）
5	索赔与现场签证			明细详见表12-6（略）
合　计				

注：材料（工程设备）暂估单价进入清单项目综合单价，此处不汇总。

第二步：确定暂估价、计日工

本基础工程没有暂估价和计日工。

4. 某基础工程招标工程量清单汇总

××基础 工程

招标工程量清单

招 标 人：××幼儿园
（单位盖章）

造价咨询人：××造价咨询公司
（单位资质专用章）

法定代表人：×××
（签字或盖章）

法定代表人：×××
（签字或盖章）

编 制 人：×××
（造价人员签字盖专用章）

复 核 人：×××
（造价工程师签字盖专用章）

编制时间：2014 年 6 月 3 日

复核时间：2014 年 6 月 5 日

分部分项工程和单价措施项目清单与计价表

工程名称：某基础工程　　　　标段：　　　　第1页　共1页

<table>
<tr><th rowspan="3">序号</th><th rowspan="3">项目编码</th><th rowspan="3">项目名称</th><th rowspan="3">项目特征描述</th><th rowspan="3">计量单位</th><th rowspan="3">工程量</th><th colspan="3">金额（元）</th></tr>
<tr><th rowspan="2">综合单价</th><th rowspan="2">合价</th><th>其中</th></tr>
<tr><th>暂估价</th></tr>
<tr><td></td><td></td><td>D. 砌筑工程</td><td></td><td></td><td></td><td></td><td></td><td></td></tr>
<tr><td>1</td><td>010401001001</td><td>砖基础</td><td>1. 砖品种、规格、强度等级：页岩砖、240×115×53、MU7.5。
2. 基础类型：带形。
3. 砂浆强度等级：M5水泥砂浆。
4. 防潮层材料种类：1∶2防水砂浆</td><td>m³</td><td>14.93</td><td></td><td></td><td></td></tr>
<tr><td></td><td></td><td>小　计</td><td></td><td></td><td></td><td></td><td></td><td></td></tr>
<tr><td></td><td></td><td>E. 混凝土及钢筋混凝土工程</td><td></td><td></td><td></td><td></td><td></td><td></td></tr>
<tr><td>2</td><td>010501001001</td><td>基础垫层</td><td>1. 混凝土种类：卵石塑性混凝土。
2. 混凝土强度等级：C10</td><td>m³</td><td>5.70</td><td></td><td></td><td></td></tr>
<tr><td></td><td></td><td>小计</td><td></td><td></td><td></td><td></td><td></td><td></td></tr>
<tr><td></td><td></td><td></td><td></td><td></td><td></td><td></td><td></td><td></td></tr>
<tr><td></td><td></td><td></td><td></td><td></td><td></td><td></td><td></td><td></td></tr>
<tr><td colspan="7">本页小计</td><td></td><td></td></tr>
<tr><td colspan="7">合　计</td><td></td><td></td></tr>
</table>

注：为计取规费等的使用，可在表中增设其中："定额人工费"。

总价措施项目清单与计价表

工程名称：某基础工程　　　　标段：　　　　第1页　共1页

序号	项目编码	项目名称	计算基础	费率（%）	金额（元）	调整费率（%）	调整后金额（元）	备　注
1	011707001001	安全文明施工费	定额基价	按规定				
2	011707002001	夜间施工增加费	定额人工费					
3	011707004001	二次搬运费	定额人工费					
4	011707005001	冬雨季施工增加费	定额人工费					
5	011707007001	已完工程及设备保护费	定额人工费					
		合计						

编制人（造价人员）：　　　　复核人（造价工程师）：

注：1.“计算基础”中安全文明施工费可为“定额基价”、“定额人工费”或“定额人工费+定额机械费”，其他项目可为“定额人工费”或“定额人工费+定额机械费”。

2.按施工方案计算的措施费，若无“计算基础”和“费率”的数值，也可只填“金额”数值，但应在备注栏说明施工方案出处或计算方法。

分部分项工程和单价措施项目清单与计价表

工程名称：某基础工程　　　　　　　　　标段：　　　　　　　　　　第1页　共1页

序号	项目编码	项目名称	项目特征描述	计量单位	工程量	金额（元）		
						综合单价	合价	其中
								暂估价
		S. 措施项目						
1	011702001001	基础垫层模板	基础类型：带形基础	m^2	13.60			
		小计						
本页小计								
合　计								

注：为计取规费等的使用，可在表中增设其中："定额人工费"。

其他项目清单与计价汇总表

工程名称：某基础工程　　　　工程标段：　　　　第1页　共1页

序 号	项目名称	金额（元）	结算金额（元）	备 注
1	暂列金额	120		明细详见表12-1
2	暂估价			
2.1	材料（工程设备）暂估价			明细详见表12-2
2.2	专业工程暂估价			明细详见表12-3
3	计日工			明细详见表12-4
4	总承包服务费			明细详见表12-5
5	索赔与现场签证			明细详见表12-6
合 计				

注：材料（工程设备）暂估单价进入清单项目综合单价，此处不汇总。

规费、税金项目计价表

工程名称：某基础工程　　　　标段：　　　　第1页　共1页

序号	项目名称	计算基础	计算基数	计算费率（%）	金额（元）
1	规费	定额人工费			
1.1	社会保险费	定额人工费			
(1)	养老保险费	定额人工费			
(2)	失业保险费	定额人工费			
(3)	医疗保险费	定额人工费			
(4)	工伤保险费	定额人工费			
(5)	生育保险费	定额人工费			
1.2	住房公积金	定额人工费			
1.3	工程排污费	按工程所在地环境保护部门收取标准，按实计入			
2	税金	分部分项工程费＋措施项目费＋其他项目费＋规费－按规定不计税的工程设备金额			
合　计					

编制人（造价人员）：　　　　复核人（造价工程部）：

从以上基础工程工程量清单汇总内容可以看出，招标工程量清单主要由封面（扉页），分部分项工程和单价措施项目清单与计价表（分部分项工程），分部分项工程和单价措施项目清单与计价表（单价措施项目），总价措施项目清单与计价表，其他项目清单与计价汇总表，规费、税金项目计价表等表格构成。

1.4　如何掌握招标控制价的编制方法

1.4.1　概述

招标控制价是根据清单计价规范、招标工程量清单、拟建工程施工图、采用国家或省级、行业建设主管部门颁发的有关计价依据和办法等依据编制，一般招标文件和评标办法规定，招标控制价的分部分项工程和单价措施项目的数量必须与招标工程量清单的数量完全一致，如果不一致就是废标。

招标控制价编制的主要内容和步骤如下：

首先，招标控制价的工作是在招标工程量清单基础上，分别填上对应的综合单价，然后用该综合单价乘以对应的清单工程量就可以计算出分部分项工程费和单价措施项目费。因此编制和确定综合单价是招标控制价的主要工作，也是我们学习的难点。

其次，根据国家或省级、行业建设主管部门颁发的有关计价依据和办法，计算“总价措施项目清单与计价表”，完成“其他项目清单与计价汇总表”的填写和计算工作，包括填写暂列金额、填写专业工程暂估价、计算计日工表中的总价、计算总承包服务费等。完成“规费、税金项目清单与计价表”的计算工作。

最后，将上述计算完成的分部分项工程费、措施项目费、其他项目费、规费和税金项目费汇总填写到“单位工程招标控制价汇总表”内，计算出单位工程招标控制价。若有几个单位工程项目，编制过程同上，最终将若干个单位工程控制价汇总在“单项工程招标控制价汇总表”内，并填写好招标控制价封面后装订成册。

招标控制价编制示意见图 1-4。

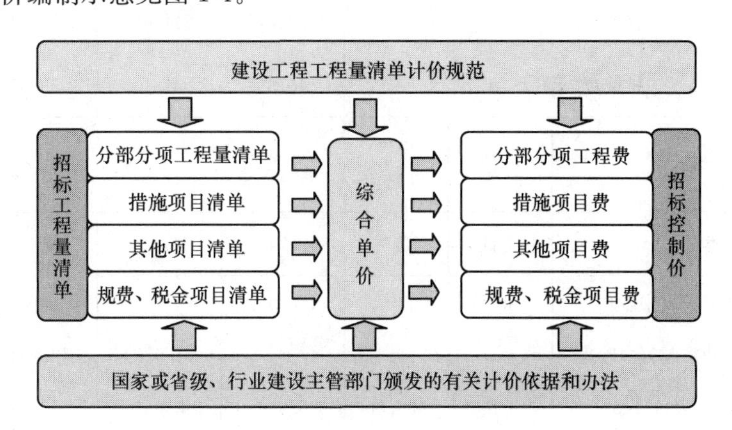

图 1-4　招标控制价编制示意图

投标报价的编制方法与招标控制价的编制方法相同。

1.4.2　综合单价编制简介

每一个分部分项工程量清单项目和单价措施项目中的工程量项目都要编制综合单价。编制综合单价需要完成两件事，一是要根据选用计价定额的工程量计算规则计算每个项目的定额工程量（因为清单计价规范的工程量计算规则与计价定额的工程量计算规则有不同的规定），二是要根据清单工程量项目的工作内容，确定该项目与计价定额有几个对应项目，计算这些项目的单价，并确定综合单价。

1. 选用计价定额

由于综合单价是根据计价定额确定的，所以首先要找到与清单工程量项目匹配的计价定额项目。

根据“1.3 如何掌握好招标工程量清单的编制方法”中的3个清单工程量项目，两个分部分项工程量清单项目，一个措施项目的模板清单项目，我们在省计价定额中选用的三个定额如下：

(1) M5水泥砂浆砖基础(A3-1)

A.3.1 砌砖

A.3.1.1 基础及实砌内外墙

工作内容：1. 调运砂浆(包括筛砂子及淋灰膏)、砌砖。基础包括清理基槽。
2. 砌窗台虎头砖、腰线、门窗套。
3. 安放木砖、铁件。

单位：10m³

定额编号				A3-1	A3-2	A3-3	A3-4
项目名称				砖基础	砖砌内外墙(墙厚)		
					一砖以内	一砖	一砖以上
基价(元)				2918.52	3467.25	3204.01	3214.17
其中	人工费(元)			584.40	985.20	798.60	775.20
	材料费(元)			2293.77	2447.91	2366.10	2397.59
	机械费(元)			40.35	34.14	39.31	41.38
名称		单位	单价(元)	数量			
人工	综合用工二类	工日	60.00	9.740	16.420	13.310	12.920
材料	水泥砂浆M5(中砂)	m³	—	(2.360)	—	—	—
	水泥石灰砂浆M5(中砂)	m³	—	—	(1.920)	(2.250)	(2.382)
	标准砖240×115×53	千块	380.00	5.236	5.661	5.314	5.345
	水泥32.5	t	360.00	0.505	0.411	0.482	0.510
	中砂	t	30.00	3.783	3.078	3.607	3.818
	生石灰	t	290.00	—	0.157	0.185	0.195
	水	m³	5.00	1.760	2.180	2.280	2.360
机械	灰浆搅拌机200L	台班	103.45	0.390	0.330	0.380	0.400

（2）C10 混凝土基础垫层（B1-24）

B.1.1　垫层

工作内容：混凝土搅拌、浇筑、捣固、养护等全部操作过程。　　　　单位：10m³

定额编号				B1-24	B1-25	B1-26
项目名称				混凝土	预拌混凝土	陶粒混凝土
基价(元)				2624.85	2812.36	3484.09
其中	人工费(元)			772.80	418.80	543.60
	材料费(元)			1779.32	2379.76	2867.76
	机械费(元)			72.73	13.80	72.73
名称		单位	单价(元)	数量		
人工	综合用工二类	工日	60.00	12.880	6.980	9.060
材料	现浇混凝土(中砂碎石)C15-40	m³	—	(10.100)	—	—
	预拌混凝土 C15	m³	230.00	—	10.332	—
	陶粒混凝土 C15	m³	—	—	—	(10.200)
	水泥 32.5	t	360.00	2.626	—	3.142
	中砂	t	30.00	7.615	—	7.069
	碎石	t	42.00	13.605	—	—
	陶粒	m³	170.00	—	—	8.731
	水	m³	5.00	6.820	0.680	8.060
机械	混凝土振捣器(平板式)	台班	18.65	0.740	0.740	0.740
	滚筒式混凝土搅拌机 500L 以内	台班	151.10	0.390	—	0.390

(3) 1∶2水泥砂浆防潮层（A7-217）

A.7.3.3 刚性防水

工作内容：清理基层、调运砂浆、抹灰、养护等全部操作过程。　　单位：100m²

定额编号				A7-212	A7-213	A7-214	A7-215	A7-216
项目名称				水泥砂浆五层做法		防水砂浆		
				平面	立面	墙基	平面	立面
基价(元)				1713.02	1921.10	1619.72	1198.52	1409.57
其中	人工费(元)			978.60	1184.40	811.80	550.20	733.20
	材料费(元)			713.73	716.01	774.82	622.46	649.47
	机械费(元)			20.69	20.69	33.10	25.86	26.90
名称		单位	单价(元)	数量				
人工	综合用工二类	工日	60.00	16.310	19.740	13.530	9.170	12.220
材料	水泥砂浆1∶2.5(中砂)	m³	—	(1.620)	(1.630)	—	—	—
	防水砂浆(防水粉5%)1∶2(中砂)	m³	—	—	—	(2.530)	(2.020)	(2.110)
	素水泥浆	m³	—	(0.610)	(0.610)	—	—	—
	水泥32.5	t	360.00	1.702	1.707	1.394	1.113	1.163
	中砂	t	30.00	2.597	2.613	3.684	2.941	3.072
	防水粉	kg	2.00	—	—	69.830	55.750	58.240
	水	m³	5.00	4.620	4.620	4.560	4.410	4.430
机械	灰浆搅拌机200L	台班	103.45	0.200	0.200	0.320	0.250	0.260

（4）基础垫层模板安装、拆除（A12-77）

A. 12. 1. 3　木模板

工作内容：1. 包括模板制作、安装、拆除。2. 包括模板场内水平运输。

定额编号				A12-77	A12-78
项目名称				混凝土 基础垫层	二次灌浆
				100m²	10m³
基价(元)				4155.02	1358.56
其中	人工费(元)			651.60	454.80
	材料费(元)			3446.07	875.20
	机械费(元)			57.35	28.56
名称		单位	单价(元)	数量	
人工	综合用工二类	工日	60.00	10.860	7.580
材料	水泥砂浆 1∶2(中砂)	m³	—	0.012	—
	水泥 32.5	t	360.00	0.007	—
	中砂	t	30.00	0.017	—
	木模板	m³	2300.00	1.445	0.370
	隔离剂	kg	0.98	10.000	—
	铁钉	kg	5.50	19.730	4.400
	铁锌铁丝 22#	kg	6.70	0.180	—
	水	m³	5.00	0.004	—
机械	载货汽车 5t	台班	476.04	0.110	0.060
	木工圆锯机 ϕ500	台班	31.19	0.160	—

2. 定额工程量计算

（1）M5 水泥砂浆砌砖基础

主项工程量：M5 水泥砂浆砌砖基础同清单工程量。

$$V=[(3.60+3.30+2.70+2.00+3.00)\times2+2.00+3.00-0.24+3.00-0.24]\times[(1.50-0.20)\times0.24+0.007875\times12]$$

$$=(29.20+4.76+2.76)\times(0.312+0.0945)$$

$$=36.72\times0.4066$$

$$=14.93\text{m}^3$$

附项工程量：1∶2 水泥砂浆防潮层。

S =防潮层宽×(外墙防潮层长+内墙防潮层长)

=0.24×[(3.60+3.30+2.70+2.00+3.00)×2+2.00+3.00−0.24+3.00−0.24]

=0.24×(29.20+7.52)

=0.24×36.72

=8.81m^2

(2) C10 混凝土基础垫层定额工程量计算(由于计价定额中该项目的工程量计算规则与清单工程量计算规则相同,所以计算式相同)。

V =基础垫层断面积×(外墙垫层长+内墙垫层长)

=(0.80×0.20)×[(3.60+3.30+2.70+2.00+3.00)×2+2.00+3.00−0.80+3.00−0.80]

=0.16×(29.20+6.40)

=0.16×35.6

=5.70m^3

(3) 计算"砖基础混凝土垫层"模板措施项目清单工程量(由于计价定额中该项目的工程量计算规则与清单工程量计算规则相同,所以计算式相同)。

S =模板与混凝土垫层的接触面积

=(混凝土垫层外边周长+每个房间混凝土垫层的内周长)×垫层高

=[(3.60+3.30+2.70+0.80+3.00+2.00+0.80)×2+(3.00+2.00−0.80+3.60−0.80)×2+(3.00+2.00−0.8+3.30−0.80)×2+(3.00−0.80+2.70−0.80)×2]×0.20

=[32.40+(7.00×2+6.70×2+4.10×2)]×0.20

=68.00×0.20

=13.60m^2

3. 综合单价计算

(1) M5 水泥砂浆砌砖基础综合单价计算

第一步:将主项清单项目编码(010401001001),项目名称(M5 水泥砂浆砌砖基础),计量单位(m^3),填入表内;

第二步:根据选用的计价定额,将编号(A3-1)、(A7-214),项目名称(M5 水泥砂浆砌砖基础)、(1∶2 水泥砂浆墙基防潮层),定额单位(10m^3)、(100m^2),数量(0.10m^3)、(8.81÷14.93÷100=0.0059m^2)填入综合单价计算表;将砖基础的人工费单价 584.40 元、材料费单价 2293.77 元、机械费单价 40.35 元,防潮层的人工费单价 811.80 元、材料费单价 774.82 元、机械费单价 33.10 元填入表内。

根据规定,管理费和利润按定额人工费的 30%计取。故砖基础项目的管理费和利润为 584.40×30%=175.32 元;防潮层的管理费和利润=811.80×30%=243.54 元。

注意:该项目的定额单位分别是"10m^3"和"100m^2",综合单价的单位是"m^3"。

第三步：根据选用的计价定额，将砖基础的材料名称(标准砖、32.5 水泥、中砂、水)，单位(千块、t、t、m³)和对应的数量及单价(0.5236 千块/380 元、0.0505t/360 元、0.3783t/30 元、0.176m³/5.00 元)填入综合单价分析表的材料费明细内；将防潮层的材料名称(32.5 水泥、中砂、防水粉、水)，单位(t、t、kg、m³)和对应的数量及单价(1.394×0.0059＝0.00822t/360 元、3.684×0.0059＝0.0217/30 元、69.83×0.0059＝0.412/2.00 元、45.6×0.0059＝0.027/5.00 元)等数据填入综合单价分析表的材料费明细表内；

第四步：根据填入表中的数据以及他们之间的关系，计算清单综合单价和材料费(见表 1-5)。

重要说明：上述计算综合单价的各种价格均不含增值税可抵扣进项税额。

工程量清单综合单价分析表 **表 1-5**

工程名称：某基础工程　　　　标段：　　　　第 1 页　共 3 页

项目编码	010401001001		项目名称		砖基础				计量单位		m³
清单综合单价组成明细											
定额编号	定额项目名称	定额单位	数量	单价				合价			
				人工费	材料费	机械费	管理费和利润	人工费	材料费	机械费	管理费和利润
A3-1	M5 水泥砂浆砌砖基础	10m³	0.10	584.40	2293.77	40.35	175.32	58.44	229.38	4.04	17.53
A7-214	1：2 水泥砂浆墙基防潮层	100m²	0.0059	811.80	774.82	33.10	243.54	4.79	4.57	0.20	1.44
人工单价		小　计						63.23	233.95	4.24	18.97
60.00 元/工日		未计价材料费									
清单项目综合单价								320.39			
材料费明细	主要材料名称、规格、型号					单位	数量	单价(元)	合价(元)	暂估单价(元)	暂估合价(元)
	标准砖					千块	0.5236	380.00	198.97		
	32.5 水泥					t	0.0505	360.00	18.18		
	中砂					t	0.3783	30.00	11.35		
	水					m³	0.176	5.00	0.88		
	32.5 水泥					t	0.00822	360.00	2.96		
	中砂					t	0.0217	30.00	0.65		
	防水粉					kg	0.412	2.00	0.82		
	水					m³	0.027	5.00	0.14		
	其他材料费							—		—	
	材料费小计							—	233.95	—	

注：1. 如不使用省级或行业建设主管部门发布的计价依据，可不填定额项目、编号等。
2. 招标文件提供了暂估单价的材料，按暂估的单价填入表内“暂估单价”栏及“暂估合价”栏。

(2) C10 混凝土基础垫层，综合单价计算

第一步：将清单项目编码（010501001001）、项目名称（C10 混凝土基础垫层）、计量单位（m³）填入表内；

第二步：根据选用的计价定额，将编号（B1-24）、项目名称（C10 混凝土基础垫层）、定额单位（10m³）、数量（0.10）、工料机及管理费和利润单价等（人工费单价 772.80 元、材料费单价 1779.32 元、机械台班费单价 72.73 元、管理费和利润单价＝772.80×30%＝231.84 元）数据填入表内，注意定额单位是 10m³、综合单价的单位是 m³。

第三步：根据选用的计价定额，将材料名称（32.5 水泥、中砂、碎石、水）、单位（t、t、t、m³）、数量（0.2626、0.7615、1.3605、0.68）、单价（360 元、30 元、42 元、5.00 元）等数据填入表内；

第四步：根据填入表中的数据以及他们之间的关系计算清单综合单价和材料费（见表 1-6）。

工程量清单综合单价分析表 **表 1-6**

工程名称：某基础工程　　标段：　　第 2 页　共 3 页

项目编码	010501001001			项目名称		基础垫层				计量单位	m³
清单综合单价组成明细											
定额编号	定额项目名称	定额单位	数量	单价				合价			
				人工费	材料费	机械费	管理费和利润	人工费	材料费	机械费	管理费和利润
B1-24	C10 混凝土基础垫层	10m³	0.10	772.80	1779.32	72.73	231.84	77.28	177.93	7.27	23.18
人工单价		小计						77.28	177.93	7.27	23.18
60.00 元/工日		未计价材料费									
清单项目综合单价								285.66			
材料费明细	主要材料名称、规格、型号					单位	数量	单价（元）	合价（元）	暂估单价(元)	暂估合价(元)
	碎石					t	1.3605	42.00	57.14		
	32.5 水泥					t	0.2626	360.00	94.54		
	中砂					t	0.7615	30.00	22.85		
	水					m³	0.68	5.00	3.40		
	其他材料费							—		—	
	材料费小计							—	177.93	—	

注：1. 如不使用省级或行业建设主管部门发布的计价依据，可不填定额项目、编号等。
2. 招标文件提供了暂估单价的材料，按暂估的单价填入表内“暂估单价”栏及“暂估合价”栏。

（3）混凝土基础垫层模板综合单价计算

第一步：将清单项目编码（011702001001）、项目名称（混凝土基础垫层模板安拆）、计量单位（m²）填入表内；

第二步：根据选用的计价定额，将编号（A12-77）、项目名称（混凝土基础垫层模板安拆）、定额单位（100m²）、数量（0.01）、人工费单价 651.10 元、材料费单价 3446.07 元、机械台班费单价 57.35 元、管理费和利润单价＝651.10×30%＝195.33 元等数据填入表内，注意定额单位是 100m²、综合单价的单位是 m²。

第三步：根据选用的计价定额，将材料名称（水泥、中砂、木模板、隔离剂、铁钉、镀锌铁丝、水）、单位（t、t、m³、kg、kg、kg、m³）、数量（0.00007、0.00017、0.01445、0.10、0.1973、0.0018、0.00004），单价（360 元、30 元、2300 元、0.98 元、5.50 元、6.70 元、5.00 元）等数据填入表内；

第四步：根据填入表中的数据以及他们之间的关系计算清单综合单价和材料费(见表 1-7)。

工程量清单综合单价分析表　　　　表 1-7

工程名称：某基础工程　　　　标段：　　　　第 3 页　共 3 页

<table>
<tr><td>项目编码</td><td colspan="3">11702001001</td><td colspan="2">项目名称</td><td colspan="4">基础垫层模板</td><td>计量单位</td><td>m²</td></tr>
<tr><td colspan="12">清单综合单价组成明细</td></tr>
<tr><td rowspan="2">定额编号</td><td rowspan="2">定额项目名称</td><td rowspan="2">定额单位</td><td rowspan="2">数量</td><td colspan="4">单　价</td><td colspan="4">合　价</td></tr>
<tr><td>人工费</td><td>材料费</td><td>机械费</td><td>管理费和利润</td><td>人工费</td><td>材料费</td><td>机械费</td><td>管理费和利润</td></tr>
<tr><td>A12-77</td><td>混凝土基础垫层模板安拆</td><td>100m²</td><td>0.01</td><td>651.60</td><td>3446.07</td><td>57.35</td><td>195.33</td><td>6.52</td><td>34.46</td><td>0.57</td><td>1.95</td></tr>
<tr><td colspan="2">人工单价</td><td colspan="6">小 计</td><td></td><td></td><td></td><td></td></tr>
<tr><td colspan="2">60.00 元/工日</td><td colspan="6">未计价材料费</td><td colspan="4"></td></tr>
<tr><td colspan="8">清单项目综合单价</td><td colspan="4">43.50</td></tr>
<tr><td rowspan="13">材料费明细</td><td colspan="5">主要材料名称、规格、型号</td><td>单位</td><td>数量</td><td>单价（元）</td><td>合价（元）</td><td>暂估单价(元)</td><td>暂估合价(元)</td></tr>
<tr><td colspan="5">32.5 水泥</td><td>t</td><td>0.00007</td><td>360.00</td><td>0.03</td><td></td><td></td></tr>
<tr><td colspan="5">中砂</td><td>t</td><td>0.00017</td><td>30.00</td><td>0.01</td><td></td><td></td></tr>
<tr><td colspan="5">木模板</td><td>m³</td><td>0.01445</td><td>2300.00</td><td>33.24</td><td></td><td></td></tr>
<tr><td colspan="5">隔离剂</td><td>kg</td><td>0.1</td><td>0.98</td><td>0.10</td><td></td><td></td></tr>
<tr><td colspan="5">铁钉</td><td>kg</td><td>0.1973</td><td>5.50</td><td>1.09</td><td></td><td></td></tr>
<tr><td colspan="5">22 号铁丝</td><td>kg</td><td>0.0018</td><td>6.70</td><td>0.01</td><td></td><td></td></tr>
<tr><td colspan="5">水</td><td>m³</td><td>0.00004</td><td>5.00</td><td>0.00</td><td></td><td></td></tr>
<tr><td colspan="5"></td><td></td><td></td><td></td><td></td><td></td><td></td></tr>
<tr><td colspan="5"></td><td></td><td></td><td></td><td></td><td></td><td></td></tr>
<tr><td colspan="5"></td><td></td><td></td><td></td><td></td><td></td><td></td></tr>
<tr><td colspan="7">其他材料费</td><td>—</td><td></td><td>—</td><td></td></tr>
<tr><td colspan="7">材料费小计</td><td>—</td><td>34.46</td><td>—</td><td></td></tr>
</table>

1.4.3 分部分项工程和单价措施项目费计算

基础工程的分部分项工程费是通过“分部分项工程量清单与计价表”计算确定的。我们要用招标工程量清单提供的“分部分项工程量清单与计价表”的全部内容，在该表中填上刚才确定的综合单价就可以计算出分部分项工程费。计算过程为：合价=工程量×综合单价，见表1-8。

分部分项工程和措施项目计价表 **表1-8**

工程名称：某基础工程　　标段：　　第1页　共1页

序号	项目编码	项目名称	项目特征描述	计量单位	工程量	金额（元）		
						综合单价	合价	其中 暂估价
		D 砌筑工程						
1	010401001001	砖基础	1. 砖品种、规格、强度等级：页岩砖、240×115×53、MU7.5 2. 基础类型：带形 3. 砂浆强度等级：M5水泥砂浆 4. 防潮层材料种类：1∶2水泥砂浆	m^3	14.93	320.39	4783.42	
		小计					4783.42	
		E 混凝土及钢筋混凝土工程						
2	010501001001	基础垫层	1. 混凝土类别：碎石塑性混凝土 2. 强度等级：C10	m^3	5.70	285.66	1628.26	
		小计					1628.26	
		S 措施项目						
3	11702001001	基础垫层模板	基础类型：带形	m^2	13.60	43.50	591.60	
		小计					591.60	
本页小计							7003.28	
合　计							7003.28	

1.4.4 总价措施项目费计算

总价措施项目主要包括“安全文明施工费、夜间施工费”等内容。该类费用分为非竞争性费用（如：安全文明施工费等）和竞争性费用（如：二次搬运费等）两部分。其计算方法是按国家、省市或者行业行政主管部门颁发的规定计算，一般是按人工费或人工加机械费作为基数乘上规定的费率计算。例如某地区的规定如下：

"《××省建设工程安全文明施工费计价管理办法》规定：第六条 建设工程安全文明施工费为不参与竞争费用。在编制概算、招标控制价、投标价时应足额计取，即安全文明施工费费率按基本费费率加现场评价费最高费率计列。

环境保护费费率=环境保护基本费费率×2；文明施工费费率=文明施工基本费费率×2；安全施工费费率=安全施工基本费费率×2；临时设施费费率=临时设施基本费费率×2。"

某地区安全文明施工费率见表 1-9。

安全文明施工基本费费率表（工程在市区时）　　费率（%）　表 1-9

序号	项目名称	工程类型	取费基础	2009 清单计价定额费率（%）
一	环境保护费基本费费率	建筑工程	分部分项工程和单价措施项目定额人工费	0.5
二	文明施工基本费费率	建筑工程		6.5
三	安全施工基本费费率	建筑工程		9.5
四	临时设施基本费费率	建筑工程		9.5

某基础工程分部分项工程和单价措施项目定额人工费的计算如下：

1. M5 水泥砂浆砌砖基础（含防潮层）

定额人工费=工程量×定额人工费单价

=14.93×58.44+0.59×8.12

=872.51+4.79

=877.30 元

2. C10 混凝土基础垫层

定额人工费=工程量×定额人工费单价

= 5.70×77.28

= 440.50 元

3. 基础垫层模板

定额人工费=工程量×定额人工费单价

=13.60×6.52

=88.67 元

分部分项工程和单价措施项目定额人工费小计：

877.30+440.50 +88.67=1406.47 元

根据上述规定和下面表格计算总价措施项目费（见表 1-10）。

总价措施项目清单与计价表 表 1-10

工程名称：某基础工程　　标段　　第1页　共1页

序号	项目编码	项目名称	计算基础	费率(%)	金额(元)	调整费率(%)	调整后金额(元)	备注
1	011707001001	安全文明施工	分部分项工程和单价措施项目定额人工费	26×2=52	731.36			1406.47×52%
2	011707002001	夜间施工	(本工程不计算)					
3	011707004001	二次搬运	(本工程不计算)					
4	011707005001	冬雨季施工	(本工程不计算)					
5	011707007001	已完工程及设备保护	(本工程不计算)					
合计					731.36			

编制人（造价人员）：　　复核人（造价工程师）：

1.4.5 计算其他项目费

其他项目费主要根据招标工程量清单中的“其他项目清单与计价汇总表”内容计算。基础工程项目只有暂列金额一项（见表1-11）。

其他项目清单与计价汇总表 表 1-11

工程名称：某基础工程　　标段：　　第1页　共1页

序号	项目名称	金额(元)	结算金额(元)	备注
1	暂列金额	120.00		明细详见表12-1
2	暂估价			
2.1	材料（工程设备）暂估价			明细详见表12-2
2.2	专业工程暂估价			明细详见表12-3
3	计日工			明细详见表12-4
4	总承包服务费			明细详见表12-5
5	索赔与现场签证			明细详见表12-6
合计		120.00		

注：材料（工程设备）暂估单价进入清单项目综合单价，此处不汇总。

1.4.6 规费、税金计算

规费和税金是按国家、省市或者行业行政主管部门颁发的规定计算，一般是按人工费或人工费加机械费作为基数乘上规定的费率计算。有关规定见表 1-12 和表 1-13。

××省 规 费 标 准　　表 1-12

序号	规费名称	计算基础	费率（%）
1	养老保险	分部分项工程和单价措施项目定额人工费	6.0～11.0
2	失业保险	同上	0.6～1.1
3	医疗保险	同上	3.0～4.5
4	工伤保险	同上	0.8～1.3
5	生育保险	同上	0.5～0.8
6	住房公积金	同上	2.0～5.0
7	工程排污费	按工程所在地区规定计取	

营改增各行业所适用的增值税税率　　表 1-13

行业	增值税率（%）	营业税率（%）
建筑业	11	3
房地产业	11	5
金融业	6	5

说明：销售企业增值税率为 17%。

基础工程的规费按规定的上限费率计取，工程排污费暂不计取。

基础工程的分部分项工程和单价措施项目清单定额人工费为 1406.47 元。基础工程的规费、税金计算过程见表 1-14。

规费、税金项目计价表　　表 1-14

工程名称：某基础工程　　标段：　　第 1 页　共 1 页

序号	项目名称	计算基础	计算基数	计算费率（%）	金额（元）
1	规费	定额人工费			333.32
1.1	社会保障费	定额人工费	（1）＋……（5）		263.00
（1）	养老保险费	定额人工费	1406.47	11	154.71
（2）	失业保险费	定额人工费	1406.47	1.1	15.47
（3）	医疗保险费	定额人工费	1406.47	4.5	63.29
（4）	工伤保险费	定额人工费	1406.47	1.3	18.28
（5）	生育保险费	定额人工费	1406.47	0.8	11.25
1.2	住房公积金	定额人工费	1406.47	5.0	70.32
1.3	工程排污费	按工程所在地区规定计取	（不计算）		
2	增值税税金	分部分项工程费＋措施项目费＋其他项目费＋规费	表 1-8 7003.28 ＋ 表 1-10 731.36 ＋ 表 1-11 120.00 ＋333.32（本表）＝8187.96	11.00	900.68
合　计					1234.00

1.4.7 招标控制价汇总表计算

基础工程的招标控制价汇总表计算，见表1-15。

单位工程招标控制价汇总表 **表1-15**

工程名称：某基础工程　　　　标段：　　　　第1页　共1页

序号	汇 总 内 容	金额（元）	其中：暂估价（元）
1	分部分项工程	7003.28	
0104	砌筑工程	4783.42	
0105	混凝土及钢筋混凝土工程	1628.16	
1170	措施项目	591.60	
2	措施项目	731.36	
2.1	其中：安全文明施工费	731.36	
3	其他项目	120.00	
3.1	其中：暂列金额	120.00	
3.2	其中：专业工程暂估价	无	
3.3	其中：计日工	无	
3.4	其中：总承包服务费	无	
4	规费	333.32	
5	增值税税金	900.68	
招标控制价合计=1+2+3+4+5		9088.64	

注：表中序1～序4各费用均以不包含增值税可抵扣进项税额的价格计算。

1.4.8 招标控制价封面

招标控制价的封面按封面格式内容填写。

某基础工程的招标控制价封面见实例。

1.4.9 招标控制价编制实例

某基础　　　　　　工程

招标控制价

招标控制价(小写)：9088.64元

(大写)：玖仟零捌拾捌元陆角肆分整

招　标　人：×××
(单位盖章)

造价咨询人：×××
(单位咨询专业章)

法定代表人
或其授权人：×××
(签字或盖章)

法定代表人
或其授权人：×××
(签字或盖章)

编　制　人：×××
(造价人员签字盖专业章)

复　核　人：×××
(造价工程师签字盖专业章)

编制时间：2013年5月12日

复核时间：2013年5月18日

单位工程招标控制价汇总表

工程名称：某基础工程　　　　标段：　　　　第1页　共1页

序号	汇　总　内　容	金额（元）	其中：暂估价（元）
1	分部分项工程	7003.28	
0104	砌筑工程	4783.42	
0105	混凝土及钢筋混凝土工程	1628.16	
1170	措施项目	591.60	
2	措施项目	731.36	
2.1	其中：安全文明施工费	731.36	
3	其他项目	120.00	
3.1	其中：暂列金额	120.00	
3.2	其中：专业工程暂估价	无	
3.3	其中：计日工	无	
3.4	其中：总承包服务费	无	
4	规费	333.32	
5	税金	284.94	
招标控制价合计=1+2+3+4+5		8472.90	

分部分项工程和措施项目计价表

工程名称：某基础工程　　　　标段：　　　　第1页　共1页

序号	项目编码	项目名称	项目特征描述	计量单位	工程量	金额（元）		
						综合单价	合价	其中 暂估价
		D 砌筑工程						
1	010401001001	砖基础	1. 砖品种、规格、强度等级：页岩砖、240×115×53、MU7.5 2. 基础类型：带形 3. 砂浆强度等级：M5水泥砂浆 4. 防潮层材料种类：1：2水泥砂浆	m^3	14.93	320.39	4783.42	
		小计					4783.42	
		E 混凝土及钢筋混凝土工程						
2	010501001001	基础垫层	1. 混凝土类别：碎石塑性混凝土 2. 强度等级：C10	m^3	5.70	285.66	1628.26	
		小计					1628.16	
		S 措施项目						
3	11702001001	基础垫层模板	基础类型：带形	m^2	13.60	43.50	591.60	
		小计					591.60	
本页小计							7003.28	
合　计							7003.28	

工程量清单综合单价分析表

工程名称：某基础工程　　　　　　　　　　标段：　　　　　　　　　　第1页　共3页

项目编码	010401001001		项目名称		砖基础				计量单位	m³	
清单综合单价组成明细											
定额编号	定额项目名称	定额单位	数量	单价				合价			
				人工费	材料费	机械费	管理费和利润	人工费	材料费	机械费	管理费和利润
A3-1	M5水泥砂浆砌砖基础	10m³	0.10	584.40	2293.77	40.35	175.32	58.44	229.38	4.04	17.53
A7-214	1∶2水泥砂浆墙基防潮层	100m²	0.0059	811.80	774.82	33.10	243.54	4.79	4.57	0.20	1.44
人工单价		小　计						63.23	233.95	4.24	18.97
60.00元/工日		未计价材料费									
清单项目综合单价								320.39			
材料费明细	主要材料名称、规格、型号					单位	数量	单价（元）	合价（元）	暂估单价（元）	暂估合价（元）
	标准砖					千块	0.5236	380.00	198.97		
	32.5水泥					t	0.0505	360.00	18.18		
	中砂					t	0.3783	30.00	11.35		
	水					m³	0.176	5.00	0.88		
	32.5水泥					t	0.00822	360.00	2.96		
	中砂					t	0.0217	30.00	0.65		
	防水粉					kg	0.412	2.00	0.82		
	水					m³	0.027	5.00	0.14		
	其他材料费							—		—	
	材料费小计							—	233.95	—	

注：1. 如不使用省级或行业建设主管部门发布的计价依据，可不填定额项目、编号等。
2. 招标文件提供了暂估单价的材料，按暂估的单价填入表内“暂估单价”栏及“暂估合价”栏。
3. 表中单价均不含进项税额。

工程量清单综合单价分析表

工程名称：某基础工程　　　　标段：　　　　第2页　共3页

项目编码	010501001001	项目名称	基础垫层	计量单位	m^3

清单综合单价组成明细

定额编号	定额项目名称	定额单位	数量	单价				合价			
				人工费	材料费	机械费	管理费和利润	人工费	材料费	机械费	管理费和利润
B1-24	C10 混凝土基础垫层	$10m^3$	0.10	772.80	1779.32	72.73	231.84	77.28	177.93	7.27	23.18
人工单价		小计						77.28	177.93	7.27	23.18
60.00元/工日		未计价材料费									
清单项目综合单价								285.66			

	主要材料名称、规格、型号	单位	数量	单价（元）	合价（元）	暂估单价(元)	暂估合价(元)
材料费明细	碎石	t	1.3605	42.00	57.14		
	32.5 水泥	t	0.2626	360.00	94.54		
	中砂	t	0.7615	30.00	22.85		
	水	m^3	0.682	5.00	3.41		
	其他材料费			—		—	
	材料费小计			—	177.93	—	

注：1. 如不使用省级或行业建设主管部门发布的计价依据，可不填定额项目、编号等。
2. 招标文件提供了暂估单价的材料，按暂估的单价填入表内“暂估单价”栏及“暂估合价”栏。
3. 表中单价均不含进项税额。

工程量清单综合单价分析表

工程名称：某基础工程　　　　　　　　　　标段：　　　　　　　　　　第 3 页　共 3 页

项目编码	11702001001			项目名称		基础垫层模板				计量单位	m²
清单综合单价组成明细											
定额编号	定额项目名称	定额单位	数量	单价				合价			
				人工费	材料费	机械费	管理费和利润	人工费	材料费	机械费	管理费和利润
A12-77	混凝土基础垫层模板安拆	$100m^2$	0.01	651.60	3446.07	57.35	195.33	6.52	34.46	0.57	1.95
人工单价		小计									
60.00 元/工日		未计价材料费									
清单项目综合单价								43.50			
材料费明细	主要材料名称、规格、型号					单位	数量	单价(元)	合价(元)	暂估单价(元)	暂估合价(元)
	32.5 水泥					t	0.00007	360.00	0.03		
	中砂					t	0.00017	30.00	0.01		
	木模板					m^3	0.01445	2300.00	33.24		
	隔离剂					kg	0.1	0.98	0.10		
	铁钉					kg	0.1973	5.50	1.09		
	22 号铁丝					kg	0.0018	6.70	0.01		
	水					m^3	0.00004	5.00	0.00		
	其他材料费							—		—	
	材料费小计							—	34.46	—	

注：1. 如不使用省级或行业建设主管部门发布的计价依据，可不填定额项目、编号等。

2. 招标文件提供了暂估单价的材料，按暂估的单价填入表内“暂估单价”栏及“暂估合价”栏。

3. 表中单价均不含进项税额。

总价措施项目清单与计价表

工程名称：某基础工程　　　　标段　　　　第1页　共1页

序号	项目编码	项目名称	计算基础	费率（%）	金额（元）	调整费率（%）	调整后金额（元）	备注
1	011707001001	安全文明施工	分部分项工程和单价措施项目定额人工费	26×2=52	731.36			1406.47×52%
2	011707002001	夜间施工	（本工程不计算）					
3	011707004001	二次搬运	（本工程不计算）					
4	011707005001	冬雨季施工	（本工程不计算）					
5	011707007001	已完工程及设备保护	（本工程不计算）					
合计					731.36			

编制人（造价人员）：　　　　复核人（造价工程师）：

其他项目清单与计价汇总表

工程名称：某基础工程　　　　标段：　　　　第1页　共1页

序号	项目名称	金　额 （元）	结算金额 （元）	备　注
1	暂列金额	120.00		明细详见表 12-1
2	暂估价			
2.1	材料（工程设备）暂估价			明细详见表 12-2
2.2	专业工程暂估价			明细详见表 12-3
3	计日工			明细详见表 12-4
4	总承包服务费			明细详见表 12-5
5	索赔与现场签证			明细详见表 12-6
合　计		120.00		

注：材料（工程设备）暂估单价进入清单项目综合单价，此处不汇总。

规费、税金项目计价表

工程名称：某基础工程　　　　　　标段：　　　　　　　　第1页　共1页

序号	项目名称	计算基础	计算基数	计算费率（%）	金额（元）
1	规费	定额人工费			333.32
1.1	社会保障费	定额人工费	（1）＋……（5）		263.00
（1）	养老保险费	定额人工费	1406.47	11	154.71
（2）	失业保险费	定额人工费	1406.47	1.1	15.47
（3）	医疗保险费	定额人工费	1406.47	4.5	63.29
（4）	工伤保险费	定额人工费	1406.47	1.3	18.28
（5）	生育保险费	定额人工费	1406.47	0.8	11.25
1.2	住房公积金	定额人工费	1406.47	5.0	70.32
1.3	工程排污费	按工程所在地区规定计取	（不计算）		
2	增值税税金	分部分项工程费＋措施项目费＋其他项目费＋规费	7003.28＋731.36＋120.00＋333.32	11.00	900.68
合　计					1234.00

说明：本节的招标控制价编制是一个比较简单的例子，还有措施项目费、其他项目费等较多的内容没有包含在内，这些内容和完整的报价实例将在后面详细介绍。掌握了招标控制价的编制方法，就可以很快掌握投标报价的编制方法。

1.4.10 招标控制价的编制程序

学习了上述内容，我们可以归纳出招标控制价的编制程序示意图，见图 1-5。

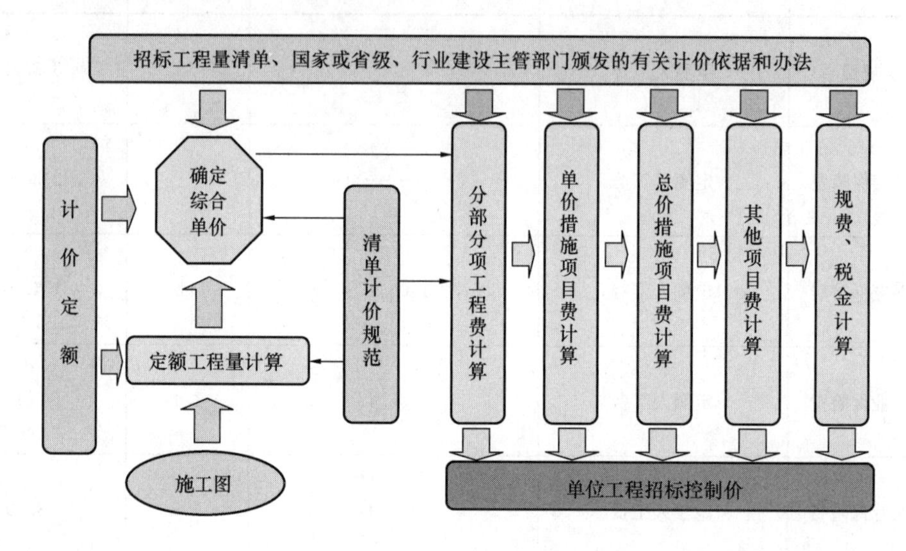

图 1-5 招标控制价编制程序示意图

2 工程量清单编制方法

2.1 如何使用工程量计算规范

2.1.1 概述

2013年住建部共颁发了9个专业的工程量计算规范。他们是：房屋建筑与装饰工程工程量计算规范（GB 50854—2013）；仿古建筑工程工程量计算规范（GB 50855—2013）；通用安装工程工程量计算规范（GB 50856—2013）；市政工程工程量计算规范（GB 50857—2013）；园林绿化工程工程量计算规范（GB 50858—2013）；矿山工程工程量计算规范（GB 50859—2013）；构筑物工程工程量计算规范（GB 50860—2013）；城市轨道交通工程工程量计算规范（GB 50861—2013）；爆破工程工程量计算规范（GB 500862—2013）。

一般情况下，一个民用建筑或工业建筑（单项工程），需要使用房屋建筑与装饰工程、通用安装工程等工程量计算规范。每个专业工程量计算规范主要包括“总则”、“术语”、“工程计量”、“工程量清单编制”和“附录”等内容。附录按“附录A、附录B、附录C……”划分，每个附录编号就是一个分部工程，包含若干个分项工程清单项目。每个分项工程清单项目包括“项目编码、项目名称、项目特征、计量单位、工程量计算规则、工作内容”六大要素。

附录是工程量计算规范的主要内容，我们在学习中重点是尽可能熟悉附录内容、尽可能使用附录内容，时间长了自然就会熟能生巧。

2.1.2 分项工程清单项目六大要素

1. 项目编码

分项工程和措施清单项目的编码由12位阿拉伯数字组成。其中前9位由工程量计算规范确定，后3位由清单编制人确定。其中，第1、2位是专业工程编码，第3、4位是分章（分部工程）编码，第5、6位是分节编码，第7、8、9位是分项工程编码，第10、11、12位是工程量清单项目顺序码。例如，工程量清单编码010401001001的含义如下：

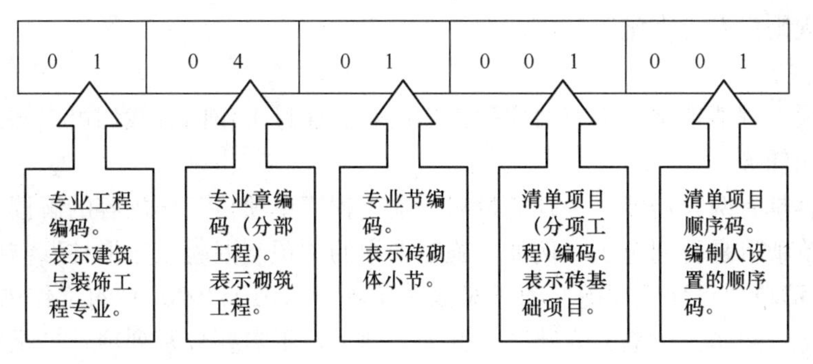

2. 项目名称

项目名称栏目内列入了分项工程清单项目的简略名称。例如上述 010401001001 对应的项目名称是“砖基础”，并没有列出“M5 水泥砂浆砌砖基础”这样完整的项目名称。因为通过该项目的“项目特征”描述后，内容就很完整了。所以，我们在表述完整的清单项目名称时，就需要使用项目特征的内容来描述。

3. 项目特征

项目特征是构成分项工程和措施清单项目自身价值的本质特征。

这里的“价值”可以理解为每个分项工程和措施项目都在产品生产中起到不同的有效的作用，即体现他们的有用性。“本质特征”是区分此分项工程不同于彼分项工程不同事物的特性体现。所以，项目特征是区分不同分项工程的判断标准。因此我们要准确地填写说明该项目本质特征的内容，为分项工程清单项目列项和准确计算综合单价服务。

4. 计量单位

工程量计算规范规定，分项工程清单项目以“ t ”、“m”、“m^2”、“m^3”、“kg”等物理单位以及以“个”、“件”、“根”、“组”、“系统”等自然单位为计量单位。计价定额一般采用扩大了的计量单位。例如“10 m^3”、“100 m^2”、“100 m”等等。分项工程清单项目计量单位的特点是“一个计量单位”，没有扩大计量单位。也就是说，综合单价的计量单位按“一个计量单位”计算，没有扩大。

5. 工程量计算规则

工程量计算规则规范了清单工程量计算方法和计算结果。例如，内墙砖基础长度按内墙净长计算的工程量计算规则的规定就确定了内墙基础长度的计算方法；其内墙净长的规定，重复计算了与外墙砖基础放脚部分的砌体，也影响了砖基础实际工程量的计算结果。

清单工程量计算规则与计价定额的工程量计算规则是不完全相同的。例如，平整场地清单工程量的计算规则是“按设计图示尺寸以建筑物首层建筑面积计算”，某地区计价定额的平整场地工程量计算规则是“以建筑物底面积每边放出 2 米计算面积”，两者之间是有差别的。

需要指出，这两者之间的差别是由不同角度的考虑引起的。清单工程量计算规则的设置主要考虑在切合工程实际的情况下，方便地准确地计算工程量，发挥其“清单工程量统一报价基础”的作用；而计价定额工程量计算规则是结合了工程施工的实际情况确定的，因为平整场地要为建筑物的定位放线作准备，要为挖有放坡的地槽土方作准备，所以在建筑物底面积基础上每边放出 2 米宽是合理的。

从以上例子可以看出，计价定额的计算规则考虑了采取施工措施的实际情况，而清单工程量计算规则没有考虑施工措施。

6. 工作内容

每个分项工程清单项目都有对应的工作内容。通过工作内容我们可以知道该项目需要完成哪些工作任务。

工作内容具有两大功能，一是通过对分项工程清单项目工作内容的解读，可以判断施工图中的清单项目是否列全了。例如，施工图中的“预制混凝土矩形柱”需要“制作、运输、安装”，清单项目列几项呢？通过对该清单项目（010509001）的工作内容进行解读，知道了已经将“制作、运输、安装”合并为一项了，不需要分别列项；二是在编制清单项目的综合单价时，可以根据该项目的工作内容判断需要几个定额项目组合才完整计算了综合单价。例如，砖基础清单项目（010401001）的工作内容既包括砌砖基础还包括基础防潮层铺设，因此砖基础综合单价的计算要将砌砖基础和铺基础防潮层组合在一个综合单价里。又如，如果计价定额的预制混凝土构件的“制作、运输、安装”分别是不同的定额，那么“预制混凝土矩形柱”（010509001）项目的综合单价就要将计价定额预制混凝土构件的“制作、运输、安装”定额项目综合在一起。

应该指出，清单项目中的工作内容是综合单价由几个计价定额项目组合在一起的判断依据。

2.1.3 工程量计算规范附录中的主要内容

工程量计算规范附录中的主要内容框架见表 2-1。

《房屋建筑与装饰工程工程量计算规范》（GB 500854—2013）内容框架表　　表 2-1

序号 （分部编号）	目　录	示　　例
1	总则	1.0.1 为规范房屋建筑与装饰工程造价计量行为，统一房屋建筑与装饰工程工程量计算规则、工程量清单的编制方法，制定本规范； 1.0.2 本规范适用于工业与民用的房屋建筑与装饰工程发承包及实施阶段计价活动中的工程计量和工程量清单编制； 1.0.3 房屋建筑与装饰工程计价，必须按本规范规定的工程量计算规则进行工程计量； 1.0.4 房屋建筑与装饰工程计量活动，除应遵守本规范外，尚应符合国家现行有关标准的规定
2	术语	2.1.1 工程量计算 指建设工程项目以工程设计图纸、施工组织设计或施工方案及有关技术经济文件为依据，按照相关 工程国家标准的计算规则、计量单位等规定，进行工程数量的计算活动，在工程建设中简称工程计量 2.1.2 房屋建筑 在固定地点，为使用者或占用物提供庇护覆盖以进行生活、生产或其他活动的实体，可分为工业建筑与民用建筑 2.1.3 工业建筑 提供生产用的各种建筑物，如车间、厂区建筑、动力站、与厂房相连的生活间、厂区内的库房和运输设施等 2.1.4 民用建筑 非生产性的居住建筑和公共建筑，如住宅、办公楼、幼儿园、学校、食堂、影剧院、商店、体育馆、旅馆、医院、展览馆等
3	工程计量	3.0.1 工程量计算除依据本规范各项规定外，尚应依据以下文件： 1. 经审定通过的施工设计图纸及其说明； 2. 经审定通过的施工组织设计或施工方案； 3. 经审定通过的其他有关技术经济文件 3.0.2 工程实施过程中的计量应按照现行国家标准《建设工程工程量清单计价规范》GB 50500 的相关规定执行 ……

续表

<table>
<tr><th>序号
(分部编号)</th><th>目 录</th><th>示 例</th></tr>
<tr><td>4</td><td>工程量清单编制</td><td>4.1.1 编制工程量清单应依据：
1. 本规范和现行国家标准《建设工程工程量清单计价规范》GB 50500。
2. 国家或省级、行业建设主管部门颁发的计价依据和办法。
3. 建设工程设计文件。
4. 与建设工程项目有关的标准、规范、技术资料。
5. 拟定的招标文件。
6. 施工现场情况、工程特点及常规施工方案。
7. 其他相关资料。
4.1.2 其他项目、规费和税金项目清单应按照现行国家标准《建设工程工程量清单计价规范》GB 50500 的相关规定编制。
……</td></tr>
<tr><td>5</td><td>措施项目</td><td>5.3.1 措施项目中列出了项目编码、项目名称、项目特征、计量单位、工程量计算规则的项目，编制工程量清单时，应按照本规范 4.2 分部分项工程的规定执行。
5.3.2 措施项目中仅列出项目编码、项目名称，未列出项目特征、计量单位和工程量计算规则的项目，编制工程量清单时，应按本规范附录 S 措施项目规定的项目编码、项目名称确定。
……</td></tr>
<tr><td>附录 A</td><td>土石方工程</td><td>

表 A.1 土方工程（编号：010101）

<table>
<tr><th>项目编码</th><th>项目名称</th><th>项目特征</th><th>计量单位</th><th>工程量计算规则</th><th>工作内容</th></tr>
<tr><td>010101001</td><td>平整场地</td><td>1. 土壤类别
2. 弃土运距
3. 取土运距</td><td>m^2</td><td>按设计图示尺寸以建筑物首层建筑面积计算</td><td>1. 土方挖填
2. 场地找平
3. 运输</td></tr>
<tr><td></td><td>……</td><td></td><td></td><td></td><td></td></tr>
</table>
</td></tr>
<tr><td>附录 B</td><td>地基处理与边坡支护工程</td><td>

表 B.1 地基处理（编号：010201）

<table>
<tr><th>项目编码</th><th>项目名称</th><th>项目特征</th><th>计量单位</th><th>工程量计算规则</th><th>工作内容</th></tr>
<tr><td>010201001</td><td>换填垫层</td><td>1. 材料种类及配比
2. 压实系数
3. 掺加剂品种</td><td>m^3</td><td>按设计图示尺寸以体积计算</td><td>1. 分层铺填
2. 碾压、振密或夯实
3. 材料运输</td></tr>
<tr><td></td><td>……</td><td></td><td></td><td></td><td></td></tr>
</table>
</td></tr>
</table>

续表

<table>
<tr><th>序号
（分部编号）</th><th>目　录</th><th>示　　　例</th></tr>
<tr><td>附录 C</td><td>桩基工程</td><td>

表 C.1　打桩（编号：010301）

<table>
<tr><th>项目编码</th><th>项目名称</th><th>项目特征</th><th>计量单位</th><th>工程量计算规则</th><th>工作内容</th></tr>
<tr><td>010301001</td><td>预制钢筋混凝土方桩</td><td>1. 地层情况
2. 送桩深度、桩长
3. 桩截面
4. 桩倾斜度
5. 沉桩方法
6. 接桩方式
7. 混凝土强度等级</td><td>1. m
2. m^2
3. 根</td><td>1. 以米计量，按设计图示尺寸以桩长（包括桩尖）计算
2. 以立方米计算，按设计图示截面积乘以桩长（包括桩尖）以实体积计算
3. 以根计量，按设计图示数量计算</td><td>1. 工作平台搭拆
2. 桩机竖拆、移位
3. 沉桩
4. 接桩
5. 送桩</td></tr>
<tr><td></td><td>……</td><td></td><td></td><td></td><td></td></tr>
</table>

</td></tr>
<tr><td>附录 D</td><td>砌筑工程</td><td>

表 D.1　砖砌体（编号：010401）

<table>
<tr><th>项目编码</th><th>项目名称</th><th>项目特征</th><th>计量单位</th><th>工程量计算规则</th><th>工作内容</th></tr>
<tr><td>010401001</td><td>砖基础</td><td>1. 砖品种、规格、强度等级
2. 基础类型
3. 砂浆强度等级
4. 防潮层材料种类</td><td>m^3</td><td>按设计图示尺寸以体积计算。包括附墙垛基础宽出部分体积，扣除地梁（圈梁）、构造柱所占体积，不扣除基础大放脚 T 形接头处的重叠部分及嵌入基础内的钢筋、铁件、管道、基础砂浆防潮层和单个面积≤0.3 m^2 的孔洞所占体积，靠墙暖气沟的挑檐不增加。
基础长度：外墙按外墙中心线，内墙按内墙净长线计算</td><td>1. 砂浆制作、运输
2. 砌砖
3. 防潮层铺设
4. 材料运输</td></tr>
<tr><td></td><td>……</td><td></td><td></td><td></td><td></td></tr>
</table>

</td></tr>
</table>

续表

<table>
<tr><th>序号
(分部编号)</th><th>目 录</th><th>示 例</th></tr>
<tr><td>附录 E</td><td>混凝土及钢筋混凝土工程</td><td>
表 E.1 现浇混凝土基础(编号:010501)
<table>
<tr><th>项目编码</th><th>项目名称</th><th>项目特征</th><th>计量单位</th><th>工程量计算规则</th><th>工作内容</th></tr>
<tr><td>010501001</td><td>垫层</td><td rowspan="5">1. 混凝土类别
2. 混凝土强度等级</td><td rowspan="6">m³</td><td rowspan="6">按设计图示尺寸以体积计算。不扣除构件内钢筋、预埋铁件和伸入承台基础的桩头所占体积</td><td rowspan="6">1. 模板及支撑制作、安装、拆除、堆放、运输及清理模内杂物、刷隔离剂等
2. 混凝土制作、运输、浇筑、振捣、养护</td></tr>
<tr><td>010501002</td><td>带形基础</td></tr>
<tr><td>010501003</td><td>独立基础</td></tr>
<tr><td>010501004</td><td>满堂基础</td></tr>
<tr><td>010501005</td><td>桩承台基础</td></tr>
<tr><td>010501006</td><td>设备基础</td><td>1. 混凝土类别
2. 混凝土强度等级
3. 灌浆材料、灌浆材料强度等级</td></tr>
<tr><td></td><td>……</td><td></td><td></td><td></td><td></td></tr>
</table>
</td></tr>
<tr><td>附录 F</td><td>金属结构工程</td><td>
表 F.1 钢网架(编码:010601)
<table>
<tr><th>项目编码</th><th>项目名称</th><th>项目特征</th><th>计量单位</th><th>工程量计算规则</th><th>工作内容</th></tr>
<tr><td>010601001</td><td>钢网架</td><td>1. 钢材品种、规格
2. 网架节点形式、连接方式
3. 网架跨度、安装高度
4. 探伤要求
5. 防火要求</td><td>t</td><td>按设计图示尺寸以质量计算。不扣除孔眼的质量,焊条、铆钉、螺栓等不另增加质量</td><td>1. 拼装
2. 安装
3. 探伤
4. 补刷油漆</td></tr>
<tr><td></td><td>……</td><td></td><td></td><td></td><td></td></tr>
</table>
</td></tr>
</table>

续表

序号（分部编号）	目　录	示　　　　例
附录G	木结构工程	表G.1 木屋架（编码：010701）

表G.1 木屋架（编码：010701）

项目编码	项目名称	项目特征	计量单位	工程量计算规则	工作内容
010701001	木屋架	1. 跨度 2. 材料品种、规格 3. 刨光要求 4. 拉杆及夹板种类 5. 防护材料种类	1. 榀 2. m^3	1. 以榀计量，按设计图示数量计算 2. 以立方米计量，按设计图示的规格尺寸以体积计算	1. 制作 2. 运输 3. 安装 4. 刷防护材料
	……				

序号（分部编号）	目　录	示　　　　例
附录H	门窗工程	表H.1 木门（编码：010801）

表H.1 木门（编码：010801）

项目编码	项目名称	项目特征	计量单位	工程量计算规则	工作内容
010801001	木质门	1. 门代号及洞口尺寸 2. 镶嵌玻璃品种、厚度	1. 樘 2. m^2	1. 以樘计量，按设计图示数量计算 2. 以平方米计量，按设计图示洞口尺寸以面积计算	1. 门安装 2. 玻璃安装 3. 五金安装
010801002	木质门带套				
	……				

序号（分部编号）	目　录	示　　　　例
附录J	屋面及防水工程	表J.1 瓦、型材及其他屋面（编码：010901）

表J.1 瓦、型材及其他屋面（编码：010901）

项目编码	项目名称	项目特征	计量单位	工程量计算规则	工作内容
010901001	瓦屋面	1. 瓦品种、规格 2. 粘结层砂浆的配合比	m^2	按设计图示尺寸以斜面积计算。 不扣除房上烟囱、风帽底座、风道、小气窗、斜沟等所占面积。小气窗的出檐部分不增加面积	1. 砂浆制作、运输、摊铺、养护 2. 安瓦、作瓦脊
010901002	型材屋面	1. 型材品种、规格 2. 金属檩条材料品种、规格 3. 接缝、嵌缝材料种类			1. 檩条制作、运输、安装 2. 屋面型材安装 3. 接缝、嵌缝
	……				

续表

序号（分部编号）	目录	示例
附录 J	屋面及防水工程	表 J.2 屋面防水及其他（编码：010902）

表 J.2 屋面防水及其他（编码：010902）

项目编码	项目名称	项目特征	计量单位	工程量计算规则	工作内容
010902001	屋面卷材防水	1. 卷材品种、规格、厚度 2. 防水层数 3. 防水层做法	m^2	按设计图示尺寸以面积计算。 1. 斜屋顶（不包括平屋顶找坡）按斜面积计算，平屋顶按水平投影面积计算 2. 不扣除房上烟囱、风帽底座、风道、屋面小气窗和斜沟所占面积 3. 屋面的女儿墙、伸缩缝和天窗等处的弯起部分，并入屋面工程量内	1. 基层处理 2. 刷底油 3. 铺油毡卷材、接缝
	……				

序号（分部编号）	目录	示例
附录 K	保温、隔热、防腐工程	表 K.1 保温、隔热（编码：011001）

表 K.1 保温、隔热（编码：011001）

项目编码	项目名称	项目特征	计量单位	工程量计算规则	工作内容
011001001	保温隔热屋面	1. 保温隔热材料品种、规格、厚度 2. 隔气层材料品种、厚度 3. 粘结材料种类、做法 4. 防护材料种类、做法	m^2	按设计图示尺寸以面积计算。扣除面积 $>0.3m^2$ 孔洞及占位面积	1. 基层清理 2. 刷粘结材料 3. 铺粘保温层 4. 铺、刷（喷）防护材料
	……				

序号（分部编号）	目录	示例
附录 L	楼地面装饰工程	表 L.1 楼地面抹灰（编码：011101）

表 L.1 楼地面抹灰（编码：011101）

项目编码	项目名称	项目特征	计量单位	工程量计算规则	工作内容
011101001	水泥砂浆楼地面	1. 找平层厚度、砂浆配合比 2. 素水泥浆遍数 3. 面层厚度、砂浆配合比 4. 面层做法要求	m^2	按设计图示尺寸以面积计算。扣除凸出地面构筑物、设备基础、室内管道、地沟等所占面积，不扣除间壁墙及 $\leqslant 0.3m^2$ 柱、垛、附墙烟囱及孔洞所占面积。门洞、空圈、暖气包槽、壁龛的开口部分不增加面积	1. 基层清理 2. 垫层铺设 3. 抹找平层 4. 抹面层 5. 材料运输
	……				

续表

<table>
<tr><th>序号
（分部编号）</th><th>目　录</th><th>示　　　例</th></tr>
<tr><td>附录 M</td><td>墙、柱面装饰与隔断、幕墙工程</td><td>
表 M.1 墙面抹灰（编码：011201）
<table>
<tr><th>项目编码</th><th>项目名称</th><th>项目特征</th><th>计量单位</th><th>工程量计算规则</th><th>工作内容</th></tr>
<tr><td>011201001</td><td>墙面一般抹灰</td><td rowspan="2">1. 墙体类型
2. 底层厚度、砂浆配合比
3. 面层厚度、砂浆配合比
4. 装饰面材料种类
5. 分格缝宽度、材料种类</td><td rowspan="3">m²</td><td rowspan="3">按设计图示尺寸以面积计算。扣除墙裙、门窗洞口及单个>0.3 m² 的孔洞面积，不扣除踢脚线、挂镜线和墙与构件交接处的面积，门窗洞口和孔洞的侧壁及顶面不增加面积。附墙柱、梁、垛、烟囱侧壁并入相应的墙面面积内。
1. 外墙抹灰面积按外墙垂直投影面积计算
2. 外墙裙抹灰面积按其长度乘以高度计算
3. 内墙抹灰面积按主墙间的净长乘以高度计算
（1）无墙裙的，高度按室内楼地面至天棚底面计算
（2）有墙裙的，高度按墙裙顶至天棚底面计算
（3）有吊顶天棚抹灰，高度算至天棚底
4. 内墙裙抹灰面按内墙净长乘以高度计算</td><td rowspan="2">1. 基层清理
2. 砂浆制作、运输
3. 底层抹灰
4. 抹面层
5. 抹装饰面
6. 勾分格缝</td></tr>
<tr><td>011201002</td><td>墙面装饰抹灰</td></tr>
<tr><td>011201003</td><td>墙面勾缝</td><td>1. 勾缝类型
2. 勾缝材料种类</td><td>1. 基层清理
2. 砂浆制作、运输
3. 勾缝</td></tr>
<tr><td></td><td>……</td><td></td><td></td><td></td><td></td></tr>
</table>
</td></tr>
</table>

续表

<table>
<tr><th>序号
(分部编号)</th><th>目　录</th><th>示　　例</th></tr>
<tr><td>附录 N</td><td>天棚工程</td><td>表 N.1　天棚抹灰（编码：011301）</td></tr>
<tr><td>附录 P</td><td>油漆、涂料、裱糊工程</td><td>表 P.1　门油漆（编号：011401）</td></tr>
</table>

表 N.1　天棚抹灰（编码：011301）

项目编码	项目名称	项目特征	计量单位	工程量计算规则	工作内容
011301001	天棚抹灰	1. 基层类型 2. 抹灰厚度、材料种类 3. 砂浆配合比	m^2	按设计图示尺寸以水平投影面积计算。不扣除间壁墙、垛、柱、附墙烟囱、检查口和管道所占的面积，带梁天棚的梁两侧抹灰面积并入天棚面积内，板式楼梯底面抹灰按斜面积计算，锯齿形楼梯底板抹灰按展开面积计算	1. 基层清理 2. 底层抹灰 3. 抹面层
	……				

表 P.1　门油漆（编号：011401）

项目编码	项目名称	项目特征	计量单位	工程量计算规则	工作内容
011401001	木门油漆	1. 门类型 2. 门代号及洞口尺寸 3. 腻子种类 4. 刮腻子遍数 5. 防护材料种类 6. 油漆品种、刷漆遍数	1. 樘 2. m^2	1. 以樘计量，按设计图示数量计量 2. 以平方米计量，按设计图示洞口尺寸以面积计算	1. 基层清理 2. 刮腻子 3. 刷防护材料、油漆
011401002	金属门油漆				1. 除锈、基层清理 2. 刮腻子 3. 刷防护材料、油漆
	……				

续表

序号（分部编号）	目录	示例
附录 Q	其他装饰工程	表 Q.1 柜类、货架（编号：011501）（见下表）
附录 R	拆除工程	表 R.1 砖砌体拆除（编码：011601）（见下表）
附录 S	措施项目	表 S.1 脚手架工程（编码：011701）（见下表）

表 Q.1 柜类、货架（编号：011501）

项目编码	项目名称	项目特征	计量单位	工程量计算规则	工作内容
011501001	柜台	1. 台柜规格 2. 材料种类、规格 3. 五金种类、规格 4. 防护材料种类 5. 油漆品种、刷漆遍数	1. 个 2. m 3. m^3	1. 以个计量，按设计图示数量计量 2. 以米计量，按设计图示尺寸以延长米计算 3. 以立方米计算，按设计图示尺寸以体积计算	1. 台柜制作、运输、安装（安放） 2. 刷防护材料、油漆 3. 五金件安装
011501002	酒柜				
011501003	衣柜				
011501004	存包柜				
	……				

表 R.1 砖砌体拆除（编码：011601）

项目编码	项目名称	项目特征	计量单位	工程量计算规则	工作内容
011601001	砖砌体拆除	1. 砌体名称 2. 砌体材质 3. 拆除高度 4. 拆除砌体的截面尺寸 5. 砌体表面的附着物种类	1. m^3 2. m	1. 以立方米计量，按拆除的体积计算 2. 以米计量，按拆除的延长米计算	1. 拆除 2. 控制扬尘 3. 清理 4. 建渣场内、外运输
	……				

表 S.1 脚手架工程（编码：011701）

项目编码	项目名称	项目特征	计量单位	工程量计算规则	工作内容
011701001	综合脚手架	1. 建筑结构形式 2. 檐口高度	m^2	按建筑面积计算	1. 场内、场外材料搬运 2. 搭、拆脚手架、斜道、上料平台 3. 安全网铺设 4. 选择附墙点与主体连接 5. 测试电动装置、安全锁等 6. 拆除脚手架后材料的堆放
	……				

续表

<table>
<tr><th>序号
(分部编号)</th><th>目　录</th><th>示　　例</th></tr>
<tr><td>附录 S</td><td>措施项目</td><td>
表 S.7　脚手架工程(011707)
<table>
<tr><th>项目编码</th><th>项目名称</th><th>工作内容及包含范围</th></tr>
<tr><td>011707001</td><td>安全文明施工</td><td>1. 环境保护包含范围：现场施工机械设备降低噪音、防扰民措施费用；水泥和其他易飞扬细颗粒建筑材料密闭存放或采取覆盖措施等；工程防扬尘洒水费用；土石方、建渣外运车辆防护措施等；现场污染源的控制、生活垃圾清理外运、场地排水排污措施；其他环境保护措施费用。
2. 文明施工“五牌一图”的费用；现场围挡的墙面美化（包括内外粉刷、刷白、标语等）、压顶装饰；现场厕所便槽刷白、贴面砖，水泥砂浆地面或地砖，建筑物内临时便溺设施；其他施工现场临时设施的装饰装修、美化措施；现场生活卫生设施。
……</td></tr>
<tr><td></td><td>……</td><td></td></tr>
</table>
</td></tr>
<tr><td>本规范
用词说明</td><td></td><td>
本规范用词说明
1. 为便于在执行本规范条文时区别对待，对要求严格程度不同的用词说明如下：
1）表示很严格，非这样做不可的：
正面词采用“必须”，反面词采用“严禁”。
2）表示严格，在正常情况下均应这样做的：
正面词采用“应”，反面词采用“不应”或“不得”。
3）表示允许稍有选择，在条件许可时首先应这样做的：
正面词采用“宜”，反面词采用“不宜”。
4）表示有选择，在一定条件下可以这样做的用词，采用“可”。
2. 本规范中指明应按其他有关标准、规范执行的写法为：“应符合……的规定”或“应按……执行”
</td></tr>
</table>

2.2　房屋建筑与装饰工程工程量计算规范使用方法

2.2.1　工程计量规范有什么用

工程计量规范的主要作用是“规范工程造价计量行为，统一工程量清单的编制、项目设置和计量规则”。

房屋建筑与装饰工程工程量计算规范适用于“房屋建筑与装饰工程施工发承包计价活动中的工程量清单编制和工程量计算”。

2.2.2 房屋建筑与装饰工程工程量计算规范使用方法

在工程招投标过程中，由招标人发布的工程量清单是重要的内容，工程量清单必须根据工程量计算规范编制，所以要掌握计量规范的使用方法。

1. 熟悉工程量计算规范是造价人员的基本功

《房屋建筑与装饰工程工程量计算规范》GB 50854—2013 的内容包括正文、附录、条文说明三部分。其中正文包括总则、术语、工程计量、工程量清单编制，共计 29 项条款，附录共有 17 个分部、557 个清单工程项目。

工程量计算规范的分项工程项目的划分与计价定额的分项工程项目的划分在范围上大部分都相同，少部分是不同的。要记住，计量规范的项目可以对应于一个计价定额项目，也可以对应几个计价定额项目，他们之间的工作内容不同，所以没有一一对应的关系，初学者一定要重视这方面的区别，以便今后准确编制清单报价的综合单价。

房屋建筑与装饰工程工程量计算规范中的 557 个分项工程项目不是编制每个单位工程工程量清单都要使用，一般一个单位工程只需要选用其中的一百多个项目，就能完成一个单位工程的清单编制任务。但是，由于每个工程选用的项目是不相同的，所以每个造价员必须熟悉全部项目，这需要长期的积累。有了熟悉全部项目的基本功才能成为一个合格的造价员。

2. 根据拟建工程施工图，按照工程量计算规范的要求，列全分部分项清单项目是造价员的业务能力

拿到一套房屋施工图后，就需要根据工程量计算规范，看看这个工程根据计量规范的项目划分，应该有多少个分项工程项目。

想一想，要正确将项目全部确定出来（简称为“列项”），你需要什么能力？如何判断有无漏项？如何判断是否重复列了项目？解决这些问题体现了造价员的业务能力。

那么解决这些问题的方法是什么呢？其实要具备这种能力也不难，主要是要具备正确理解工程量计算规范中每个分项工程项目的“项目特征、工作内容”的能力。其重点是要在掌握建筑构造、施工工艺、建筑材料等知识的基础上全面理解计量规范附录中每个项目的“工作内容”。因为“工作内容”规定了一个项目的完整工作内容，划分了与其他项目的界限。因此我们要在学习中抓住这个重点。

应该指出，掌握好“列项”的方法，需要在完成工程量清单编制或使用工程量清单的过程中不断积累经验，不可能编一、两个工程量清单或清单报价就能完全掌握了工程量计算规范的全部内容。

3. 工程量清单项目的准确性是相对的

为什么说工程量清单项目的准确性是相对的呢？主要是由以下几个方面的因素决定的。

第一，由于每一个房屋建筑工程的施工图是不同的，所以也造成了每个工程的分部分项工程量清单项目也是不同的。没有一个固定的模板来套用，需要造价员确定和列出项目。但由于每个造价员的理解不同、业务能力不同，所以一个工程找 100 个造价员来编制工程量清单，编出的清单项目不会完全相同。所以工程量清单项目的准确性是相对的。

第二，由于每一个房屋建筑工程的施工图是不同的，所以造价员每次都要计算新工程的工程量，不能使用曾经计算的工程量。由于每个造价员的识图能力不同、业务水平不

同，他们计算出的工程数量也是不同的，两个造价员之间计算同一个项目的工程量肯定会出现差别。所以工程量清单的准确性是相对的。

第三，由于图纸的设计深度不够，有些问题需要进一步确认或者需要造价员按照自己的理解处理，而每个造价员的理解有差别，计算出的工程量会有差别，所以工程量清单的准确性是相对的。

工程量清单的准确性是相对的这一观点告诉我们，工程造价的工作成果不可能绝对准确，只能相对准确。这种相对性主要可以通过总的工程造价来判断，即采用概率的方法来判断，假如同一工程由100个造价员计算工程造价，如果算出的工程造价是在100个造价平均值的1%的范围内，那么我们就可以判断工程造价的准确程度是99%。

4. 工程量清单项目的权威性是绝对的

虽然工程量清单项目的工程量不能绝对准确，但是工程量清单项目的权威性是绝对的。因为，当招标工程量清单发布以后，投标人必须按照其项目和数量进行报价，投标时发现数量错了也不能自己去改变或纠正。这一规定体现了招标工程量清单的权威性。

“统一性”是发布工程量清单的根本原因。即使投标前发现了清单工程量有错误，那也要在投标截止前，发布修改后的清单工程量统一修改，或者在工程实施中按照清单计价规范“工程计量”的规定进行调整。

2.2.3 房屋建筑与装饰工程分部分项清单工程量项目列项

1. 分部分项清单工程量项目列项步骤

第一步，先将常用的项目找出来。例如平整场地、挖地槽（坑）土方、现浇混凝土构件等等项目；

第二步，将图纸上的内容对应计量规范附录的项目，一一对应列出来；

第三步，施工图上的内容与计量规范附录对应时，拿不稳的项目，查看计量规范附录后再敲定。例如，砖基础清单项目除了包括防潮层外，还包不包括混凝土基础垫层？经过查看砖基础清单项目的工作内容不包括混凝土基础垫层，于是将砖基础作为一个项目后，混凝土基础垫层也是一个清单项目；

第四步，列项工作基本完成后，还要将施工图全部翻开，一张一张地在图纸上复核，列了项目的划一个勾，仔细检查，发现“漏网”的项目，赶紧补上，确保项目的完整性。

2. 采用列项表完成列项工作

采用列项表列项的好处是，规范、可以将较完整的信息填在表内。分部分项工程量清单列项表见表2-2。

分部分项工程量清单列项表 **表2-2**

序号	清单编码	项目名称	项目特征	计量单位
1	010401001001	砖基础	1. 砖品种、规格、强度等级：黏土砖标准砖240×115×53、MU7.5 2. 基础类型：带形 3. 砂浆强度等级：M5 4. 防潮层材料种类：1∶2水泥砂浆	m^3
	……	……		

2.2.4　工程量清单编制内容

工程量清单编制的内容包括：分部分项工程量清单、措施单价项目清单、措施总价项目清单、其他项目清单、规费和税金项目清单编制。其编制示意图见图 2-1。

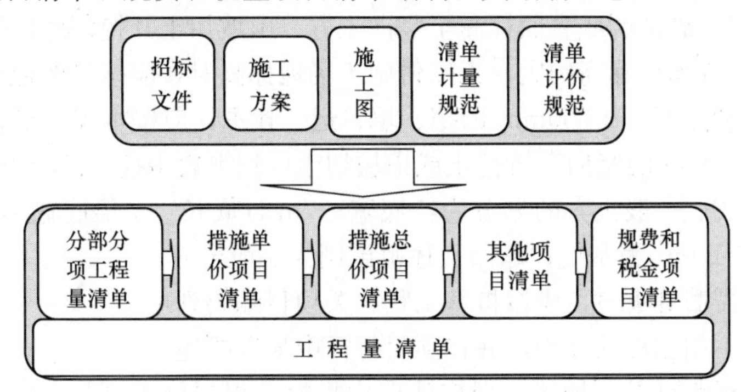

图 2-1　工程量清单编制示意图

分部分项工程量清单编制的依据主要有：招标文件、拟建工程施工图、施工方案、清单计价规范、清单计量规范。

从图 2-1 中可以看出，编制工程量清单顺序是：①分部分项工程量清单、②措施单价项目清单、③措施总价项目清单、④其他项目清单、⑤规费和税金项目清单。

分部分项工程量清单是根据招标文件、施工方案、施工图、清单计量规范、清单计价规范编制的。

例如招标文件规定了玻璃幕墙是暂估工程，不计算清单项目；施工方案设计了现浇混凝土基础垫层要支模板，挖土方要计算工作面，土方工程量发生了变化；只有根据施工图才能计算出分部分项清单工程量；根据清单计量规范的项目，列出施工图中的全部分项工程量，按计量规范的工程量计算规则计算工程量；根据清单计价规范的要求，确定了工程量清单由上述 5 个部分的内容构成。

例如，根据施工图、施工方案确定脚手架的工程量；依据施工图、清单计价规范和计量规范确定安全文明施工费总价项目和现浇混凝土模板单价项目的工程量。

例如，根据施工图和计价规范确定暂列金额和计日工等其他项目清单的数量。

例如，根据计价规范和计价文件确定规费和税金项目。

总之，通过不断编制工程量清单的实际，我们就可以很好地掌握工程量清单的编制方法。

2.3　房屋建筑与装饰工程分部分项清单工程量计算

2.3.1　房屋建筑与装饰工程主要分部分项清单工程量计算

由于各种工程量的计算方法已经在《建筑工程预算》、《装饰工程预算》和《安装工程预算》课程中进行了详细的讲解，所以本课程不介绍这方面的内容。

本书中涉及的工程量计算都会列出详细的计算式，供学习者了解工程量计算方法。

以下是《房屋建筑与装饰工程工程量计算规范》GB 50854—2013 清单工程量计算的有关规定。

1. 土石方工程

(1) 土石方工程量计算有关说明

1) 挖土方平均厚度应按自然地面测量标高至设计地坪标高间的平均厚度确定。基础土方开挖深度应按基础垫层底表面标高至竖向土方、山坡切土开挖深度应按基础垫层底表面标高至交付施工现场地标高确定，无交付施工场地标高时，应按自然地面标高确定。

2) 建筑物场地厚度≤±300mm 的挖、填、运、找平，应按本表中平整场地项目编码列项。厚度>±300mm 的竖向布置挖土或山坡切土应按本表中挖一般土方项目编码列项。

3) 沟槽、基坑、一般土方的划分为：底宽≤7m 且底长>3 倍底宽为沟槽；底长≤3 倍底宽且底面积≤150m^2 为基坑；超出上述范围则为一般土方。

4) 挖土方如需截桩头时，应按桩基工程相关项目编码列项。

5) 桩间挖土不扣除桩的体积，并在项目特征中加以描述。

6) 弃、取土运距可以不描述，但应注明由投标人根据施工现场实际情况自行考虑，决定报价。

7) 土壤的分类应按表 A.1-1 确定，如土壤类别不能准确划分时，招标人可注明为综合，由投标人根据地勘报告决定报价。

8) 土方体积应按挖掘前的天然密实体积计算。非天然密实土方应按表 A.1-2 系数折算。

9) 挖沟槽、基坑、一般土方因工作面和放坡增加的工程量（管沟工作面增加的工程量），是否并入各土方工程量中，应按各省、自治区、直辖市或行业建设主管部门的规定实施，如并入各土方工程量中，办理工程结算时，按经发包人认可的施工组织设计规定计算，编制工程量清单时，可按表 A.1-3、A.1-4、A.1-5 规定计算。

10) 挖方出现流砂、淤泥时，应根据实际情况由发包人与承包人双方现场签证确认工程量。

11) 管沟土方项目适用于管道（给排水、工业、电力、通信）、光（电）缆沟 [包括：人（手）孔、接口坑] 及连接井（检查井）等。

(2) 土壤分类

土壤分类见表 2-3。

土壤分类表 **表 2-3**

土壤分类	土壤名称	开挖方法
一、二类土	粉土、砂土（粉砂、细砂、中砂、粗砂、砾砂）、粉质黏土、弱中盐渍土、软土（淤泥质土、泥炭、泥炭质土）、软塑红黏土、冲填土	用锹、少许用镐、条锄开挖。机械能全部直接铲挖满载者
三类土	黏土、碎石土（圆砾、角砾）混合土、可塑红黏土、硬塑红黏土、强盐渍土、素填土、压实填土	主要用镐、条锄、少许用锹开挖。机械需部分刨松方能铲挖满载者或可直接铲挖但不能满载者
四类土	碎石土（卵石、碎石、漂石、块石）、坚硬红黏土、超盐渍土、杂填土	全部用镐、条锄挖掘、少许用撬棍挖掘。机械须普遍刨松方能铲挖满载者

注：本表土的名称及其含义按国家标准《岩土工程勘察规范》GB 50021—2001（2009 年版）定义。

(3) 土方体积折算系数

土方体积折算系数见表 2-4。

土方体积折算系数表　　表 2-4

天然密实度体积	虚方体积	夯实后体积	松填体积
0.77	1.00	0.67	0.83
1.00	1.30	0.87	1.08
1.15	1.50	1.00	1.25
0.92	1.20	0.80	1.00

注：1. 虚方指未经碾压、堆积时间≤1 年的土壤。
2. 本表按《全国统一建筑工程预算工程量计算规则》GJDGZ-101-95 整理。
3. 设计密实度超过规定的，填方体积按工程设计要求执行；无设计要求按各省、自治区、直辖市或行业建设行政主管部门规定的系数执行。

(4) 放坡系数

放坡系数见表 2-5。

放 坡 系 数 表　　表 2-5

土类别	放坡起点 (m)	人工挖土	机械挖土		
			在坑内作业	在坑上作业	顺沟槽在坑上作业
一、二类土	1.20	1∶0.5	1∶0.33	1∶0.75	1∶0.5
三类土	1.50	1∶0.33	1∶0.25	1∶0.67	1∶0.33
四类土	2.00	1∶0.25	1∶0.10	1∶0.33	1∶0.25

注：1. 沟槽、基坑中土类别不同时，分别按其放坡起点、放坡系数，依不同土类别厚度加权平均计算。
2. 计算放坡时，在交接处的重复工程量不予扣除，原槽、坑作基础垫层时，放坡自垫层上表面开始计算。

(5) 基础施工所需工作面宽度

基础施工所需工作面宽度见表 2-6。

基础施工所需工作面宽度计算表　　表 2-6

基　础　材　料	每边各增加工作面宽度 (mm)
砖基础	200
浆砌毛石、条石基础	150
混凝土基础垫层支模板	300
混凝土基础支模板	300
基础垂直面做防水层	1000 (防水面层)

注：本表按《全国统一建筑工程预算工程量计算规则》GJDGZ-101-95 整理。

(6) 管沟施工每侧所需工作面宽度

管沟施工每侧所需工作面宽度见表 2-7。

管沟施工每侧所需工作面宽度计算表　　表 2-7

管沟材料 \ 管道结构宽 (mm)	≤500	≤1000	≤2500	>2500
混凝土及钢筋混凝土管道 (mm)	400	500	600	700
其他材质管道 (mm)	300	400	500	600

注：1. 本表按《全国统一建筑工程预算工程量计算规则》GJDGZ-101-95 整理。
2. 管道结构宽：有管座的按基础外缘，无管座的按管道外径。

(7) 土方清单工程量计算举例用图 (图 2-2、图 2-3)

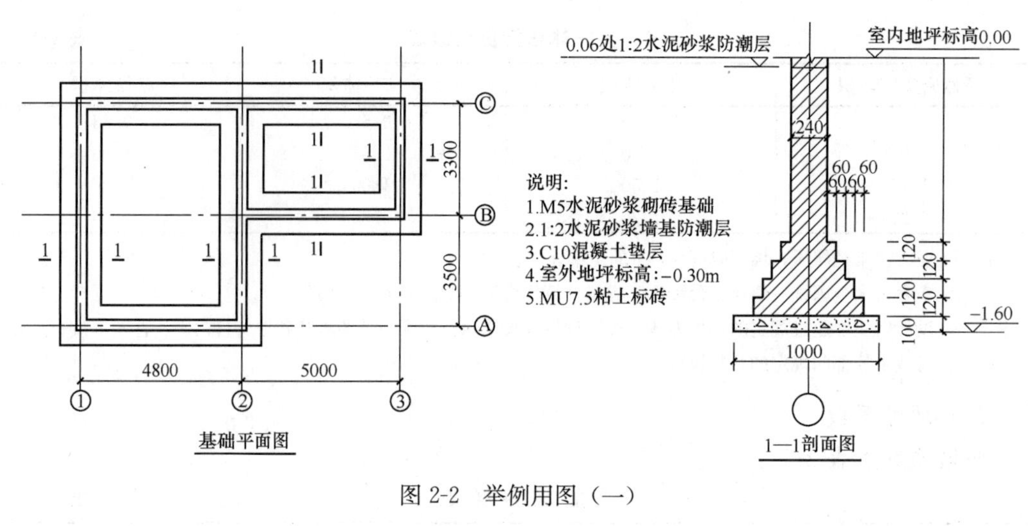

图 2-2 举例用图（一）

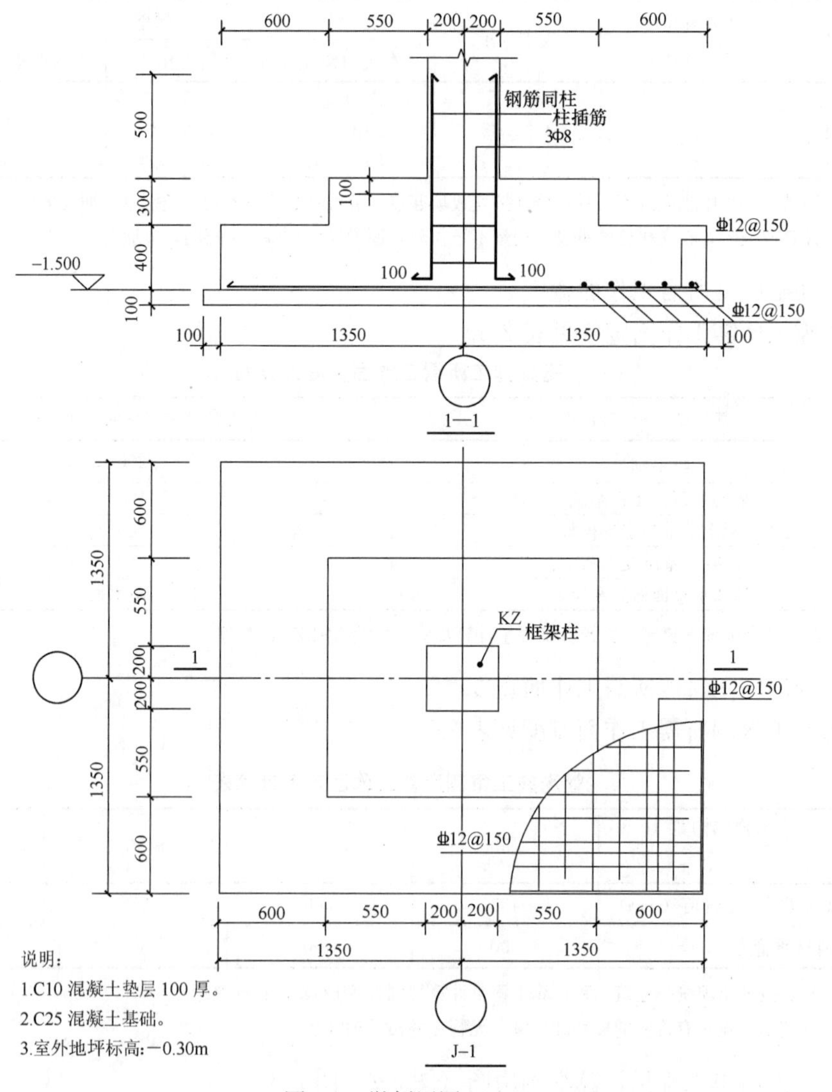

图 2-3 举例用图（二）

（8）土方工程清单工程量计算实例（见表 2-8）

工 程 量 计 算 表 **表 2-8**

项目编码	项目名称	项目特征	计量单位	工程量计算规则	计 算 式	工作内容
010101001001	平整场地	1. 土壤类别：三类土 2. 弃土运距：自定 3. 取土运距：自定	m^2	按设计图示尺寸以建筑物首层建筑面积计算	采用图纸：举例用图（一） S＝（4.80＋5.0＋0.24）×（3.50＋3.30＋0.24）－5.0×3.50 ＝10.04×7.04－17.50 ＝53.18m^2	1. 土方挖填 2. 场地找平 3. 运输
010101003001	挖沟槽土方	1. 土壤类别：三类土 2. 挖土深度：1.30m 3. 弃土运距：自定	m^3	按设计图示尺寸以体积计算	采用图纸：举例用图（一） 外墙基础挖地槽土方工程量： 垫层长＝（4.80＋5.0＋3.50＋3.30）×2＝33.2m 垫层宽＝1.00m 地槽深＝1.60－0.30＝1.30m V＝垫层长×垫层宽×地槽深 ＝基础垫层底面积×挖土深度 ＝33.20×1.00×1.30 ＝43.16m^3	1. 排地表水 2. 土方开挖 3. 围护（挡土板）、支撑 4. 基底钎探 5. 运输
010101004001	挖基坑土方			按设计图示尺寸以基础垫层底面积乘以挖土深度计算	采用图纸：举例用图（二） 挖独立基础地坑工程量： V＝独立基础垫层面积×挖土深度 ＝（1.35×2＋0.10×2）×（1.35×2＋0.10×2）×（1.50＋0.10－0.30） ＝2.90×2.90×1.30 ＝10.93m^3	

2. 砌筑工程

（1）有关说明

1）“砖基础”项目适用于各种类型砖基础：柱基础、墙基础、管道基础等。

2）基础与墙（柱）身使用同一种材料时，以设计室内地面为界（有地下室者，以地下室室内设计地面为界），以下为基础，以上为墙（柱）身。基础与墙身使用不同材料时，位于设计室内地面高度≤±300mm 时，以不同材料为分界线，高度＞±300mm 时，以设计室内地面为分界线。

3）砖围墙以设计室外地坪为界，以下为基础，以上为墙身。

4）框架外表面的镶贴砖部分，按零星项目编码列项。

5）附墙烟囱、通风道、垃圾道、应按设计图示尺寸以体积（扣除孔洞所占体积）计算并入所依附的墙体体积内。当设计规定孔洞内需抹灰时，应按本规范附录 M 中零星抹灰项目编码列项。

6）空斗墙的窗间墙、窗台下、楼板下、梁头下等的实砌部分，按零星砌砖项目编码列项。

7）“空花墙”项目适用于各种类型的空花墙，使用混凝土花格砌筑的空花墙，实砌墙体与混凝土花格应分别计算，混凝土花格按混凝土及钢筋混凝土中预制构件相关项目编码列项。

8）台阶、台阶挡墙、梯带、锅台、炉灶、蹲台、池槽、池槽腿、砖胎模、花台、花池、楼梯栏板、阳台栏板、地垄墙、≤0.3m^{2}的孔洞填塞等，应按零星砌砖项目编码列项。砖砌锅台与炉灶可按外形尺寸以个计算，砖砌台阶可按水平投影面积以平方米计算，小便槽、地垄墙可按长度计算、其他工程按立方米计算。

9）砖砌体内钢筋加固，应按本规范附录 E 中相关项目编码列项。

10）砖砌体勾缝按本规范附录 M 中相关项目编码列项。

11）检查井内的爬梯按本附录 E 中相关项目编码列项；井内的混凝土构件按附录 E 中混凝土及钢筋混凝土预制构件编码列项。

12）如施工图设计标注做法见标准图集时，应注明标注图集的编码、页号及节点大样。

（2）标准砖墙计算厚度

标准砖墙计算厚度见表 2-9。

标准砖墙计算厚度表 **表 2-9**

砖数（厚度）	1/4	1/2	3/4	1	$1\frac{1}{2}$	2	$2\frac{1}{2}$	3
计算厚度（mm）	53	115	180	240	365	490	615	740

（3）清单工程量计算举例用图（图 2-4）

平房施工图说明：

1）标高：室内地坪±0.00m；室外地坪－0.30m。

2）檐口高度：3.60m（平屋面）；混凝土屋面板 120mm 厚，屋面板顶标高：3.72m。

3）墙厚：均为 240mm，MU7.5 灰砂砖 M5 混合砂浆砌筑，墙垛侧面宽 0.12m。突出 墙面垛 120mm×240mm。

4）门窗（塑钢）：M1 1000×2100、M2 1200×2100、M3 900×2000、M4 1000×2100；C1 1200×1500、C2 1500×1500、C3 2400×1500。门安装以开启方向里边平（门框宽 100mm），窗安装以墙内面平齐。

5）地面：1∶10 石灰炉渣地面基层 100 厚，C10 混凝土地面垫层 80 厚。保管室 1∶3 水泥砂浆 20 厚找平，1∶2 水泥砂浆 20 厚面层；会议室 1∶3 水泥砂浆 20 厚找平，500×500×5 乳白地砖密缝铺设，1∶2 水泥砂浆 5 厚粘接；接待室 1∶3 水泥砂浆 20 厚找平，20×30 断面木龙骨@300，铺 600×100×5 米黄色强化木地板。

6）踢脚线：会议室 1∶2 水泥砂浆 10 厚贴 150 高、600×150×5 乳白色瓷砖踢脚线；保管室 1∶2 水泥砂浆踢脚线 120 高 20 厚；接待室米黄色实木踢脚线 900×120×5，120mm 高，底层 10×5 断面木龙骨@150。内门洞每处侧面做 140mm 宽踢脚线。

7）内墙面（砖基层）、天棚面（混凝土基层）：1∶1∶4 混合砂浆底 12 厚、1∶0.3∶

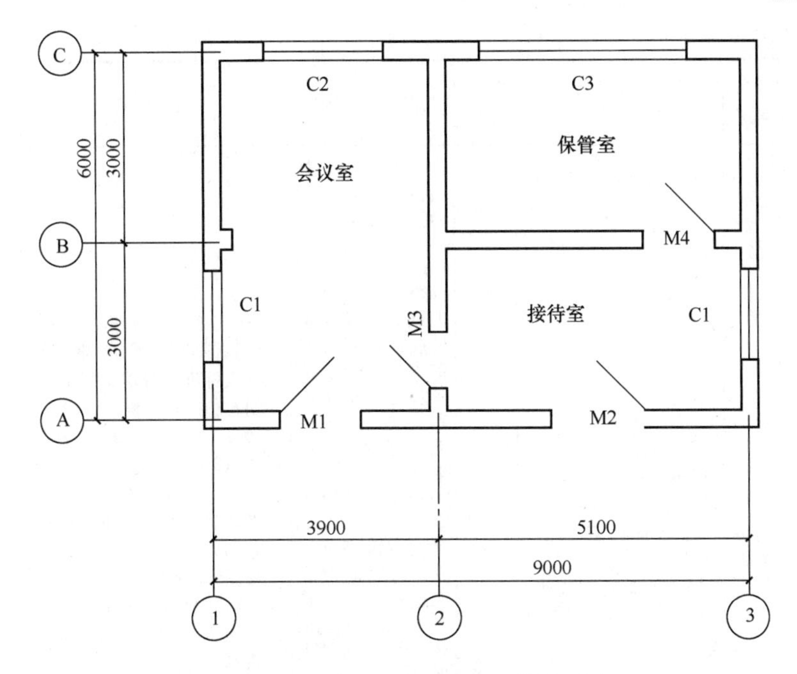

图 2-4 某标准砖墙平房平面图（举例用图三）

3 混合砂浆面 8 厚、满刮石膏腻子两遍，奶油色乳胶漆面两遍。

（4）砌筑工程、地面垫层清单工程量计算实例（见表 2-10）

砌筑工程工程量计算表 **表 2-10**

项目编码	项目名称	项目特征	计量单位	工程量计算规则	计算式	工作内容
010401001001	砖基础	1. 砖品种、规格、强度等级：黏土砖、240×115×53、MU7.5 2. 基础类型：带形基础 3. 砂浆强度等级：M5 4. 防潮层材料种类：水泥砂浆	m^3	按设计图示尺寸以体积计算。包括附墙垛基础宽出部分体积，扣除地梁（圈梁）、构造柱所占体积，不扣除基础大放脚 T 形接头处的重叠部分及嵌入基础内的钢筋铁件、管道、基础砂浆防潮层和单个面积≤0.3m^2 的孔洞所占体积，靠墙暖气沟的挑檐不增加。 基础长度：外墙按外墙中心线，内墙按内墙净长线计算	采用图纸：举例用图（一） 计算 M5 水泥砂浆砌外墙砖基础工程量： V=基础长×基础断面积 =33.20（同垫层长）×［(基础墙断面积+放脚层数)×（放脚层数+1）×0.007875］ =33.20×［0.24×（1.60－0.10）+4×5×0.007875］ =33.20×（0.36+0.1575） =33.20×0.5175 =17.18m^3	1. 砂浆制作、运输 2. 砌砖 3. 防潮层铺设 4. 材料运输

续表

项目编码	项目名称	项目特征	计量单位	工程量计算规则	计算式	工作内容
010401003001	实心砖墙	1. 砖品种、规格、强度等级：灰砂砖、MU7.5 2. 墙体类型：标准砖墙 3. 砂浆强度等级、配合比：M5混合砂浆	m^3	1. 墙长度：外墙按中心线、内墙按净长计算； 2. 墙高度： (1) 外墙：斜(坡)屋面无檐口天棚者算至屋面板底；有屋架且室内外均有天棚者算至屋架下弦底另加200mm；无天棚者算至屋架下弦底另加300mm，出檐宽度超过600mm时按实砌高度计算；与钢筋混凝土楼板隔层者算至板顶。平屋顶算至钢筋混凝土板底 (2) 内墙：位于屋架下弦者，算至屋架下弦底；无屋架者算至天棚底另加100mm；有钢筋混凝土楼板隔层者算至楼板顶；有框架梁时算至梁底	采用图纸：举例用图（三） 计算该建筑物M5混合砂浆砌筑标准砖外墙工程量： 门窗洞口面积＝1.00×2.10＋1.20×2.10＋1.20×1.50×2＋1.50×1.50＋2.40×1.50＝14.07m^2 外墙长＝（6.0＋9.0）×2＝30.00m 墙高＝3.60m 标准砖外墙工程量＝（墙长×墙高－门窗洞口面积）×墙厚 ＝（30.00×3.60－14.07）×0.24 ＝93.93×0.24 ＝22.54m^3	1. 砂浆制作、运输 2. 砌砖 3. 刮缝 4. 砖压顶砌筑 5. 材料运输
010404001001	地面垫层	垫层材料种类、配合比、厚度：石灰炉渣、1:10、100mm	m^3	按设计图示尺寸以立方米计算	采用图纸：举例用图（三） 计算1∶10石灰炉渣地面垫层工程量： V＝地面净面积（扣砖垛面积、加门洞开口面积）×垫层厚 ＝[（6.0－0.24）×（3.90－0.24）＋（3.0－0.24）×（5.10－0.24）×2－0.12×0.24＋（1.00＋1.20＋0.90＋1.00）×0.24]×0.10 ＝（5.76×3.66＋2.76×4.86×2－0.029＋4.10×0.24）×0.10 ＝（21.082＋26.827－0.029＋0.984）×0.10 ＝4.89m^3	1. 垫层材料的拌制 2. 垫层铺设 3. 材料运输

注：除混凝土垫层应按附录E中相关项目编码列项外，没有包括垫层要求的清单项目应按本表垫层项目编码列项。

3. 混凝土及钢筋混凝土工程

混凝土垫层、独立基础清单工程量计算实例（见表2-11）

工 程 量 计 算 表 **表 2-11**

<table>
<tr><th>项目编码</th><th>项目名称</th><th>项目特征</th><th>计量单位</th><th>工程量计算规则</th><th>计 算 式</th><th>工作内容</th></tr>
<tr><td>010501001001</td><td>垫层</td><td>1. 混凝土类别：砾石混凝土
2. 混凝土强度等级：C10</td><td>m^3</td><td rowspan="2">按设计图示尺寸以体积计算。不扣除伸入承台基础的桩头所占体积</td><td>采用图纸：举例用图（一）
计算 C10 混凝土外墙带型砖基础垫层工程量：
垫层长＝（4.80＋5.0＋3.50＋3.30）×2＝33.20m
垫层宽＝1.00m
垫层厚＝0.10m
V＝垫层长×垫层宽×垫层厚
＝33.20×1.00×0.10
＝3.32m^3</td><td rowspan="2">1. 模板及支撑制作、安装、拆除、堆放、运输及清理模内杂物、刷隔离剂等
2. 混凝土制作、运输、浇筑、振捣、养护</td></tr>
<tr><td>010501003001</td><td>独立基础</td><td>1. 混凝土类别：砾石混凝土
2. 混凝土强度等级：C25</td><td>m^3</td><td>采用图纸：举例用图（二）
计算 C25 混凝土独立基础工程量：
V＝（基础第一层体积＋基础第二层体积）×个数
＝（1.35×2）×（1.35×2）×0.40＋（0.75×2）×（0.75×2）×0.30×1 个
＝2.916＋0.675
＝3.59m^3</td></tr>
</table>

注：1. 有肋带形基础、无肋带形基础应按 E.1 中相关项目列项，并注明肋高。

2. 箱式满堂基础中柱、梁、墙、板按 E.2、E.3、E.4、E.5 相关项目分别编码列项；箱式满堂基础底板按 E.1 的满堂基础项目列项。

3. 框架式设备基础中柱、梁、墙、板分别按 E.2、E.3、E.4、E.5 相关项目编码列项；基础部分按 E.1 相关项目编码列项。

4. 如为毛石混凝土基础，项目特征应描述毛石所占比例。

4. 门窗工程

金属门清单工程量计算实例（见表 2-12、表 2-13）。

工 程 量 计 算 表 **表 2-12**

项目编码	项目名称	项目特征	计量单位	工程量计算规则	计 算 式	工作内容
010802001001	金属（塑钢）门	1. 门代号及洞口尺寸：M11000×2100、M2 1200×2100、M3 900×2000、M4 1000×2100 2. 门框、扇材质：塑钢 3. 玻璃品种、厚度：无	1. 樘 2. m^2	1. 以樘计量，按设计图示数量计算 2. 以平方米计量，按设计图示洞口尺寸以面积计算	采用图纸：举例用图（三） M1、M2、M3、M4 塑钢门安装工程量计算： S＝Σ门洞口面积 ＝1.00×2.10＋1.20×2.10＋0.90×2.00＋1.00×2.10 ＝2.10＋2.52＋1.80＋2.10 ＝8.52m^2	1. 门安装 2. 五金安装 3. 玻璃安装

注：1. 金属门应区分金属平开门、金属推拉门、金属地弹门、全玻门（带金属扇框）、金属半玻门（带扇框）等项目，分别编码列。

2. 铝合金门五金包括：地弹簧、门锁、拉手、门插、门铰、螺丝等。

3. 其他金属门五金包括 L 型执手插锁（双舌）、执手锁（单舌）、门轨头、地锁、防盗门机、门眼（猫眼）、门碰珠、电子锁（磁卡锁）、闭门器、装饰拉手等。

4. 以樘计量，项目特征必须描述洞口尺寸，没有洞口尺寸必须描述门框或扇外围尺寸，以平方米计量，项目特征可不描述洞口尺寸及框、扇的外围尺寸。

5. 以平方米计量，无设计图示洞口尺寸，按门框、扇外围以面积计算。

工 程 量 计 算 表 **表 2-13**

项目编码	项目名称	项目特征	计量单位	工程量计算规则	计 算 式	工作内容
010807001001	金属（塑钢、断桥窗）	1. 窗代号及洞口尺寸：C1 1200×1500、C2 1500×1500、C3 2400×1500 2. 框、扇材质：塑钢 3. 玻璃品种、厚度：白玻、3mm	1. 樘 2. m^2	1. 以樘计量，按设计图示数量计算 2. 以平方米计量，按设计图示洞口尺寸以面积计算	采用图纸：举例用图（三） C1、C2、C3 塑钢窗安装工程量计算： S＝∑窗洞口面积 ＝1.20×1.50×2 樘＋1.50×1.50＋2.40×1.50 ＝3.60＋2.25＋3.60 ＝9.45m^2	1. 窗安装 2. 五金、玻璃安装

注：1. 金属窗应区分金属组合窗、防盗窗等项目，分别编码列项。
2. 以樘计量，项目特征必须描述洞口尺寸，没有洞口尺寸必须描述窗框外围尺寸，以平方米计量，项目特征可。不描述洞口尺寸及框的外围尺寸。
3. 以平方米计量，无设计图示洞口尺寸，按窗框外围以面积计算。
4. 金属橱窗、飘（凸）窗以樘计量，项目特征必须描述框外围展开面积。
5. 金属窗中铝合金窗五金应包括：卡锁、滑轮、铰拉、执手、拉把、拉手、风撑、角码、牛角制等。
6. 其他金属窗五金包括：折页、螺丝、执手、卡锁、风撑、滑轮滑轨（推拉窗）等。

5. 屋面及防水工程

(1) 屋面施工图（图 2-5）

某工程屋面做法说明：

1. 结构层上 1：3 水泥砂浆找平层 15 厚；
2. 双层 25 厚（共 50 厚）聚苯乙烯板保温层；
3. 1：8 水泥炉渣找坡层最薄处 30mm；
4. 1：3 水泥砂浆找平层 25 厚；
5. 4 厚 SBS 改性沥青防水卷材一道，同材性粘接剂二道；
6. 1：2.5 水泥砂浆保护层 20 厚。

(2) 防水屋面清单工程量计算实例（表 2-14）。

工 程 量 计 算 表 **表 2-14**

项目编码	项目名称	项目特征	计量单位	工程量计算规则	计 算 式	工作内容
010902001001	屋面卷材防水	1. 卷材品种、规格、厚度：SBS 改性沥青防水卷材，4 厚 2. 防水层数：一层 3. 防水层做法：防水卷材一道，同材性粘接剂二道	m^2	按设计图示尺寸以面积计算。 1. 斜屋顶（不包括平屋顶找坡）按斜面积计算，平屋顶按水平投影面积计算 2. 不扣除房上烟囱、风帽底座、风道、屋面小气窗和斜沟所占面积 3. 屋面的女儿墙、伸缩缝和天窗等处的弯起部分，并入屋面工程量内	采用图纸：举例用图（四） 4 厚 SBS 改性沥青防水卷材一道，同材性粘接剂二道屋面卷材防水工程量计算： S=屋面水平面积+4 周弯起部分面积 ＝（17.00－0.20×2）×（9.20－0.20×2）＋（17.00－0.20×2+9.20－0.20×2）×2×0.36 =16.60×8.80+25.40×2×0.36 =146.08+18.288 =164.37m^2	1. 基层处理 2. 刷底油 3. 铺油毡卷材、接缝

注：1. 屋面保温找坡层按本规范附录 K 保温、隔热、防腐工程“保温隔热屋面”项目编码列项。
2. 屋面找平层按本规范附录 L 楼地面装饰工程“平面砂浆找平层”项目编码列项。
3. 屋面防水搭接及附加层用量不另行计算，在综合单价中考虑。

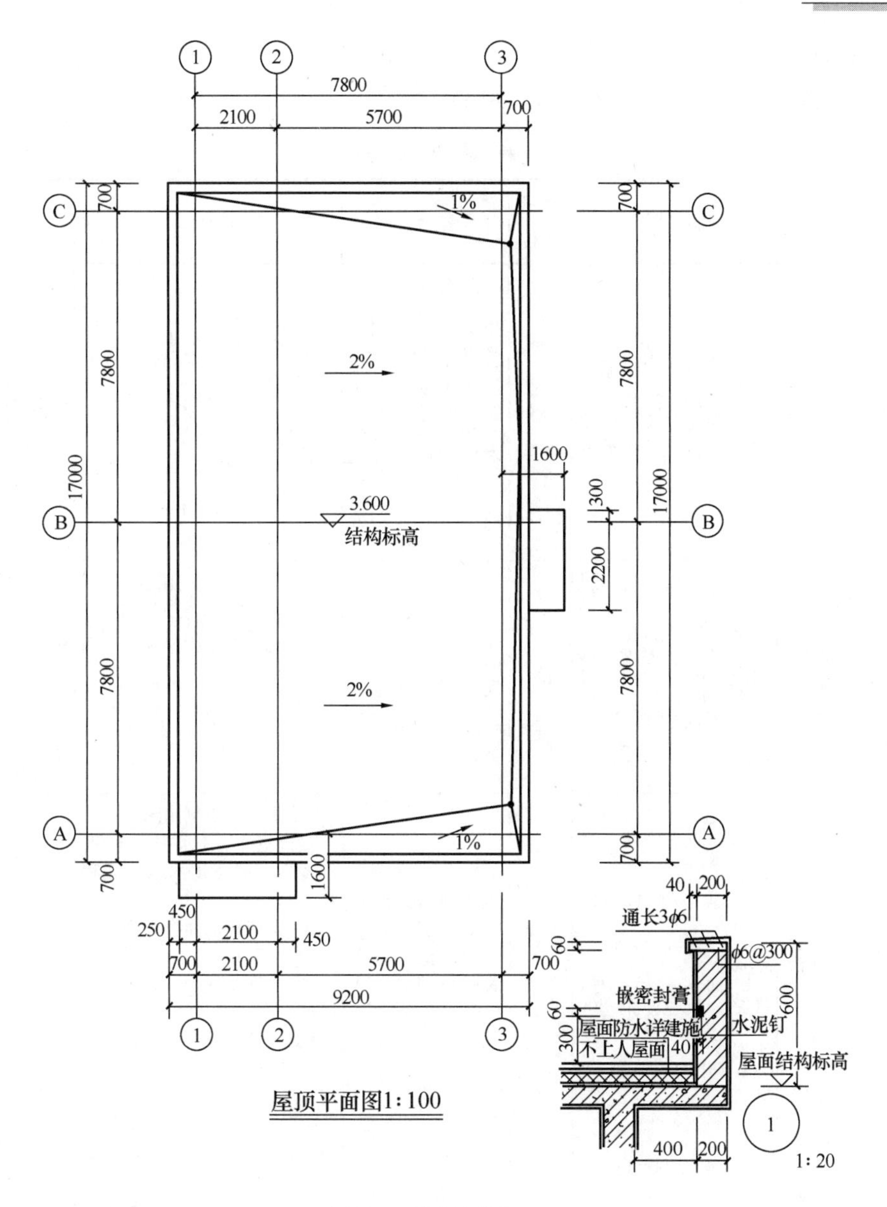

图 2-5 举例用图（四）

6. 保温、隔热工程

保温隔热屋面清单工程量计算实例（表 2-15）

工 程 量 计 算 表 **表 2-15**

项目编码	项目名称	项目特征	计量单位	工程量计算规则	计算式	工作内容
011001001001	保温隔热屋面	1. 保温隔热材料品种、规格、厚度：双层 25 厚聚苯乙烯板 2. 粘结材料种类、做法：无 3. 防护材料种类、做法：无	m^2	按设计图示尺寸以面积计算。扣除面积 ＞ 0.3m^2 孔洞所占面积	采用图纸：举例用图（四） 屋面双层 25 厚聚苯乙烯板保温层工程量计算： S=保温屋面面积 =保温屋面长×保温屋面宽 =（17.00－0.20×2）×（9.20－0.20×2） =146.08m^2	1. 基层清理 2. 刷粘结材料 3. 铺粘保温层 4. 铺、刷（喷）防护材料

7. 楼地面装饰工程

地面装饰清单工程量计算实例（表 2-16）

工 程 量 计 算 表 **表 2-16**

项目编码	项目名称	项目特征	计量单位	工程量计算规则	计 算 式	工作内容
011101001001	水泥砂浆楼地面（保管室地面）	1. 找平层厚度、砂浆配合比：1∶3 水泥砂浆找平层 20 厚 2. 面层厚度、砂浆配合比：1∶2 水泥砂浆面层 20 厚	m^2	按设计图示尺寸以面积计算。扣除凸出地面构筑物、设备基础、室内管道、地沟等所占面积，不扣除间壁墙及≤0.3m^2 柱、垛、附墙烟囱及孔洞所占面积。门洞、空圈、暖气包槽、壁龛的开口部分不增加面积	采用图纸：举例用图（三） 保管室 1∶2 水泥砂浆地面工程量计算： S=保管室地面净面积 =（5.10−0.24）×（3.0−0.24） =4.86×2.76 =13.41m^2	1. 基层清理 2. 抹找平层 3. 抹面层 4. 材料运输
011102003001	块料楼地面（会议室地砖）	1. 找平层厚度、砂浆配合比：1∶3 水泥砂浆找平层 20 厚 2. 结合层厚度、砂浆配合比：5 厚 1∶2 水泥砂浆粘接 3. 面层材料品种、规格、颜色：地砖，500×500×5，乳白	m^2	按设计图示尺寸以面积计算。门洞、空圈、暖气包槽、壁龛的开口部分并入相应的工程量内	采用图纸：举例用图（三） 1∶2 水泥砂浆粘接 500×500 会议室地砖工程量计算： S=会议室地面净面积−墙垛面积 =（6.00 − 0.24）×（3.90−0.24）−0.12×0.24 =5.76×3.66−0.12×0.14 =21.082−0.029 =21.05m^2	1. 基层清理 2. 抹找平层 3. 面层铺设、磨边 4. 嵌缝 5. 刷防护材料 6. 酸洗、打蜡 7. 材料运输
011104002001	竹木（复合）地板	1. 龙骨材料种类、规格、铺设间距：20×30 断面木龙骨@300 2. 基层材料种类、规格： 1∶3 水泥砂浆 20 厚找平 3. 面层材料品种、规格、颜色：铺 600×100×5 米黄色强化木地板 4. 防护材料种类：无	m^2	按设计图示尺寸以面积计算。门洞、空圈、暖气包、槽、壁龛的开口部分并入相应的工程量内	采用图纸：举例用图（三） 接待室 1∶3 水泥砂浆 20 厚找平、铺强化木地板工程量计算： S=接待室地面净面积 =（5.10 − 0.24）×（3.00−0.24）+门洞 2 个（1.00+0.90）×0.24 =4.86×2.76+0.456 =13.87m^2	1. 基层清理 2. 龙骨铺设 3. 基层铺设 4. 面层铺贴 5. 刷防护材料 6. 材料运输
011105001001	水泥砂浆踢脚线（保管室）	1. 踢脚线高度：120mm 2. 面层厚度、砂浆配合比：20 厚、1∶2 水泥砂浆	1. m^2 2. m	1. 以平方米计量，按设计图示长度乘高度以面积计算 2. 以米计算，按延长米计算	采用图纸：举例用图（三） 保管室 1∶2 水泥砂浆踢脚线（120 高）工程量计算： S=踢脚线实长×高 =［(5.10−0.24+3.00−0.24）×2−（门洞宽）1.0］×0.12 =（15.24−1.0）×0.12 =14.24×0.12 =1.71m^2	1. 基层清理 2. 底层和面层抹灰 3. 材料运输
011105003001	块料踢脚线（会议室）	1. 踢脚线高度：150mm 2. 粘贴层厚度、材料种类：10 厚、1∶2 水泥砂浆 3. 面层材料品种、规格、颜色：瓷砖、600×150×5、乳白色			采用图纸：举例用图（三） 会议室 1∶2 水泥砂浆（150 高）瓷砖踢脚线工程量计算： S=踢脚线实贴长（含垛侧面 120 宽）×高 =［（6.0−0.24+3.90−0.24）×2−门洞宽（1.0+0.90）+墙垛侧面 0.12×2］×0.15 =（18.84−1.90+0.24）×0.15 =2.58m^2	1. 基层清理 2. 底层抹灰 3. 面层铺贴、磨边 4. 擦缝 5. 磨光、酸洗、打蜡 6. 刷防护材料 7. 材料运输

续表

项目编码	项目名称	项目特征	计量单位	工程量计算规则	计算式	工作内容
011105005001	木质踢脚线（接待室）	1. 踢脚线高度：120mm 2. 基层材料种类、规格：10×5 断面木龙骨@150 3. 面层材料品种、规格、颜色：实木踢脚线 900×120×5，米黄色	1. m² 2. m	1. 以平方米计量，按设计图示长度乘高度以面积计算 2. 以米计算，按延长米计算	采用图纸：举例用图（三） 接待室实木踢脚线（120高）工程量计算： S=踢脚线实贴长（含2个门洞侧面）×高 =［(5.10−0.24+3.00−0.24)×2−门洞宽(1.20+1.0+0.90)+门侧壁宽(0.24−0.10)×4］×0.12 =(15.24−3.10+0.56)×0.12 =12.72×0.12 =1.53m²	1. 基层清理 2. 基层铺贴 3. 面层铺贴 4. 材料运输

8. 墙、柱面装饰工程

墙柱面装饰清单工程量计算实例（见表 2-17）

工 程 量 计 算 表 **表 2-17**

项目编码	项目名称	项目特征	计量单位	工程量计算规则	计算式	工作内容
011201001001	墙面一般抹灰	1. 墙体类型：砖墙 2. 底层厚度、砂浆配合比：12 厚、1∶1∶4 混合砂浆底 3. 面层厚度、砂浆配合比：8 厚、1∶0.3∶3 混合砂浆面	m²	按设计图示尺寸以面积计算。扣除墙裙、门窗洞口及单个＞0.3m² 的孔洞面积，不扣除踢脚线、挂镜线和墙与构件交接处的面积，门窗洞口和孔洞的侧壁及顶面不增加面积。附墙柱、梁、垛、烟囱侧壁并入相应的墙面面积内 1. 外墙抹灰面积按外墙垂直投影面积计算 2. 外墙裙抹灰面积按其长度乘以高度计算 3. 内墙抹灰面积按主墙间的净长乘以高度计算 (1) 无墙裙的，高度按室内楼地面至天棚底面计算 (2) 有墙裙的，高度按墙裙顶至天棚底面计算 4. 内墙裙抹灰面按内墙净长乘以高度计算	采用图纸：举例用图（三） 会议室、保管室、接待室内墙面抹灰（混合砂浆底、乳胶漆面）工程量计算： S=（内墙面净长+墙垛侧面）×净高−门窗面积 =会议室［(6.0−0.24+3.90−0.24)×2+0.12×2］×3.60−(M1 1.00×2.10+M3 0.90×2.00+C1 1.20×1.50+C2 1.50×1.50)+保管室［(5.10−0.24+3.00−0.24)×2］×3.60−(1.00×2.10+2.40×1.50)+接待室［(5.10−0.24+3.00−0.24)×2］×3.60−(1.00×2.10+0.90×2.00+1.20×2.10+1.20×1.50) =(18.84+0.24)×3.60−(2.10+1.80+1.80+2.25)+保管室(54.86−5.70)+接待室(54.86−8.22) =(68.69−7.95)+49.16+46.64 =156.54m²	1. 基层清理 2. 砂浆制作、运输 3. 底层抹灰 4. 抹面层 5. 抹装饰面 6. 勾分格缝

注：1. 立面砂浆找平项目适用于仅做找平层的立面抹灰。
2. 抹石灰砂浆、水泥砂浆、混合砂浆、聚合物水泥砂浆、麻刀石灰浆、石膏灰浆等按墙面一般抹灰列项，水刷石、斩假石、干粘石、假面砖等按墙面装饰抹灰列项。
3. 飘窗凸出外墙面增加的抹灰不计算工程量，在综合单价中考虑。

9. 天棚工程

天棚清单工程量计算实例。(见表 2-18)

工 程 量 计 算 表 表 2-18

项目编码	项目名称	项目特征	计量单位	工程量计算规则	计算式	工作内容
011301001001	天棚抹灰	1. 基层类型：混凝土 2. 抹灰厚度、材料种类：底 12 厚、面 8 厚、混合砂浆 3. 砂浆配合比：1∶1∶4 混合砂浆底、1∶0.3∶3 混合砂浆面	m²	按设计图示尺寸以水平投影面积计算。不扣除间壁墙、垛、柱、附墙烟囱、检查口和管道所占的面积，带梁天棚、梁两侧抹灰面积并入天棚面积内，板式楼梯底面抹灰按斜面积计算，锯齿形楼梯底板抹灰按展开面积计算	举例用图（三） 会议室、保管室、接待室天棚面抹灰（混合砂浆底、乳胶漆面）工程量计算： S=会议室天棚面积+保管室天棚面积＋接待室天棚面积 ＝（6.0－0.24）×（3.90－0.24）＋（5.10－0.24）×（3.0－0.24）＋（5.10－0.24）×（3.0－0.24） ＝5.76×3.66＋4.86×2.76＋4.86×2.76 ＝21.082＋13.414＋13.414 ＝47.91m²	1. 基层清理 2. 底层抹灰 3. 抹面层

10. 油漆、涂料、裱糊工程

墙面、天棚面涂料清单工程量计算实例（表 2-19）

工 程 量 计 算 表 表 2-19

项目编码	项目名称	项目特征	计量单位	工程量计算规则	计算式	工作内容
011407001001	墙面喷刷涂料	1. 基层类型：混合砂浆 2. 喷刷涂料部位：墙面 3. 腻子种类：石膏腻子 4. 刮腻子要求：满刮两遍 5. 涂料品种、喷刷遍数：奶油色乳胶漆、两遍	m²	按设计图示尺寸以面积计算	举例用图（三） 会议室、保管室、接待室内墙面乳胶漆工程量计算： S=内墙面抹灰面积+2 个门侧壁面积（M3、M4）－踢脚线面积 ＝156.54＋（0.90＋2.00×2＋1.00＋2.10×2）×0.14－（1.71＋2.58＋1.53） ＝156.54＋1.414－5.82 ＝152.13m²	1. 基层清理 2. 刮腻子 3. 刷、喷涂料
011407002001	天棚喷刷涂料	1. 基层类型：混合砂浆 2. 喷刷涂料部位：墙面 3. 腻子种类：石膏腻子 4. 刮腻子要求：满刮两遍 5. 涂料品种、喷刷遍数：奶油色乳胶漆、两遍	m²		举例用图（三） 会议室、保管室、接待室天棚面乳胶漆工程量计算： S=天棚抹灰工程量－垛面积 ＝47.91－0.12×0.24 ＝47.88m²	

2.3.2　房屋建筑与装饰工程分项工程项目清单汇总

按照清单计价规范的要求，将上述房屋建筑与装饰工程分项工程项目清单汇总到“分部分项工程和单价措施项目清单与计价表”中（见表 2-20）。

分部分项工程和单价措施项目清单与计价表　　**表 2-20**

工程名称：举例工程　　标段：　　第 1 页　共 5 页

序号	项目编码	项目名称	项目特征描述	计量单位	工程量	金额（元）		
						综合单价	合价	其中 暂估价
		A. 土石方工程						
1	010101001001	平整场地	1. 土壤类别：三类土 2. 弃土运距：自定 3. 取土运距：自定	m^2	53.18			
2	010101003001	挖沟槽土方	1. 土壤类别：三类土 2. 挖土深度：1.30m 3. 弃土运距：自定	6m^3	43.16			
3	010101004001	挖基坑土方	1. 土壤类别：三类土 2. 挖土深度：1.30m	m^3	10.93			
		分部小计						
		D 砌筑工程						
4	010401001001	砖基础	1. 砖品种、规格、强度等级：黏土砖、240×115×53、MU7.5 2. 基础类型：带形基础 3. 砂浆强度等级：M5 4. 防潮层材料种类：水泥砂浆	m^3	17.18			
5	010401003001	实心砖墙	1. 砖品种、规格、强度等级：灰砂砖、MU7.5 2. 墙体类型：标准砖墙 3. 砂浆强度等级、配合比：M5 混合砂浆	m^3	22.54			
6	010404001001	地面垫层	垫层材料种类、配合比、厚度：石灰炉渣、1∶10、100mm	m^3	4.89			
		分部小计						
本页小计								
合计								

注：为计取规费等的使用，可在表中增设其中：“定额人工费”。

分部分项工程和单价措施项目清单与计价表　续表

工程名称：举例工程　　标段：　　第2页　共5页

序号	项目编码	项目名称	项目特征描述	计量单位	工程量	金额（元）		
						综合单价	合价	其中 暂估价
		E. 混凝土及钢筋混凝土工程						
7	010501001001	垫层	1. 混凝土类别：砾石混凝土 2. 混凝土强度等级：C10	m^3	3.32			
8	010501003001	独立基础	1. 混凝土类别：砾石混凝土 2. 混凝土强度等级：C25	m^3	3.59			
		分部小计						
		H. 门窗工程						
9	010802001001	金属（塑钢）门	1. 门代号及洞口尺寸：M11000×2100、M2 1200×2100、M3 900×2000、M4 1000×2100 2. 门框、扇材质：塑钢 3. 玻璃品种、厚度：无	m^2	8.52			
10	010807001001	金属（塑钢、断桥）窗	1. 窗代号及洞口尺寸：C1 1200×1500、C2 1500×1500、C3 2400×1500 2. 框、扇材质：塑钢 3. 玻璃品种、厚度：白玻、3mm	m^2	9.45			
		分部小计						
本页小计								
合计								

注：为计取规费等的使用，可在表中增设其中："定额人工费"。

分部分项工程和单价措施项目清单与计价表

续表

工程名称：举例工程　　　　　　标段：　　　　　　第3页　共5页

序号	项目编码	项目名称	项目特征描述	计量单位	工程量	金额（元）		
						综合单价	合价	其中 暂估价
		J. 屋面及防水工程						
11	010902001001	屋面卷材防水	1. 卷材品种、规格、厚度：SBS改性沥青防水卷材，4厚 2. 防水层数：一层 3. 防水层做法：防水卷材一道，同材性粘接剂二道	m^2	164.37			
		分部小计						
		K. 保温、隔热、防腐工程						
12	011001001001	保温隔热屋面	1. 保温隔热材料品种、规格、厚度：双层25厚聚苯乙烯板 2. 粘结材料种类、做法：无 3. 防护材料种类、做法：无	m^2	146.08			
		分部小计						
		L. 楼地面装饰工程						
13	011101001001	水泥砂浆楼地面（保管室地面）	1. 找平层厚度、砂浆配合比：1∶3水泥砂浆找平层20厚 2. 面层厚度、砂浆配合比：1∶2水泥砂浆面层20厚	m^2	13.41			
本页小计								
合计								

注：为计取规费等的使用，可在表中增设其中："定额人工费"。

分部分项工程和单价措施项目清单与计价表

续表

工程名称：举例工程　　　　标段：　　　　第4页　共5页

序号	项目编码	项目名称	项目特征描述	计量单位	工程量	金额（元）		
						综合单价	合价	其中 暂估价
14	011102003001	块料楼地面（会议室地砖）	1. 找平层厚度、砂浆配合比：1∶3水泥砂浆找平层20厚 2. 结合层厚度、砂浆配合比：5厚、1∶2水泥砂浆粘接 3. 面层材料品种、规格、颜色：地砖，500×500×5，乳白	m^2	21.05			
15	011104002001	竹木（复合）地板	1. 龙骨材料种类、规格、铺设间距：20×30断面木龙骨@300 2. 基层材料种类、规格：1∶3水泥砂浆20厚找平 3. 面层材料品种、规格、颜色：铺600×100×5米黄色强化木地板 4. 防护材料种类：无	m^2	13.87			
16	011105001001	水泥砂浆踢脚线（保管室）	1. 踢脚线高度：120mm 2. 面层厚度、砂浆配合比：20厚、1∶2水泥砂浆	m^2	1.71			
17	011105003001	块料踢脚线（会议室）	1. 踢脚线高度：150mm 2. 粘贴层厚度、材料种类：10厚、1∶2水泥砂浆 3. 面层材料品种、规格、颜色：瓷砖、600×150×5、乳白色	m^2	2.58			
18	011105005001	木质踢脚线（接待室）	1. 踢脚线高度：120mm 2. 基层材料种类、规格：10×5断面木龙骨@150 3. 面层材料品种、规格、颜色：实木踢脚线900×120×5，米黄色	m^2	1.53			
		分部小计						
本页小计								
合计								

注：为计取规费等的使用，可在表中增设其中：“定额人工费”。

分部分项工程和单价措施项目清单与计价表

续表

工程名称：举例工程　　标段：　　第5页　共5页

序号	项目编码	项目名称	项目特征描述	计量单位	工程量	金额（元）		
						综合单价	合价	其中 暂估价
		M. 墙、柱面装饰与隔断、幕墙工程						
19	011201001001	墙面一般抹灰	1. 墙体类型：砖墙 2. 底层厚度、砂浆配合比：12厚、1∶1∶4混合砂浆底 3. 面层厚度、砂浆配合比：8厚、1∶0.3∶3混合砂浆面	m^2	156.54			
20	011301001001	天棚抹灰	1. 基层类型：混凝土 2. 抹灰厚度、材料种类：底12厚、面8厚、混合砂浆	m^2	47.91			
		分部小计						
		P. 油漆、涂料、裱糊工程						
21	011407001001	墙面喷刷涂料	1. 基层类型：混合砂浆 2. 喷刷涂料部位：墙面 3. 腻子种类：石膏腻子 4. 刮腻子要求：满刮两遍 5. 涂料品种、喷刷遍数：奶油色乳胶漆、两遍	m^2	152.13			
22	011407002	天棚喷刷涂料	1. 基层类型：混合砂浆 2. 喷刷涂料部位：墙面 3. 腻子种类：石膏腻子 4. 刮腻子要求：满刮两遍 5. 涂料品种、喷刷遍数：奶油色乳胶漆、两遍	m^2	47.88			
		分部小计						
本页小计								
合计								

注：为计取规费等的使用，可在表中增设其中："定额人工费"。

2.4 措施项目清单编制方法

2.4.1 措施项目清单

措施项目是指有助于形成工程实体而不构成工程实体的项目。

措施项目清单包括："单价项目"和"总价项目"两类。由于措施项目清单项目除了执行"××专业工程工程量计算规范"外，还要依据所在地区的措施项目细则确定。所以，措施项目的确定与计算方法具有较强的地区性，教学时应该紧密结合本地区的有关规定学习和举例。例如，以下一些解释就是依据了某些地区的措施项目细则规定。

措施项目清单的编制需考虑多种因素，除工程本身的因素外，还涉及水文、气象、环境、安全等因素。由于这些影响措施项目设置的因素太多，工程量计算规范不可能将施工中可能出现的措施项目一一列出。我们在编制措施项目清单时，因工程情况不同出现一些工程量计算规范中没有列出的措施项目，可以根据工程的具体情况对措施项目清单作必要的补充。

1. 单价措施项目

"单价项目"是指可以计算工程量，列出了项目编码、项目名称、项目特征、计量单位、工程量计算规则和工作内容的措施项目。例如，"房屋建筑和装饰工程工程量计算规范"附录S的措施项目中，"综合脚手架"措施项目的编码为"011701001"、项目特征包括"建筑结构形式和檐口高度"、计量单位"m^2"、工程量计算规则为"按建筑面积计算"、工程内容包括"场内、场外材料搬运，搭、拆脚手架"等。

2. 总价措施项目

"总价项目"是指不能计算工程量，仅列出了项目编码、项目名称，未列出项目特征、计量单位、工程量计算规则的措施项目。例如，"房屋建筑和装饰工程工程量计算规范"附录S的措施项目中，"安全文明施工"措施项目的编码为"011707001"、工程内容及包含范围包括"环境保护、文明施工"等。

2.4.2 单价措施项目编制

单价措施项目主要包括"S.1脚手架工程"、"S.2混凝土模板及支架（撑）"、"S.3垂直运输"、"S.4超高施工增加"、"S.5大型机械设备进出场及安拆"、"S.6施工排水、降水"等项目。

单价措施项目需要根据工程量计算规范的措施项目确定编码和项目名称，需要计算工程量，采用"分部分项工程和措施项目清单与计价表"发布单价措施项目清单。

1. 综合脚手架

"综合脚手架"是对应于"单项脚手架"的项目。是综合考虑了施工中需要脚手架的项目和包含了斜道、上料平台、安全网等工料机的内容。

某地区工程造价主管部门规定：凡能够按"建筑面积计算规范"计算建筑面积的建筑工程，均按综合脚手架项目计算脚手架摊销费。综合脚手架已综合考虑了砌筑、浇筑、吊装、抹灰、油漆、涂料等脚手架费用。某些地区规定，装饰脚手架需要另外单独计算。

综合脚手架工程量按建筑面积计算。

2. 单项脚手架

单项脚手架是指分别按双排、单排、里脚手架立项，单独计算搭设工程量的项目。

某地区规定：凡不能按“建筑面积计算规范”计算建筑面积的建筑工程，但施工组织设计规定需搭设脚手架时，均按相应单项脚手架定额计算脚手架摊销费。单项脚手架综合了斜道、上料平台、安全网等工料机的内容。

单项脚手架工程量根据工程量计算规范规定，一般按搭设的垂直面积或水平投影面积计算。

3. 混凝土模板与支架

混凝土模板与支架是现浇混凝土构件的措施项目。该项目一般按模板的接触面积计算工程量。应该指出，准确计算模板接触面积，需要了解现浇混凝土构件的施工工艺和熟悉结构施工图的内容。

工程量计算规范规定，混凝土模板与支架措施项目是按工程量计算规范措施项目的编码、项目名称、项目特征、计量单位、工程量计算规则、工作内容列项和计算的。例如，某工程的现浇混凝土带形基础模板的工程量为 69.25m^2，项目编码为“011702001001”，工作内容为模板制作、模板安装、拆除、整理堆放和场外运输等等。

混凝土模板与支架工程量按混凝土与模板接触面积以平方米计算。

4. 垂直运输

一般情况下，除了檐高 3.60 米以内的单层建筑物不计算垂直运输措施项目外，其他檐口高度的建筑物都要计算垂直运输费，因为这一规定是与计价定额配套的，计价定额的各个项目中没有包含垂直运输的费用。

计价定额中的垂直运输包括单位工程在合理工期内完成所承包的全部工程项目所需的垂直运输机械费。

垂直运输一般按工程的建筑面积计算工程量，然后套用对应檐口高度的计价定额项目计算垂直运输费。如何计算檐口高度和如何套用计价定额，应结合本地区的措施项目细则和计价定额确定。

5. 超高施工增加费

为什么还要计算超高施工增加费呢？这与计价定额的内容有关。一般情况下，各地区的计价定额只包括单层建筑物高度 20 米以内或建筑物六层以内高度的施工费用。当单层建筑物高度超过 20 米或建筑物超过 6 层时需要计算超高施工增加费。

超高施工增加费的内容包括：建筑物超高引起的人工工效降低以及由于人工工效降低引起的机械降效、高层施工用水加压水泵的安装和拆除及工作台班、通信联络设备的使用及摊销费用。

建筑物超高施工增加费根据建筑物的檐口高度套用对应的计价定额，按建筑物的建筑面积计算工程量。

6. 大型机械设备进出场及安拆

大型机械设备的安拆费包括施工机械、设备在现场进行安装拆卸所需人工、材料、机械和试运转费用以及机械辅助设施的折旧、搭设、拆除等费用。进出场费包括施工机械、设备整体或分体自停放地点运至施工现场或由一施工地点运至另一施工地点所发生的运输、装卸、辅助材料等费用。

由于计价定额中只包含了中小型机械费，没有包括大型机械设备的使用费。所以施工组织设计要求使用大型机械设备时，按规定就要计算“大型机械设备进出场及安拆费”。这时该工程的大型机械设备的台班费不需另行计算，但原计价定额的中小型机械费也不扣除，两者相互抵扣了。

当某工程发生大型机械设备进出场及安拆项目时，一般可能要根据计价定额的项目分别计算“进场费”、“安拆费”和“大型机械基础费用”项目。如果本工程施工结束后，机械要到下一个工地施工，那么将出场费作为下一个工地的进场费计算，本工地不需要计算出场费。如果没有后续工地可以去，那么该机械要另外计算一次拆卸费和出场费。

“进场费”、“安拆费”和“大型机械基础费用”项目按“台次”计算工程量。

7. 施工排水、降水

当施工地点的地下水位过高或低洼积水影响正常施工时，需要采取降低水位满足施工的措施，从而发生施工排水、降水费。

一般，施工降水采用“成井”降水；排水采用“抽水”排水。

成井降水一般包括：准备钻孔机械、埋设、钻机就位，泥浆制作、固壁，成孔、出渣、清孔；对接上下井管（滤管），焊接，安放。下滤料，洗井，连接试抽等发生的费用。

排水一般包括：管道安装、拆除，场内搬运，抽水、值班、降水设备维修的费用。

当编制招标工程量清单时，施工排水、降水的专项设计不具备时，可按暂估量计算。工程量计算规范规定，“成井”降水工程量按米计算；排水工程量按“昼夜”单位计算。

2.4.3　总价措施项目编制

只有根据规定的费率和取费基数计算一笔总价的措施项目称为总价措施项目。

1. 安全文明施工

安全文明施工费是承包人按照国家法律、法规等规定，在合同履行中为保证安全施工、文明施工，保护现场内外环境等所采用的措施发生的费用。

安全文明施工费应按照国家或省级、行业建设主管部门的规定计算，不得作为竞争性费用。

安全文明施工费主要包括环境保护费、文明施工费、安全施工费、临时设施费等。主要内容有：环境保护项目包含现场施工机械设备降低噪音、防扰民措施等内容发生的费用；文明施工包含“五牌一图”、现场围挡的墙面美化（包括内外粉刷、刷白、标语等)、压顶装饰等的内容发生的费用；安全施工包含安全资料、特殊作业专项方案的编制，安全施工标志的购置及安全宣传等内容发生的费用；临时设施包含施工现场临时建筑物、构筑物的搭设、维修、拆除或摊销等内容发生的费用。

安全文明施工费按基本费、现场评价费两部分计取。

(1) 基本费

基本费为承包人在施工过程中发生的安全文明措施的基本保障费用，根据工程所在位置分别执行工程在市区时、工程在县城、镇时、工程不在市区、县城、镇时三种标准，具体标准及使用说明按所在地区的规定进行。

(2) 现场评价费

现场评价费是指承包人执行有关安全文明施工规定，经住房城乡建设行政主管部门建筑施工安全监督管理机构依据《建筑施工安全检查标准》(JGJ 59—99) 和《××省建筑施工现场安全监督检查暂行办法》(地区规定细则) 对施工现场承包人执行有关安全文明施工规定进行现场评价，并经安全文明施工费费率测定机构测定费率后获取的安全文明施工措施增加费。

现场评价费的最高费率同基本费的费率。建筑施工安全监督管理机构依据检查评价情况确定最终综合评价得分及等级。最终综合评价等级分为优良、合格、不合格三级。

建设工程安全文明施工费为不参与竞争的费用。所在编制招标控制价时应足额计取，即安全文明施工费费率按基本费费率加现场评价费最高费率（同基本费费率）计列，即：

环境保护费费率＝环境保护基本费费率×2

文明施工费费率＝文明施工基本费费率×2

安全施工费费率＝安全施工基本费费率×2

临时设施费费率＝临时设施基本费费率×2

安全文明施工费的取费基数可以是定额人工费、定额直接费等，具体按什么计算，由建设行政主管部门规定。

2. 夜间施工

夜间施工措施项目包括：夜间固定照明灯具和临时可移动照明灯具的设置、拆除，夜间施工时施工现场交通标志、安全标牌、警示灯等的设置、移动、拆除，夜间照明设备摊销及照明用电、施工人员夜班补助、夜间施工劳动效率降低等内容发生的费用。

夜间施工可以按工程的定额人工费或定额直接费为基数，乘以规定的费率计算。

3. 二次搬运

二次搬运措施项目是由于施工场地条件限制而发生的材料、成品、半成品等一次运输不能到达堆放地点，必须进行二次或多次搬运的工作。

二次搬运费可以按工程的定额人工费或定额直接费为基数，乘以规定的费率计算。

4. 冬雨期施工

冬雨期施工费措施项目包括：冬雨（风）期施工时增加的临时设施（防寒保温、防雨、防风设施）的搭设、拆除，对砌体、混凝土等采用的特殊加温、保温和养护措施，施工现场的防滑处理、对影响施工的雨雪的清除，增加的临时设施的摊销，施工人员的劳动保护用品，冬雨（风）期施工劳动效率降低等发生的费用。

2.5 其他项目清单编制方法

其他项目清单包括有：暂列金额，暂估价，计日工，总承包服务费等。

1. 暂列金额

暂列金额是招标人在工程量清单中暂定并包括在合同价款中的一笔款项。用于施工合同签订时尚未确定或者不可预见的所需材料、设备、服务的采购，施工中可能发生的工程变更、合同约定调整因素出现时的工程价款调整以及发生的索赔、现场签证确认等的费用。

我国规定对政府投资工程实行概算管理，经项目审批部门批复的设计概算是工程投资控制的刚性指标。但工程建设自身的特性决定了工程的设计需要根据工程进展不断进行优化和调整，还有业主需求可能会随工程建设进展而出现变化，以及工程建设过程还会存在一些不能预见、不能确定的因素。消化这些因素，必然会出现合同价格调整。暂列金额正是因为这些不可避免的价格调整而设立的一笔价款，以便达到合理确定和有效控制工程造价的目的。

暂列金额应根据工程特点，按有关计价规定估算。暂列金额是属于招标人的，只有发生且经招标人同意后才能计入工程价款。

2. 暂估价

暂估价是招标阶段直至签订合同协议时，招标人在招标文件中提供的用于支付必然要发生但暂时不能确定价格的材料以及专业工程的金额。包括材料暂估单价、工程设备暂估单价、专业工程暂估价。

为了方便合同管理，需要纳入分部分项工程项目清单综合单价中只能是材料、工程设备的暂估价，以方便投标人组价。

暂估价中的材料、工程设备暂估价应根据工程造价信息或参照市场价格估算。

专业工程暂估价应是综合暂估价，包括除规费、和税金以外的管理费和利润。当总承包招标时，有效专业工程的设计深度往往不够，需要交由专业设计人员进一步设计。

专业工程暂估价应分不同专业，按有关计价规定估算。如果只有初步的设计文件，可以采用估算的方法确定专业工程暂估价。如果有施工图或者扩大初步设计图纸，可以采用概算的方法编制专业工程暂估价。

专业工程完成设计后应通过施工总承包人与工程建设项目招标人共同组织招标，以确定中标人。

3. 计日工

在施工过程中，承包人完成发包人提出的施工图纸以外的零星项目或工作，按合同中约定的综合单价计价的一种方式。

计日工是为了解决现场发生的零星工作的计价而设立的，对完成零星工作所消耗的人工工日、材料品种与数量、施工机械台班进行计量，并按照计日工表中填报适用项目的单价进行计价和支付。

计日工适用的所谓零星工作一般是指合同约定以外或者因变更而产生的而工程量清单中没有相应项目的额外工作，尤其是那些不允许事先商定价格的额外工作。

4. 总承包服务费

总承包服务费是为了解决招标人在法律、法规允许的条件下进行专业工程发包以及自行供应材料、工程设备，并需要总承包人对发包的专业工程提供协调和配合服务，对甲供材料、工程设备提供收、发和保管服务以及进行现场管理时发生并向总承包人支付的费用。为配合协调发包人进行的专业工程分包，发包人自行采购的设备、材料等进行保管以及施工现场管理、竣工资料汇总整理等服务所需的费用。

总承包服务费在投标人报价时根据有关规定计算。

2.6 规费、税金项目清单编制方法

2.6.1 规费、税金项目清单的内容

1. 规费

规费是根据国家法律、法规规定，由省级政府或省级有关权力部门规定必须缴纳的，应计入建筑安装工程造价的费用。

规费项目清单项目由下列内容构成：社会保险费，包括养老保险费、失业保险费、医疗保险费、工伤保险费、生育保险费；住房公积金和工程排污费。

2. 税金

根据住建部、财政部颁发的《建筑安装工程费用项目组成》的规定，我国税法规定，应计入建筑安装工程造价内的税种包括营业税、城市维护建设税、教育费附加和地方教育附加。如果国家税法发生变化，税务部门依据增加了税种，就要对税金项目清单进行补充。

2.6.2 规费、税金的计算

1. 规费

规费应按照国家或省级、行业建设主管部门的规定计算。一般计算方法是：

规费=分部分项工程费和单价措施项目费中的定额人工费×对应的费率

例如，某地区计算规范的方法如表 2-21。

规 费 标 准 **表 2-21**

序号	规范名称	计算基础	规范费率
1	社会保障费		
1.1	养老保险费	分部分项清单、单价措施项目定额人工费	6.0%～11%
1.2	失业保险费	分部分项清单、单价措施项目定额人工费	0.6%～1.1%
1.3	医疗保险费	分部分项清单、单价措施项目定额人工费	3.0%～4.5%
1.4	工伤保险费	分部分项清单、单价措施项目定额人工费	2.0%～3.0%
1.5	生育保险费	分部分项清单、单价措施项目定额人工费	0.3%～0.8%
2	住房公积金	分部分项清单、单价措施项目定额人工费	2.0%～5.0%
3	工程排污费	按工程所在地环保部门规定计算	

2. 增值税税金

中华人民共和国财政部与国家税务局 2016 年颁发了《关于全面推开营业税改征增值税试点的通知》财税［2016］36 号文，建筑业从 2016 年 5 月 1 日起全面实施营业税改增值税。

《住房和城乡建设部办公厅关于做好建筑业营改增建设工程计价依据调整准备工作的通知》建办标［2016］4 号文要求，工程造价计算方法如下：

工程造价=税前工程造价×(1+11%)

其中，11%为建筑业拟征增值税税率，税前工程造价为人工费、材料费、施工机具使用费、企业管理费、利润和规费之和，各费用项目均以不包含增值税可抵扣进项税额的价格计算，相应计价依据按上述方法调整。

3 招标工程量清单编制实例

3.1 房屋建筑与装饰工程招标工程量编制实例

3.1.1 小平房工程建筑施工图（图 3-1、图 3-2）

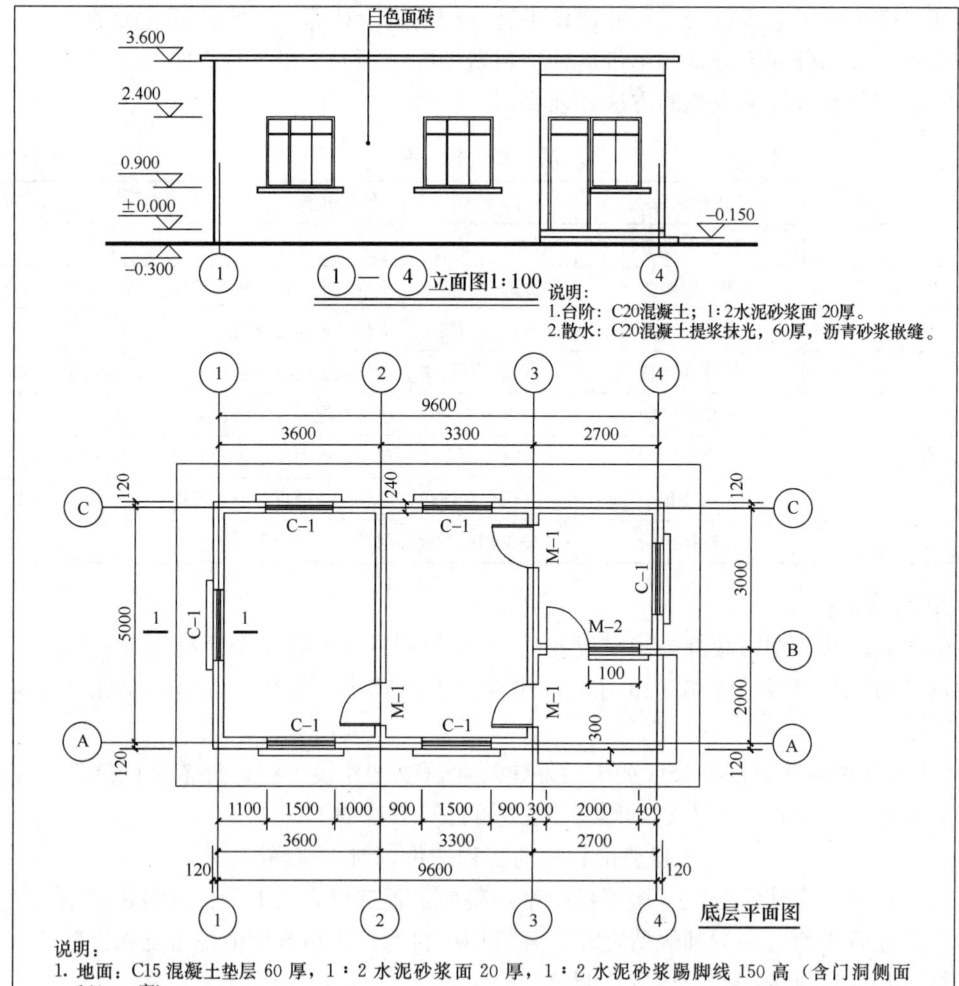

白色面砖
3.600
2.400
0.900
±0.000
−0.300
−0.150
1—4立面图1:100
说明：
1.台阶：C20混凝土；1:2水泥砂浆面 20厚。
2.散水：C20混凝土提浆抹光，60厚，沥青砂浆嵌缝。
9600
3600
3300
2700
120
240
C−1
M−1
M−2
5000
3000
2000
100
300
1100
1500
1000
900
400
底层平面图
说明：
1. 地面：C15 混凝土垫层 60 厚，1∶2 水泥砂浆面 20 厚，1∶2 水泥砂浆踢脚线 150 高（含门洞侧面 140mm 宽）。
2. 门：M1 塑钢平开门，M2 塑钢门带窗。
3. 窗：C1 塑钢推拉窗。
4. 屋面：1∶6 水泥膨胀蛭石找坡 i=2%，最薄处 60，找坡层上 1∶3 水泥砂浆找平层 25 厚；改性沥青卷材二道，胶粘剂三道；卷材上 1∶2.5 水泥砂浆保护层 20 厚。
5. 顶棚：檐口、室内顶棚混合砂浆面上满刮腻子二遍、刷乳胶漆二遍。
6. 内墙面：墙面、门洞侧面和上面 140mm 宽处，均混合砂浆面上满刮腻子二遍、刷乳胶漆二遍。
7. 外墙：外墙身、挑檐口 1∶3 水泥砂浆底 20 厚、1∶2 水泥砂浆 5 厚贴 240×60×5 面砖。
8. 其他：窗台线（洞口宽+200）贴面砖、外窗洞口侧面、上面贴 140mm 宽面砖，做法同外墙面；散水 800 宽。
建施1

图 3-1 实例用图（一）

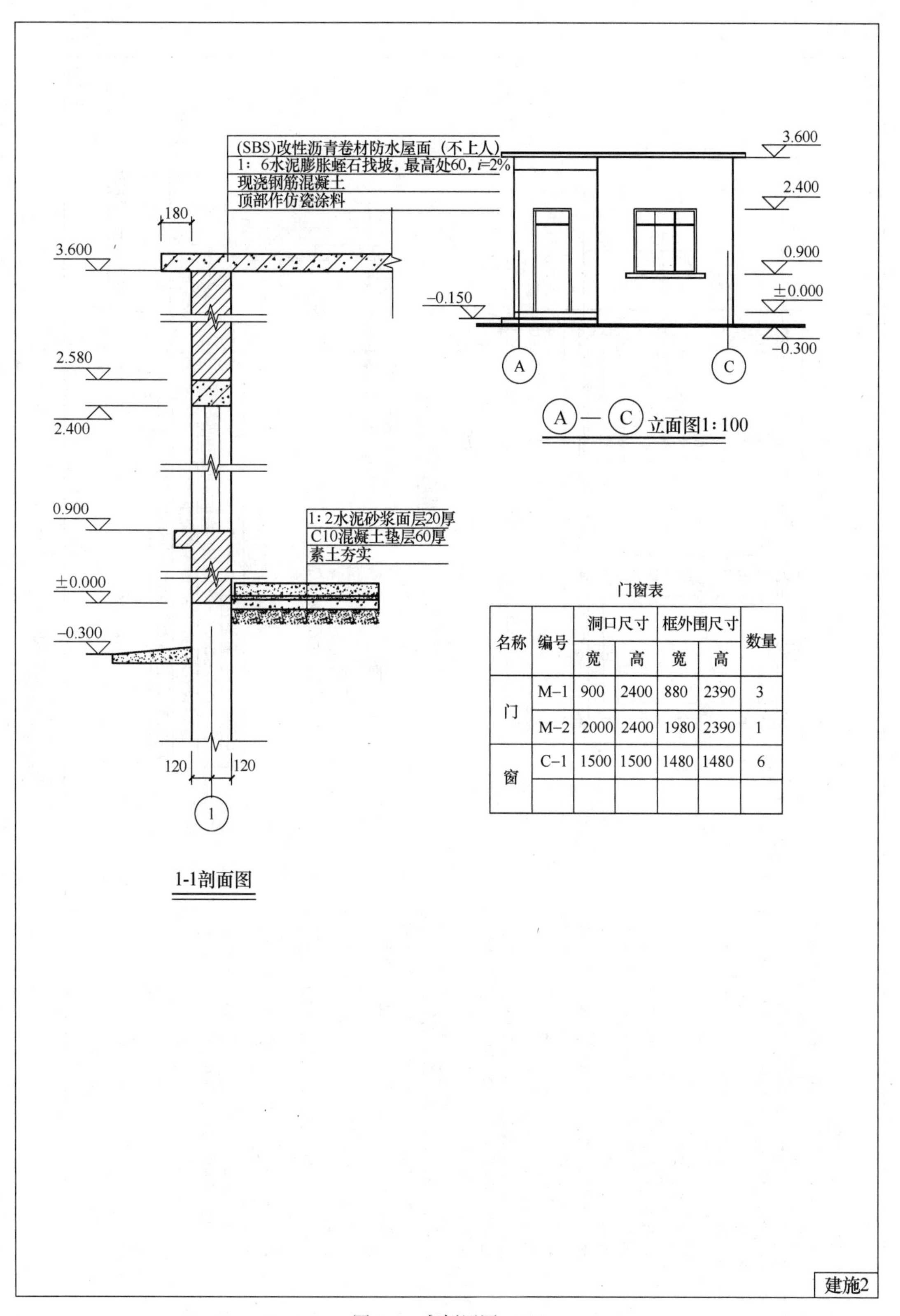

门窗表

名称	编号	洞口尺寸		框外围尺寸		数量
		宽	高	宽	高	
门	M−1	900	2400	880	2390	3
	M−2	2000	2400	1980	2390	1
窗	C−1	1500	1500	1480	1480	6

图 3-2 实例用图（二）

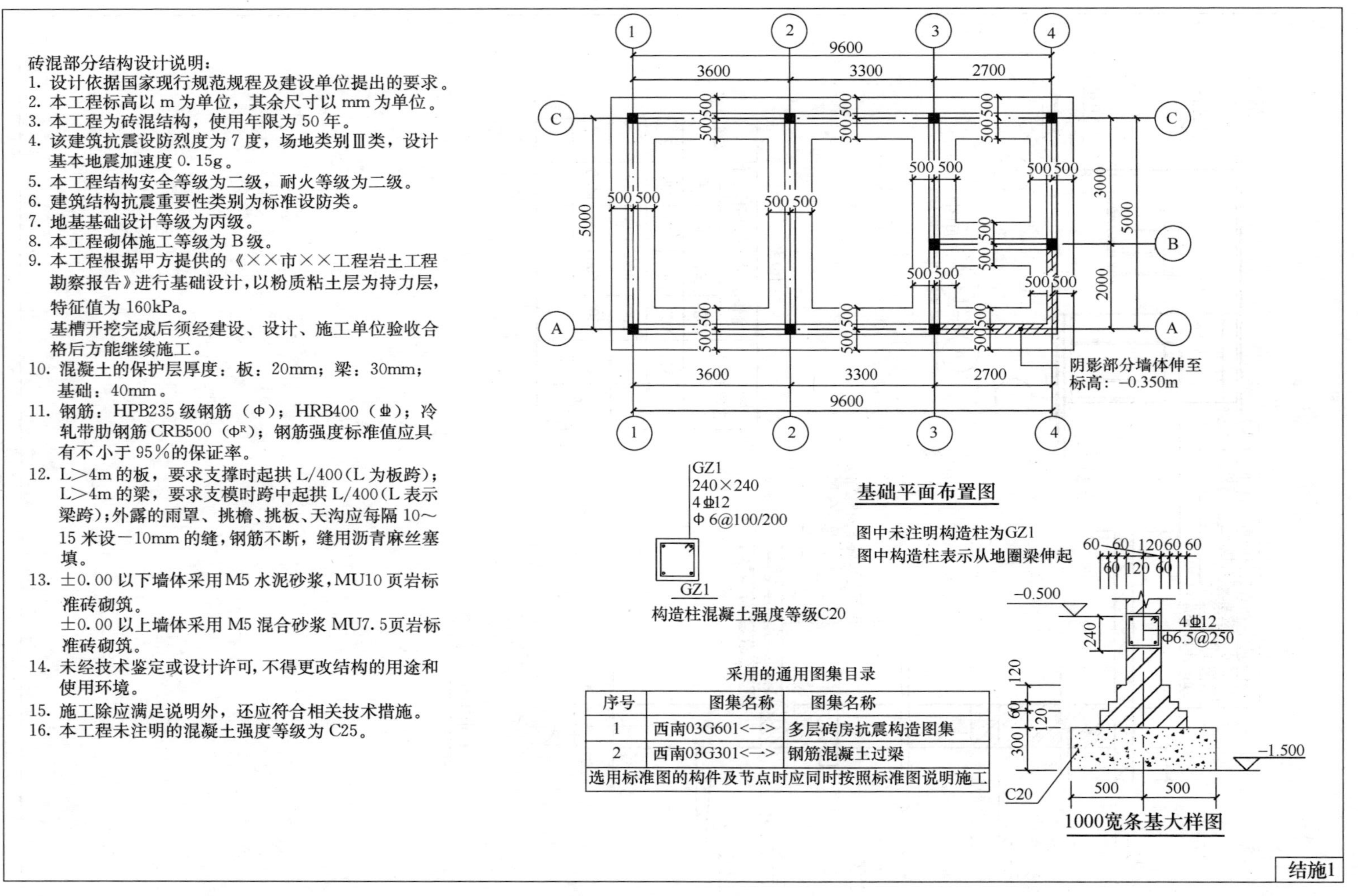

序号	图集名称	图集名称
1	西南03G601<一>	多层砖房抗震构造图集
2	西南03G301<一>	钢筋混凝土过梁
选用标准图的构件及节点时应同时按照标准图说明施工		

图 3-3　实例用图（三）

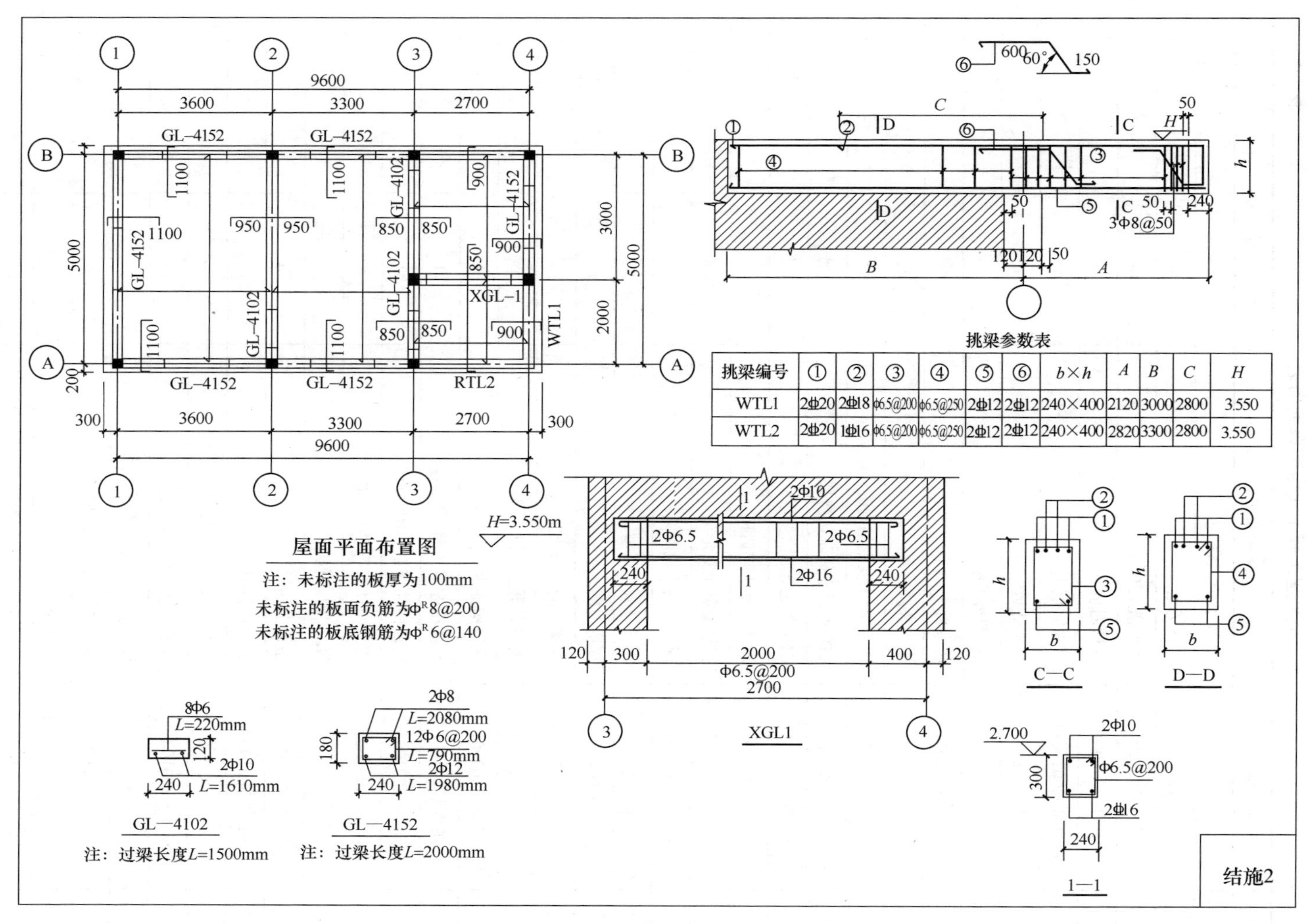

挑梁参数表

挑梁编号	①	②	③	④	⑤	⑥	$b \times h$	A	B	C	H
WTL1	2Φ20	2Φ18	Φ6.5@200	Φ6.5@250	2Φ12	2Φ12	240×400	2120	3000	2800	3.550
WTL2	2Φ20	1Φ16	Φ6.5@200	Φ6.5@250	2Φ12	2Φ12	240×400	2820	3300	2800	3.550

图 3-4　实例用图（四）

3.1.2 小平房工程建筑、装饰工程量清单列项

方法：按房屋建筑与装饰工程工程量计算规范顺序列项。见表 3-1。

小平房工程工程量清单列项表　　表 3-1

序号	项目编码	项目名称	计量单位	
		A. 土石方工程		
1	010101001001	平整场地	m^2	
2	010101003001	挖地槽土方	m^3	
3	010103001001	地槽回填土	m^3	
4	010103001002	室内回填土	m^3	
5	010103002001	余土外运	m^3	
		D. 砌筑工程		
6	010401001001	砖基础	m^3	
7	010401003001	实心砖墙	m^3	
		E. 混凝土及钢筋混凝土工程		
8	010501001001	C20 混凝土砖基础垫层	m^3	
9	010501001001	C15 混凝土地面垫层	m^3	
10	010502002001	现浇混凝土构造柱	m^3	
11	010503002001	现浇混凝土矩形梁	m^3	
12	010503004001	现浇混凝土地圈梁	m^3	
13	010503005001	现浇混凝土过梁	m^3	
14	010505003001	现浇混凝土平板	m^3	
15	010507001001	现浇混凝土散水	m^3	
16	010507004001	现浇混凝土台阶	m^3	
17	010515001001	现浇构件钢筋 HPB235	t	
18	010515001002	现浇构件钢筋 HRB335	t	
19	010515001003	现浇构件钢筋 HRB400	t	
20	010515001004	现浇构件钢筋 CRB550	t	
		H. 门窗工程		
21	010802001001	塑钢平开门	m^2	
22	010807001001	塑钢推拉窗	m^2	
		J. 屋面及防水工程		
23	010902001001	SBS 改性沥青卷材防水	m^2	
		K. 保温、隔热、防腐工程		
24	011001001001	水泥膨胀蛭石保温屋面	m^3	
		L. 楼地面工程		
25	011101001001	1∶2 水泥砂浆地面面层	m^2	
26	011101006001	屋面 1∶3 水泥砂浆找平层	m^2	
27	011101006002	屋面 1∶2.5 水泥砂浆保护层	m^2	

续表

序号	项目编码	项目名称	计量单位	
28	011105001001	1∶2 水泥砂浆踢脚线 150 高	m^2	
29	011107004001	1∶2 水泥砂浆台阶面	m^2	
		M. 墙、柱面装饰工程		
30	011201001001	混合砂浆内墙面	m^2	
31	011204003001	外墙面砖	m^2	
32	011206002001	窗台线、挑檐口镶贴面砖	m^2	
33	011202001001	挑梁混合砂浆抹面	m^2	
		N. 天棚工程		
34	011301001001	混合砂浆天棚	m^2	
		P. 油漆、涂料、裱糊工程		
35	011406001001	抹灰面油漆（墙面、天棚、梁）	m^2	
		S. 措施项目		
36	011701001001	综合脚手架	m^2	
37	011702001001	基础垫层模板	m^2	
38	011702003001	构造柱模板	m^2	
39	011702006001	矩形梁模板	m^2	
40	011702008001	地圈梁模板	m^2	
41	011702009001	过梁模板	m^2	
42	011702016001	平板模板	m^2	
43	011702027001	台阶模板	m^2	
44	011702029001	散水模板	m^2	
45	011703001001	垂直运输	m^2	

3.1.3 小平房工程建筑、装饰工程分部分项清单工程量计算

小平房工程建筑、装饰工程分部分项工程量清单计算见表 3-2。

小平房工程分部分项清单工程量计算表　　表 3-2

序号	项目编码	项目名称	计量单位	工程量	计算式	计算规则
		A. 土石方工程			基数计算： $L_{中}$＝（3.60＋3.30＋2.70＋5.0）×2＝29.20m $L_{内}$＝5.0－0.24＋3.0－0.24＝7.52m 内墙垫层长＝5.0×2－1.0×2＋2.7－1.0＝9.70m 内墙砖基础长＝5.0×2－0.24×2＋2.70－0.24＝11.98m 底面积＝（3.60＋3.30＋2.70＋0.24）×（5.0＋0.24）＝51.56m^2	

续表

序号	项目编码	项目名称	计量单位	工程量	计算式	计算规则
1	010101001001	平整场地	m^2	48.86	S=（3.60+3.30+2.70+0.24）×（5.0+0.24）－2.70×2.0×0.5=51.56－2.70=48.86（m^2）	按设计图示尺寸以建筑物首层建筑面积计算
2	010101003001	挖地槽土方	m^3	46.68	V=（$L_中$+内墙垫层长）×1.0×（1.50－0.30） =（29.20+9.70）×1.00×1.20 =38.90×1.20 =46.68（m^3）	按设计图示尺寸以基础垫层底面积乘以挖土深度计算
3	010103001001	地槽回填土	m^3	20.54	V=序2－序6－序7－序12 =46.68－12.10－11.67－2.37 =20.54（m^3）	挖方体积减去自然地坪以下埋设的基础体积
4	010103001002	室内回填土	m^3	7.50	V=（室内外地坪高差－垫层厚－面层厚）×主墙间净面积 =（0.30－0.10－0.02）×［底面积－（$L_中$+内墙基础长）×0.24］ =0.18×［51.56－（29.20+11.98）×0.24］ =0.18×（51.56－9.88） =0.18×41.68=7.50（m^3）	主墙间净面积乘以回填厚度
5	010103002001	余土外运	m^3	18.64	V=46.68－20.54－7.50=18.64（m^3）	挖土量减去回填量
		D. 砌筑工程				
6	010401001001	砖基础	m^3	12.10	V=（$L_中$+内墙基础长）×（基础墙高×0.24+放脚增加面积）－序12圈梁体积－序10构造柱体积－台阶处350mm高基础体积 =（29.20+11.98）×［（1.50－0.30）×0.24+0.007875×12－2］－2.37－0.26－（2.70+2.0－0.24）×0.35×0.24 =41.18×（1.20×0.24+0.07875）－2.37－0.26－0.375 =41.18×0.3668－3.005 =15.10－3.005 =12.10（m^3）	按设计图示尺寸以体积计算。 基础长度：外墙按外墙中心线，内墙按内墙净长 线计算。 基础与墙（柱）身使用同一种材料时，以设计室内地面为界，以地下室室内设计地面为界，以下为基础
7	010401003001	实心砖墙	m^3	22.19	V=［（$L_中$+$L_内$）×墙高－序21、22门窗面积］×墙厚－序13过梁体积－序11挑梁体积－序10构造柱体积 =［（29.20+7.52）×3.60－（8.64+15.15）］×0.24－0.83－0.63－2.37 =（132.19－23.79）×0.24－3.83 =108.40×0.24－3.83 =22.19m^3	按设计图示尺寸以体积计算。扣除门窗洞口所占体积，不扣单个面积≤0.3m^2的孔洞所占的体积。凸出墙面的腰线、挑檐、压顶、窗台线、虎头砖、门窗套的体积亦不增加。 1. 墙长度：外墙按中心线、内墙按净长计算； 2. 墙高度：平屋顶算至钢筋混凝土板底

续表

序号	项目编码	项目名称	计量单位	工程量	计算式	计算规则
		E. 混凝土及钢筋混凝土工程				
8	010501001001	砖基础混凝土垫层	m^3	11.67	V=（$L_{中}$+内墙垫层长）×1.0×0.30 =（29.20+9.70）×1.00×0.3 =38.90×0.30 =11.67m^3	按设计图示尺寸以体积计算
9	010501001002	混凝土地面垫层	m^3	2.49	V=41.43×0.06=2.49m^3	按设计图示尺寸以体积计算
10	010502002001	现浇混凝土构造柱	m^3	2.54	室内地坪以下体积： V=9 根×0.50×0.24×0.24=9×0.0288=0.26（m^3） 室内地坪以上体积： V=4 根×3.60×0.24×（0.24+0.06+0.03）+3 根×3.60×0.24×（0.24+0.06）+2 根×（3.55−0.40）×0.24×（0.24+0.06）−矩形梁占体积 0.24×0.24×0.40×4 处 =4×3.60×0.0792+3×3.60×0.072+2×3.15×0.072−0.24×0.24×0.40×4 处 =1.140+0.778+0.454−0.092 =2.28（m^3） 小计：0.26+2.28=2.54（m^3）	按设计图示尺寸以体积计算。 构造柱按全高计算，嵌接墙体分（马牙槎）并入柱身体积
11	010503002001	现浇混凝土矩形梁	m^3	1.06	V=长×宽×高 =（3.0+2.0+3.30+2.70）×0.24×0.40 =11.00×0.096 =1.06（m^3） 其中在墙内：（3.0+0.12+3.30+0.12）×0.24×0.4 =6.54×0.096=0.63（m^3）	按设计图示尺寸以体积计算
12	010503004001	现浇混凝土地圈梁	m^3	2.37	V=（$L_{中}$+内墙基础长）×0.24×0.24 =（29.20+11.98）×0.24×0.24 =41.18×0.0576 =2.37（m^3）	按设计图示尺寸以体积计算
13	010503005001	现浇混凝土过梁	m^3	0.83	V=6 根×2.0×0.24×0.18+3 根×1.50×0.24×0.12+1 根（2.0+0.24×2）×0.24×0.3 =6×0.0864+3×0.0432+0.179 =0.518+0.130+0.179 =0.83（m^3）	按设计图示尺寸以体积计算
14	010505003001	现浇混凝土平板	m^3	5.51	V=现浇屋面板长×宽×厚 =（9.60+0.30×2）×（5.0+0.20×2）×0.10 =10.20×5.40×0.10 =5.51（m^3）	按设计图示尺寸以体积 计算，不扣除构件内钢筋、预埋铁件及单个面积≤0.3m^2 的柱、垛以 及孔洞所占体积

续表

序号	项目编码	项目名称	计量单位	工程量	计算式	计算规则
15	010507001001	现浇混凝土散水	m^2	25.19	S＝（$L_中$＋4×0.24＋4×散水宽）×散水宽－台阶面积 ＝(29.20＋0.96＋4×0.80)×0.80－（2.70－0.12＋0.12＋0.30＋2.0 －0.12＋0.12）×0.30 ＝33.36×0.80－1.50 ＝25.19m^2	按设计图示尺寸以面积计算。不扣除单个≤0.3m^2 的孔洞所占面积
16	010507004001	现浇混凝土台阶	m^2	2.82	S＝（2.70＋2.0）×0.30×2＝2.82m^2	按设计图示尺寸以 m^2 计算
17	010515001001	现浇构件钢筋 HPB235	t	0.099	略	
18	010515001001	现浇构件钢筋 HPB335	t	0.021	略	
19	010515001002	现浇构件钢筋 HRB400	t	0.399	略	
20	010515001003	现浇构件钢筋 CRB550	t	0.386	略	
		H. 门窗工程				
21	010802001001	塑钢平开门	m^2	8.64	M1 S＝0.90×2.40×3 樘＝6.48m^2 M2（门部分） S＝2.40×0.90×1 樘＝2.16m^2 小计：6.48＋2.16＝8.64m^2	以平方米计量，按设计图示洞口尺寸以面积计算
22	010807001001	塑钢推拉窗	m^2	15.15	C1 S＝1.50×1.50×6 樘＝13.50m^2 M2 S＝1.50×1.10×1 樘＝1.65m^2 小计：13.50＋1.65＝15.15m^2	以平方米计量，按设计图示洞口尺寸以面积计算
		J. 屋面及防水工程				
23	010902001001	SBS 改性沥青卷材防水	m^2	55.08	S＝平屋面面积 ＝(9.60＋0.30×2)×（5.0＋0.20×2) ＝10.20×5.40 ＝55.08m^2	按设计图示尺寸以面积计算
		K. 保温、隔热、防腐工程				

续表

序号	项目编码	项目名称	计量单位	工程量	计算式	计算规则
24	011001001001	水泥膨胀蛭石保温屋面	m^2	55.08	S＝平屋面面积 ＝(9.60＋0.30×2)×(5.0＋0.20×2) ＝10.20×5.40 ＝55.08m^2	按设计图示尺寸以面积计算。扣除面积＞0.3平方米孔洞及占位面积
		L. 楼地面工程				
25	011101001001	1∶2水泥砂浆地面面层	m^2	41.43	S＝地面净面积－台阶面积 ＝底面积－结构面积－台阶(0.30－0.24)宽的面积 ＝51.56－(29.20＋11.98)×0.24－(2.7－0.24＋2.0－0.30)×(0.30－0.24) ＝51.56－9.88－0.25 ＝41.43m^2	按设计图示尺寸以面积计算。门洞、空圈、暖气包槽、壁龛的开口部分不增加面积
26	011101006001	屋面1∶3水泥砂浆找平层	m^2	55.08	S＝平屋面面积 ＝(9.60＋0.30×2)×(5.0＋0.20×2) ＝10.20×5.40 ＝55.08m^2	按设计图示尺寸以面积计算
27	01101006002	屋面1∶2.5水泥砂浆保护层	m^2	55.08	计算式同上	按设计图示尺寸以面积计算
28	011105001001	1∶2水泥砂浆踢脚线150高	m^2	6.14	S＝各房间踢脚线长×踢脚线高 ＝[(3.60－0.24＋5.0－0.24)×2＋(3.30－0.24＋5.0－0.24)×2＋(2.70－0.24＋3.0－0.24)×2＋檐廊处(2.70＋2.00)－门洞(0.9×4×2面)＋洞口侧面4樘×(0.24－0.10)×2]×0.15 ＝(16.24＋15.64＋10.44＋4.70－7.20＋1.12)×0.15 ＝40.94×0.15 ＝6.14m^2	按设计图示长度乘高度以面积计算
29	011107004001	1∶2水泥砂浆台阶面	m^2	2.82	S＝(2.70＋2.0)×0.30×2 ＝2.82m^2	按设计图示尺寸以台阶(包括最上层踏步边沿加300mm)水平投影面积计算

续表

序号	项目编码	项目名称	计量单位	工程量	计算式	计算规则
		M. 墙、柱面装饰工程				
30	011201001001	混合砂浆内墙面	m^2	147.19	S＝墙净长×净高－门窗洞口面积 ＝[（3.60－0.24＋5.0－0.24）×2＋（3.30－0.24＋5.0－0.24）×2＋（2.70－0.24＋3.0－0.24）×2＋檐廊处（2.70＋2.00）]×3.60－（6.48×2面＋3.81×2面＋13.50） ＝(16.24＋15.64＋10.44＋4.70)×3.60－22.08 ＝169.27－22.08 ＝147.19m^2	按设计图示尺寸以面积计算。扣除墙裙、门窗洞口及单个＞0.3m^2的孔洞面积，不扣除踢脚线的面积，门窗洞口和孔洞的侧壁及顶面不增加面积。附墙柱、梁、垛、烟囱侧壁并入相应的墙面积内。内墙抹灰面积按主墙间的净长乘以高度计算
31	011204003001	挑梁混合砂浆抹面	m^2	4.64	S＝梁长×展开面积 ＝（2.70－0.12＋2.0－0.12）×（0.24＋0.40×2） ＝4.46×1.04 ＝4.64m^2	梁面抹灰：按设计图示梁断面周长乘长度以面积计算
32	011206002001	外墙面砖	m^2	90.37	S＝外墙外边长×高－窗洞口面积＋窗侧面贴砖厚度面积＋窗侧面和顶面面积－窗台线侧立面积 ＝$L_中$ 29.20＋0.24×4＋面砖、砂浆厚（0.005＋0.02＋0.005）×8－2.70—2.00）×（3.60＋0.30）－13.50＋窗侧面贴砖厚度面积1.5×4×6樘×（0.005＋0.02＋0.005）＋1.50×（0.24－0.10）×3边×6樘－窗台线立面（1.50＋0.20）×0.12）×6樘 ＝25.70×3.90－13.50＋1.08＋3.78－1.224 ＝100.23－13.50＋1.08＋3.78－1.224 ＝90.37m^2	按镶贴表面积计算

续表

序号	项目编码	项目名称	计量单位	工程量	计算式	计算规则
33	011202001001	窗台线、挑檐口镶贴面砖	m^2	6.33	S＝窗台线长×突出墙面展开宽＋窗台线端头面积＋窗台面积＋挑檐口面积 [1.50×(0.24－0.10)＋(1.50＋0.20)×0.06＋窗台侧面(1.50＋0.20＋0.06×2)×0.12]×6樘＋[(9.60＋0.30)×2＋5.0＋0.20×2＋(0.025＋0.005＋0.005)×8)]×0.10 ＝(0.21＋0.102＋0.218)×6＋31.48×0.10 ＝3.18＋3.148 ＝6.33m^2	按镶贴表面积计算
		N. 天棚工程				
34	011301001001	混合砂浆天棚	m^2	45.20	S＝屋面面积－墙结构面积－挑梁底面面积 ＝(9.60＋0.30×2)×(5.0＋0.20×2)－(29.20＋11.98)×0.24 ＝10.20×5.40－9.88 ＝55.08－9.88 ＝45.20m^2	按设计图示尺寸以水平投影面积计算。不扣除间壁墙、垛所占的面积
		P. 油漆、涂料、裱糊工程				
35	011406001001	抹灰面油漆（墙面、天棚、梁）	m^2	197.03	S＝序30＋序31＋序34 ＝147.19＋4.64＋45.20 ＝197.03m^2	按设计图示尺寸以面积计算
		S. 措施项目				
36	011701001001	综合脚手架	m^2	48.86	S＝48.86m^2（同序1）	

续表

序号	项目编码	项目名称	计量单位	工程量	计算式	计算规则
37	011702001001	基础垫层模板	m^2	21.54	S＝[（9.60＋1.00＋5.00＋1.00）×2＋（5.0－1.0）×4＋（3.6－1.0）×2＋（3.3－1.0）×2＋（2.7－1.0）×4＋（3.0－1.0）×2＋（2.0－1.0）×2]×0.30 ＝(33.20＋16.00＋5.20＋4.60＋6.80＋4.00＋2.00）×0.30 ＝21.54m^2	按模板与混凝土构件的接触面积计算
38	011702003001	构造柱模板	m^2	21.60	室内地坪以下： S＝(4 角×0.24×2＋5 个单面×0.24）×0.50 ＝1.56m^2 室内地坪以上： S＝(5 阳角×0.30×2＋4 直线×0.36＋13 阴角×0.12）(矩形梁处没有扣除） ＝（3.0＋1.44＋1.56）×3.60 ＝21.60m^2	按图示外露部分计算模板面积
39	011702006001	矩形梁模板	m^2	9.74	侧模： S＝[(3.0＋3.3＋2.12＋2.82）×2－0.40×2]×0.40 ＝8.672m^2 底模： S＝(2.12－0.12＋2.82－0.12－0.24）×0.24 ＝4.46×0.24 ＝1.070m^2 小计：8.672＋1.070＝9.74m^2	按模板与混凝土构件的接触面积计算
40	011702008001	地圈梁模板	m^2	19.42	S＝[29.20＋0.24×4＋（5.0－0.24）×4＋（3.6－0.24）×2＋（3.3－0.24）×2＋（2.7－0.24）×4＋（3.0—0.24）×2＋（2.0－0.24）×2]×0.24 ＝(30.16＋19.04＋6.72＋6.12＋9.84＋5.52＋3.52）×0.24 ＝80.92×0.24＝19.42m^2	按模板与混凝土构件的接触面积计算

续表

序号	项目编码	项目名称	计量单位	工程量	计算式	计算规则
41	011702009001	过梁模板	m²	10.18	GL－4102：3@（底模 0.90×0.24＋侧模 1.50×2×0.12） ＝3×（0.216＋0.36） ＝3×0.576 ＝1.728m² GL－4152：6@（底模 1.50×0.24＋侧模 2.0×0.18×2） ＝6×（0.36＋0.72） ＝6×1.08 ＝6.48m² XGL1：底模 2.0×0.24＋2.48×0.30×2 ＝0.48＋1.488 ＝1.968m² 小计：1.728＋6.48＋1.968＝10.18m²	按模板与混凝土构件的接触面积计算
42	011702016001	平板模板	m²	47.28	底模＝屋面板面积－墙厚（矩形梁）所占面积 ＝(9.60＋0.30×2）×（5.0＋0.20×2）－（序 6）41.18×0.24－（2.70＋2.00－0.24）×0.24 ＝55.08－9.883－1.070 ＝44.127m² 侧模：31.48×0.10＝3.148m² 小计：44.127＋3.148＝47.28m²	按模板与混凝土构件的接触面积计算
43	011702027001	台阶模板	m²	2.82	S＝（2.70＋2.0）×0.30×2 ＝2.82m²	按图示台阶水平投影面积计算，两端头模板不计算
44	011702029001	散水	m²	2.19	散水 4 周侧模： S＝（29.20＋4×0.24＋8×0.80）×0.06 ＝36.56×0.06＝2.19m²	按模板与散水接触面积
45	011703001001	垂直运输	m²	48.86	S＝（9.60＋0.24）×（5.00＋0.24）－2.70×2.00×0.50 ＝51.562－2.70 ＝48.86m²	按建筑面积计算

3.1.4 小平房工程钢筋工程量计算

小平房工程钢筋工程量计算见表 3-3。

小平房钢筋工程量计算表 **表 3-3**

序号	构件名称	部位	钢筋种类	计 算 式
1	基础梁	A 轴	通长筋 4@Φ12	(9.60+0.24−0.03×2+15×0.012×2)×4×0.006165×12×12=36.01kg
			箍筋 φ6.5	单根长：0.24×4−8×0.03+(0.075+1.9×0.0065)×2=894.7mm=0.89m
				根数：1 轴−2 轴：(3.60−0.24−0.05×2)/0.25 +1=15
				2 轴−3 轴：(3.30−0.24−0.05×2)/0.25 +1=13
				3 轴−4 轴：(2.70−0.24−0.05×2)/0.25+1=11
				重量=(15+13+11)×0.89×0.006165×6.5×6.5=9.04kg
		B 轴	通长筋 4@Φ12	(2.70+0.24−0.03×2+15×0.012×2)×4×0.006165×12×12=11.51kg
			箍筋 φ6.5	单根长：0.24×4−8×0.03+(0.075+1.9×0.0065)×2=894.7mm=0.89m
				根数：(2.7−0.24−0.05×2)/0.25 +1=11
				重量：11×0.89×0.006165×6.5×6.5=2.55kg
		C 轴		同 A 轴
		1 轴	通长筋 4@Φ12	(5.00+0.24−0.03×2+0.012×15×2)×4×0.006165×12×12=19.67kg
			箍筋 φ6.5	单根长：0.24×4−8×0.03+(0.075+1.9×0.0065)×2=0.89m
				根数：(5.00−0.24−0.05×2)/0.25+1=20
				重量：20×0.89×0.006165×6.5×6.5=4.64kg
		2 轴		同 1 轴
		3 轴	通长筋 4@Φ12	(5.00+0.24−0.03×2+0.012×15×2)×4×0.006165×12×12=19.67kg
			箍筋 φ6.5	单根长：0.24×4−8×0.03+(0.075+1.9×0.0065)×2=894.7mm=0.89m
				根数：(2.00−0.24−0.05×2)/0.25 +1=8
				(3.00−0.24−0.05×2)/0.25+1=12
				重量：20×0.89×0.006165×6.5×6.5=4.64kg
		4 轴		同 3 轴
	基础梁小计：φ6.5：9.04+2.55+9.04+4.64×4=39.19kg；Φ12：36.01+11.51+19.67×4=126.20kg			

续表

序号	构件名称	部位	钢筋种类	计算式
2	过梁	GL4152(6)	上部 2@ϕ8	2.08×2×6×0.006165×8×8=9.85kg
			下部 2@Φ 12	1.98×2×6×0.006165×12×12=21.09kg
			箍筋 ϕ6.5	12×0.79×6×0.006165×6.5×6.5=14.82kg
		GL4102(1)	下部 2@ϕ10	1.61×2×0.006165×10×10=1.99kg
			箍筋 ϕ6.5	0.22×8×0.006165×6.5×6.5=0.46kg
		XGL1	上部 2@ϕ10	(2.00+0.48−0.03×2+6.25×0.01×2)×2×0.006165×10×10=3.14kg
			下部 2@Φ 16	(2.00+0.48−0.03×2+6.25×0.016×2)×2×0.006165×16×16=8.27kg
			箍筋 ϕ6.5	n：(2.00−0.05×2/0.2)+1+4=15
				L：(0.24+0.3)×2−8×0.03+(0.075+1.9×0.0065)×2=1.01m
				重量：15×1.01×0.006165×6.5×6.5=3.95kg
	过梁小计：	ϕ8：9.85kg		
		Φ 12：21.09kg		
		ϕ6.5：14.82+0.46+3.95=19.23kg		
		ϕ10：1.99+3.14=5.13kg		
		Φ 16：8.27kg		
3	悬挑梁	WTL1	1 号筋：2@Φ 20	[2.12+3.00+0.4−0.03×2−0.03×2+0.24+0.05−0.03+1.579×(0.4−0.03×2){弯起长}+15×0.02{锚固长}+6.25×0.02]×2×0.006165×20×20=32.66kg
			2 号筋：2@Φ 18	(2.12+3.00−0.03×2+6.25×0.018)×2×0.006165×18×18=20.66kg
			3 号筋 ϕ6.5	根数：(2.12+0.12−0.24−0.15−0.05×2)/0.2+1=10
				长度：(0.24+0.4)×2−0.03×8+(0.075+1.9×0.0065)×2=1.21m
				重量：1.21×10×0.006165×6.5×6.5=3.15kg
			4 号筋 ϕ6.5	长度：1.21m
				根数：(3.00−0.05×2)/0.25+1=13
				重量：1.21×13×0.006165×6.5×6.5=4.10kg
			5 号筋 2@Φ 12	(2.12+3.00−0.03×2+6.25×0.012)×2×0.006165×12×12=9.12kg
			6 号筋 2@Φ 12	[0.60+0.15+1.579×(0.40−0.03×2)+6.25×0.012×2]×0.006165×12×12=1.28kg
			附加箍筋 ϕ8	根数：3
				长度：(0.24+0.40)×2−8×0.03+11.9×0.008×2=1.23m
				重量：3×1.23×0.006165×8×8=1.46kg

续表

序号	构件名称	部位	钢筋种类	计算式
3	悬挑梁	WTL2	1号筋：2@Φ20	[2.82+3.30+0.40−0.03×2−0.03×2+0.24+0.05−0.03+1.579×(0.4−0.03×2)+15×0.02+6.25×0.02]×2×0.006165×20×20=37.59kg
			2号筋：1@Φ16	(2.82+3.30−0.03×2+6.25×0.018)×0.006165×16×16=9.74kg
			3号筋 φ6.5	根数：(2.82+0.12−0.24−0.15−0.05×2)/0.2+1=14
				长度：(0.24+0.4)×2−0.03×8+(0.075+1.9×0.0065)×2=1.21m
				重量：14×1.21×0.006165×6.5×6.5=4.41kg
			4号筋 φ6.5	根数：(3.30−0.05×2)/0.25+1=14
				长度：(0.24+0.40)×2−0.03×8+(0.075+1.9×0.0065)×2=1.21m
				重量：14×1.21×0.006165×6.5×6.5=4.41kg
			5号筋 2@Φ12	(2.82+3.30−0.03×2+6.25×0.012)×2×0.006165×12×12=10.89kg
			6号筋 2@Φ12	[0.6+0.15+1.579×(0.4−0.03×2)+6.25×0.012×2]×0.006165×12×12=1.28kg
	悬挑梁小计：	Φ20：32.66+37.59=70.25kg		
		Φ18：20.66kg		
		Φ16：10.08kg		
		Φ12：9.12+1.28+10.89+1.28=22.57kg		
		φ8：1.46kg		
		φ6.5：3.15+4.10+4.41+4.41=16.07kg		
4	板	面筋1轴/A−B轴	φ8	长度：1.10+0.12+0.30−0.02+0.1×2−4×0.02=1.62
				根数：(5.00+0.20×2−0.20)/0.2 +1=27
				重量：1.62×27×0.006165×8×8=17.26kg
		面筋2轴/A−B轴	φ8	长度：0.95×2+0.24+0.10×2−4×0.02=2.26m
				根数：(5.00+0.20×2−0.2)/0.2+1=27
				重量：2.26×27×0.006165×8×8=24.08kg
		面筋3轴/A−B轴	φ8	长度：0.85×2+0.24+0.10×2−4×0.02=2.06m
				根数：(5.00+0.20×2−0.20)/0.2 +1=27
				重量：2.06×27×0.006165×8×8=21.95kg
		面筋4轴/A−B轴	φ8	长度：0.90+0.12+0.30−0.020+0.10×2−4×0.02=1.42
				根数：(5.00+0.20×2−0.2)/0.2 +1=27
				重量：1.42×27×0.006165×8×8=15.13kg

续表

序号	构件名称	部位	钢筋种类	计算式
4	板	面筋A轴/1−3轴	ϕ8	长度：1.10+0.12+0.20−0.002+0.10×2−0.04×2=1.52m
				根数：(3.60+3.30+0.30−0.20)/0.20+1=36
				重量：1.52×36×0.006165×8×8=21.59kg
		面筋A轴/3−4轴	ϕ8	长度：2.00+0.20+0.12+0.85−0.02+0.10×2−4×0.02=3.27m
				根数：(2.70+0.30−0.20)/0.20+1=15
				重量：3.27×15×0.006165×8×8=19.35kg
		面筋B轴/1−3轴	ϕ8	长度：1.10+0.12+0.20−0.02+0.10×2−4×0.02=1.52m
				根数：(3.60+3.30+0.30−0.20)/0.20+1=36
				重量：1.52×36×0.006165×8×8=21.59kg
		面筋B轴/3−4轴	ϕ8	长度：0.90+0.12+0.20−0.02+0.10×2−4×0.02=1.32m
				根数：(2.70+0.30−0.20)/0.20+1=15
				重量：1.32×15×0.006165×8×8=7.81kg
		底筋1−2轴/A−B轴	ϕ6.5，X向	长度：3.60+6.25×0.0065×2=3.68m
				根数：(5.00/0.14)+1=37
				重量：3.68×37×0.006165×6.5×6.5=35.47kg
			ϕ6.5，Y向	长度：5.00+6.25×0.0065×2=5.08m
				根数：(3.60/0.14)+1=27
				重量：5.08×27×0.006165×6.5×6.5=35.73kg
		底筋2−3轴/A−B轴	ϕ6.5，X向	长度：3.30+6.25×0.0065×2=3.38m
				根数：(5.00/0.14)+1=37
				重量：3.38×37×0.006165×6.5×6.5=32.57kg
			R6.5，Y向	长度：5.00+6.25×0.0065×2=5.08m
				根数：3.30/0.14−1=23
				重量：5.08×23×0.006165×6.5×6.5=30.43kg
		底筋3−4轴/A−B轴	ϕ6.5，X向	长度：2.70+6.25×0.0065×2=2.78m
				根数：(5.00/0.14)+1=37
				重量：2.78×37×0.006165×6.5×6.5=26.79kg
			ϕ6.5，Y向	长度：5.00+6.25×0.0065×2=5.08m
				根数：(2.70/0.14)+1=21
				重量：5.08×21×0.006165×6.5×6.5=27.79kg

续表

序号	构件名称	部位	钢筋种类	计 算 式
4	板	负筋分布筋1—2轴/A—B轴图中标注长至墙内侧	ϕ6.5@300，X向	长度：3.60+0.10×2−0.02×4=3.72m
				根数：4×2=8
			ϕ6.5@300，Y向	长度：5.00+0.10×2−0.02×4=5.12m
				根数：4+3=7
				重量：(3.72×8+5.12×7)×0.006165×6.5×6.5=17.09kg
		负筋分布筋2—3轴/A—B轴图中标注长至墙内侧	ϕ6.5@300，X向	长度：3.30+0.10×2−0.02×4=3.42m
				根数：4×2=8
			ϕ6.5@300，Y向	长度：5.00+0.10×2−0.02×4=5.12m
				根数：3+3=6
				重量：(3.42×8+5.12×6)×0.006165×6.5×6.5=15.13kg
		负筋分布筋3—4轴/A—B轴图中标注长至墙内侧	ϕ6.5@300，X向	长度：2.70+0.10×2−0.02×4=2.82m
				根数：3+3=6
			ϕ6.5@300，Y向	长度：3.00+0.10×2−0.02×4=3.12m
				根数：3+3=6
				重量：(2.82×6+3.12×6)×0.006165×6.5×6.5=9.28kg
		负筋分布筋3—4轴/B—C轴图中标注长至墙内侧	ϕ6.5@300，X向	长度：2.70+0.10×2−0.02×4=2.82m
				根数：(2.00−0.24)/0.30−1=5
			ϕ6.5@300，Y向	长度：2.00+0.10×2−0.02×4=2.12m
				根数：3+3=6
				重量：(2.82×5+2.12×6)×0.006165×6.5×6.5=6.99kg
	板筋小计：	ϕ8：17.26+24.08+21.95+15.13+21.59+19.35+21.59+7.81=148.76kg		
		ϕ6.5：35.47+35.73+32.57+30.43+26.79+27.79+17.09+15.13+9.28+6.99=237.27kg		
5	构造柱	纵筋	4@Φ12	(3.55+0.50+0.24+0.15−0.02)×4×0.006165×12×12×9=141.26kg
		箍筋	ϕ6.5	长度：0.24×4−8×0.02+(0.075+1.9×0.006)×2=0.97m
				根数：插筋部位(0.50−0.05)/0.10+1=6
				根数：[(3.45/3+3.45/6−0.05×2)/0.10]+1+[(3.45−3.45/3−3.45/6)/0.20]−1=26
				重量：0.97×32×0.006165×6.5×6.5=8.09kg
	构造柱小计：	ϕ6.5：8.09kg		
		Φ12：141.26kg		

3.1.5 钢筋汇总表

小平房工程钢筋汇总表见表3-4。

钢 筋 汇 总 表 表3-4

序　号	钢筋种类	重量(kg)
1	HPB235	99.02
2	HRB335	21.09
3	HPB400	398.95
4	CRB500	386.03

3.1.6 小平房工程分部分项工程和单价措施项目清单与计价表

根据表3-2、表3-3、表3-4整理的小平房工程“分部分项工程和单价措施项目清单与计价表”见表3-5。

分部分项工程和单价措施项目清单与计价表 表3-5

工程名称：小平房工程　　　　标段：

序号	项目编码	项目名称	项目特征描述	计量单位	工程量	金额(元)		
						综合单价	合价	其中 暂估价
		A. 土石方工程						
1	010101001001	平整场地	1. 土壤类别：三类土 2. 弃土运距：自定 3. 取土运距：自定	m^2	48.86			
2	010101003001	挖地槽土方	1. 土壤类别：三类土 2. 挖土深度：1.20 m	m^3	46.68			
3	010103001001	地槽回填土	1. 密实度要求：按规定 2. 填方来源、运距：自定，填土须验方后方可填入运距有投标人自行确定	m^3	20.54			
4	010103001002	室内回填土	1. 密实度要求：按规定 2. 填方来源、运距：自定	m^3	7.50			
5	010103002001	余土外运	1. 废弃料品种：综合土 2. 运距：由投标人自行考虑，结算时不再调整	m^3	18.64			
		D. 砌筑工程						
6	010401001001	M5水泥砂浆砌砖基础	1. 砖品种、规格、强度等级：页岩砖、240×115×53、MU7.5 2. 基础类型：带型 3. 砂浆强度等级：M5水泥砂浆 4. 防潮层材料种类：无	m^3	12.10			
本页小计								
合　计								

续表

序号	项目编码	项目名称	项目特征描述	计量单位	工程量	金额(元)		
						综合单价	合价	其中 暂估价
7	010401003001	M5水泥砂浆砌实心砖墙	1. 砖品种、规格、强度等级：页岩砖、240×115×53、MU7.5 2. 墙体类型：240厚标准砖墙 3. 砂浆强度等级：M5混合砂浆	m^3	22.19			
		E. 混凝土及钢筋混凝土工程						
8	010501001001	C20砼基础垫层	1. 混凝土类别：塑性砾石混凝土 2. 混凝土强度等级：C20	m^3	11.67			
9	010502002001	现浇C20混凝土构造柱	1. 混凝土类别：塑性砾石混凝土 2. 混凝土强度等级：C20	m^3	2.54			
10	010503002001	现浇C25混凝土矩形梁	1. 混凝土类别：塑性砾石混凝土 2. 混凝土强度等级：C25	m^3	1.06			
11	010503004001	现浇C25混凝土地圈梁	1. 混凝土类别：塑性砾石混凝土 2. 混凝土强度等级：C25	m^3	2.37			
12	010503005001	现浇C25混凝土过梁	1. 混凝土类别：塑性砾石混凝土 2. 混凝土强度等级：C25	m^3	0.83			
13	010505003001	现浇C25混凝土平板	1. 混凝土类别：塑性砾石混凝土 2. 混凝土强度等级：C25	m^3	5.51			
14	010507001001	现浇C20混凝土散水	1. 面层厚度：60mm 2. 混凝土类别：塑性砾石混凝土 3. 混凝土强度等级：C20 4. 变形缝材料：沥青砂浆，嵌缝	m^2	25.19			
15	010507003001	现浇C20混凝土台阶	1. 踏步高宽比：1∶2 2. 混凝土类别：塑性砾石混凝土 3. 混凝土强度等级：C20	m^2	2.82			
16	010515001001	现浇构件钢筋	钢筋种类、规格：HPB235、Φ10内	t	0.099			
17	010515001002	现浇构件钢筋	钢筋种类、规格：HRB335、Φ10内	t	0.021			
18	010515001002	现浇构件钢筋	钢筋种类、规格：HRB400、Φ10以上	t	0.399			
19	010515001003	现浇构件钢筋	钢筋种类、规格：CRB550、Φ10内	t	0.386			
本页小计								
合　计								

续表

序号	项目编码	项目名称	项目特征描述	计量单位	工程量	金额(元)		
						综合单价	合价	其中 暂估价
		H. 门窗工程						
20	010802001001	塑钢平开门	1. 门窗代号：M—1 2. 门框外围尺寸：880×2390 3. 门框、扇材质：塑钢 4. 玻璃品种、厚度：无	m^2	8.64			
21	010807001001	塑钢推拉窗	1. 门窗代号：C—1 2. 门框外围尺寸：14880×1480 3. 门框、扇材质：塑钢 4. 玻璃品种、厚度：浮法、3mm	m^2	15.15			
		J. 屋面及防水工程						
22	010902001001	SBS改性沥青卷材防水	1. 卷材品种、规格、厚度：SBS改性沥青、2000×980、4厚 2. 防水层数：二层 3. 防水层做法：卷材二道，粘接剂三道	m^2	55.08			
		K. 保温、隔热、防腐工程						
23	011001001001	水泥膨胀蛭石保温屋面	1. 保温隔热材料品种、规格、厚度：水泥膨胀蛭石、最薄处60厚 2. 防护材料种类 3. 做法：1∶2.5水泥砂浆抹面	m^2	55.08			
		L. 楼地面工程						
24	011101001001	1∶2水泥砂浆地面面层	1. 垫层材料种类、厚度：C15混凝土、100厚 2. 面层厚度、砂浆配合比：20厚、1∶2水泥砂浆	m^2	41.43			
25	011101006001	屋面1∶3水泥砂浆找平层	面层厚度、砂浆配合比：25厚、1∶3水泥砂浆	m^2	55.08			
26	011101001002	屋面1∶2.5水泥砂浆保护层	面层厚度、砂浆配合比：20厚、1∶2.5水泥砂浆	m^2	55.08			
27	011105001001	1∶2水泥砂浆踢脚线150高	1. 踢脚线高度：150mm 2. 底层厚度、砂浆配合比：20厚、1∶3水泥砂浆 3. 面层厚度、砂浆配合比：15厚、1∶2水泥砂浆	m^2	6.14			
本页小计								
合　计								

续表

序号	项目编码	项目名称	项目特征描述	计量单位	工程量	金额(元)		
						综合单价	合价	其中 暂估价
28	011107004001	1∶2水泥砂浆台阶面	面层厚度、砂浆配合比：20厚、1∶2水泥砂浆	m²	2.82			
		M. 墙、柱面装饰工程						
29	011201001001	混合砂浆内墙面	1. 墙体种类：标准砖墙 2. 底层厚度、砂浆配合比：混合砂浆、1∶1∶6，15厚 3. 面层厚度、砂浆配合比：混合砂浆、1∶0.3∶2.5	m²	147.19			
30	011202001001	矩形梁混合砂浆抹面	1. 底层厚度、混合砂浆1∶0.3∶2.5，5厚，砂浆配合比：1∶1∶6，15厚 2. 面层厚度、砂浆配合比：1∶0.3∶2.15，5厚	m²	4.64			
31	011204003001	外墙面砖	1. 墙体类型：标准砖墙 2. 安装方式：水泥砂浆粘贴 3. 面层材料品种、规格、颜色：釉面砖、240×60×5、白色 4. 缝宽、嵌缝材料种类：2mm、1∶2水泥砂浆底层抹灰：20厚1∶3水泥砂浆结合层：5厚1∶2水泥砂浆	m²	90.37			
32	011206002001	窗台线、挑檐口镶贴面砖	1. 安装方式：水泥砂浆粘贴 2. 面层材料品种、规格、颜色：釉面砖、240×60、白色 3. 缝宽、嵌缝材料种类：2mm、1∶2水泥砂浆 4. 底层抹灰：20厚1∶3水泥砂浆 5. 结合层：5厚1∶2水泥砂浆	m²	6.33			
		N. 天棚工程						
33	011301001001	混合砂浆天棚	1. 基层类型：混凝土 2. 抹灰厚度：13厚 3. 砂浆配合比：面层1∶0.3∶3、5厚、底层1：1∶47	m²	45.20			
本页小计								
合计								

续表

序号	项目编码	项目名称	项目特征描述	计量单位	工程量	金额（元）		
						综合单价	合价	其中 暂估价
		P. 油漆、涂料、裱糊工程						
34	011406001001	抹灰面油漆（墙面、天棚、梁）	1. 基层类型：水泥砂浆 2. 喷刷涂料部位：梁面 3. 腻子种类：石膏腻子 4. 刮腻子要求：找平 5. 涂料品种、喷刷遍数：乳胶漆、二遍	m^2	147.19+4.64+45.20			
35	011407001001	墙面乳胶漆	1. 基层类型：混合砂浆 2. 喷刷涂料部位：墙面 3. 腻子种类：石膏腻子 4. 刮腻子要求：找平 5. 涂料品种、喷刷遍数：乳胶漆、二遍	m^2	4.64			
36	011407002001	天棚面乳胶漆	1. 基层类型：混合砂浆 2. 喷刷涂料部位：墙面 3. 腻子种类：石膏腻子 4. 刮腻子要求：找平 5. 涂料品种、喷刷遍数：乳胶漆、二遍	m^2	45.20			
		S. 措施项目						
37	011701001001	综合脚手架		m^2	51.56			
38	011702001001	基础垫层模板		m^2	21.54			
39	011702003001	构造柱模板		m^2	21.60			
40	011702006001	矩形梁模板		m^2	9.74			
41	011702008001	地圈梁模板		m^2	19.42			
42	011702009001	过梁模板		m^2	10.18			
43	011702016001	平板模板		m^2	47.28			
44	011702027001	台阶模板		m^2	2.82			
45	011702029001	散水模板		m^2	2.19			
46	011703001001	垂直运输		m^2	48.86			
本页小计								
合　计								

3.1.7 小平房工程总价措施项目清单

小平房工程总价措施项目清单见表3-6。

总价措施项目清单与计价表 表3-6

工程名称：小平房工程 标段：

序号	项目编码	项目名称	计算基础	费率（%）	金额（元）	调整费率（%）	调整后金额（元）	备注
1	011707001001	安全文明施工	定额人工费					
2	011707002001	夜间施工	定额人工费					
3	011707004001	二次搬运	定额人工费					
4	011707005001	冬雨季施工	定额人工费					
合 计								

编制人（造价人员）： 复核人（造价工程师）：

3.1.8 小平房工程其他项目费清单

其他项目费主要根据招标工程量清单中的“其他项目清单与计价汇总表”内容计算。小平房工程项目只有暂列金额一项。

其他项目清单与计价汇总表 表3-7

工程名称：小平房工程 标段：

序号	项目名称	金额（元）	结算金额（元）	备注
1	暂列金额	8000.00		
2	暂估价			
2.1	材料（工程设备）暂估价			
2.2	专业工程暂估价			
3	计日工			
4	总承包服务费			
5	索赔与现场签证			
合计		8000.00		

注：材料（工程设备）暂估单价进入清单项目综合单价，此处不汇总。

3.1.9 小平房工程规费税金项目清单

小平房工程规费税金项目清单见表3-8。

规费、税金项目计价表 **表3-8**

工程名称：小平房工程 标段：

序号	项目名称	计算基础	计算基数	计算费率（%）	金额（元）
1	规费	定额人工费			
1.1	社会保障费	定额人工费			
(1)	养老保险费	定额人工费			
(2)	失业保险费	定额人工费			
(3)	医疗保险费	定额人工费			
(4)	工伤保险费	定额人工费			
(5)	生育保险费	定额人工费			
1.2	住房公积金	定额人工费			
1.3	工程排污费	按工程所在地区规定计取			
2	增值税税金	（分部分项工程费＋措施项目费＋其他项目费＋规费）×11％			
合　计					

3.1.10 小平房工程招标工程量清单扉页

小平房 工程

招标工程量清单

招 标 人：×××
（单位盖章）

造价咨询人：×××
（单位咨询专业章）

法定代表人
或其授权人：×××
（签字或盖章）

法定代表人
或其授权人：×××
（签字或盖章）

编 制 人：×××
（造价人员签字盖专业章）

复 核 人：×××
（造价工程师签字盖专业章）

编制时间：2014 年 6 月 10 日

复核时间：2014 年 6 月 12 日

3.2 安装工程工程量清单编制实例

3.2.1 小平房工程安装工程施工图（图3-5～图3-10）

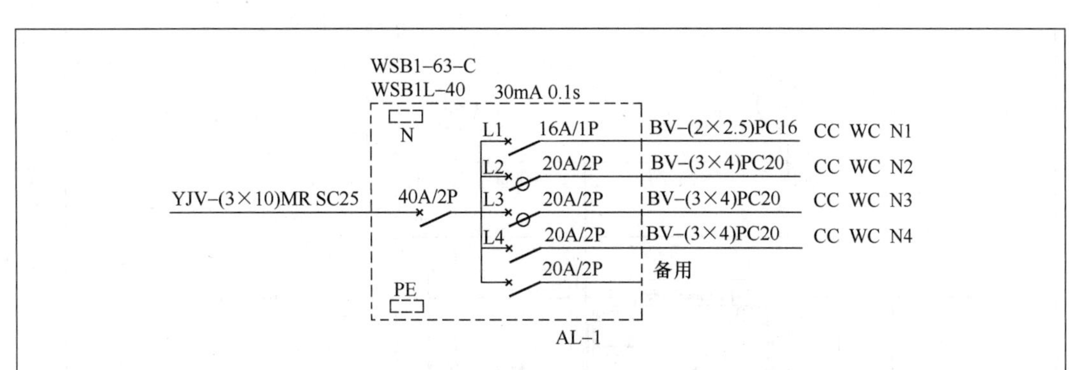

图例及材料符号对照表

序号	图例	名 称 型 号	安装方式及高度	单位	数量	备 注
1		半球节能吸顶灯 220V 40W	吸顶安装	盏		灯罩直径 300mm
2		防水防尘灯 220V 40W	吸顶安装	盏		
3		普通灯 220V 40W	吸顶安装	盏		灯罩直径 300mm
4		普通壁灯 220V 25W	距地1.8m	盏		
5		单联跷板开关 KG31/1/2CY 250V 16A	暗设、底边距地 1.3m	只		
6		双联跷板开关 KG31/2/2CY 250V 16A	暗设、底边距地 1.3m	只		
7	TO	单孔网络信息插座 暗盒	暗设、底边距地 0.3m	只		混凝土内暗装
8	TV	有线电视信息插座 暗盒	暗设、底边距地 0.3m	只		暗盒 86×86
9	TP	电话用户底盒及插座面板 暗盒	暗设、底边距地 0.3m	只		混凝土内暗装 自带电源
10	K	单相三孔空调插座 250V 15A	暗设、底边距地 2.2m	只		三孔插座
11		单相二加三带安全门插座 C426/15CS 250V 15A	暗设、底边距地 0.3m	只		
12	F	卫生间防溅插座 250V 15A	暗设、底边距地 1.8m	只		
13		配电箱 400×300×140	嵌装，底边距地 1.5m	套		
14		弱电箱 300×200×100	暗装，底边距地 1.5m	套		

电施1/4

图3-5 实例用图（一）

3.2.2 小平房工程安装工程量列项与计算

计算清单工程量与定额工程量

根据《通用安装工程工程量计算规范》GB 50856—2013计算清单工程量，同时根据《××省计价定额》计算定额工程量，计算内容见表3-9。

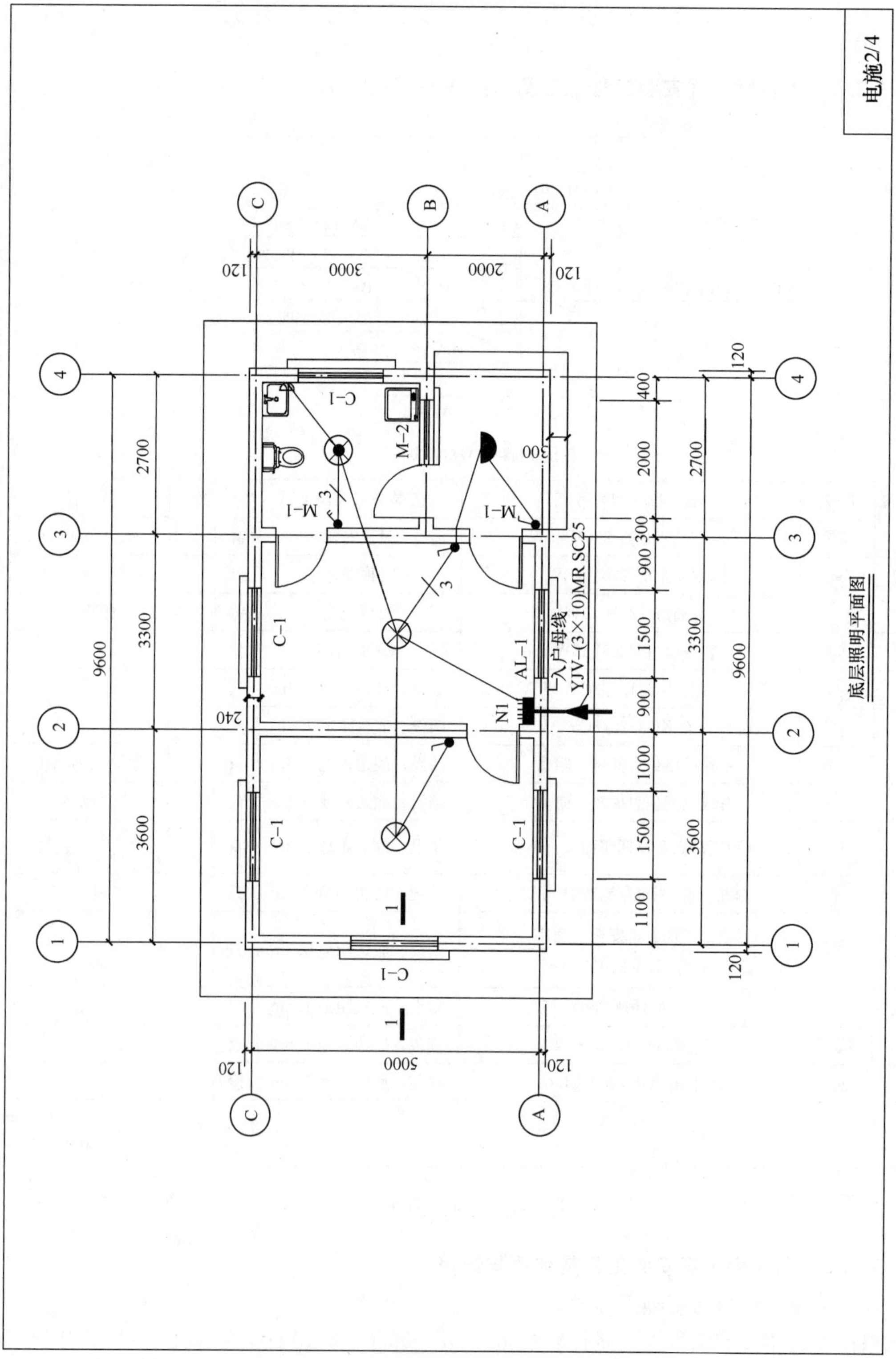

电施2/4

底层照明平面图

入户母线
YJV-(3×10)MR SC25

AL-1

N1

M-1

M-2

C-1

9600

3600

3300

2700

120

5000

3000

2000

240

400

300

900

1500

1000

1100

图 3-6　实例用图（二）

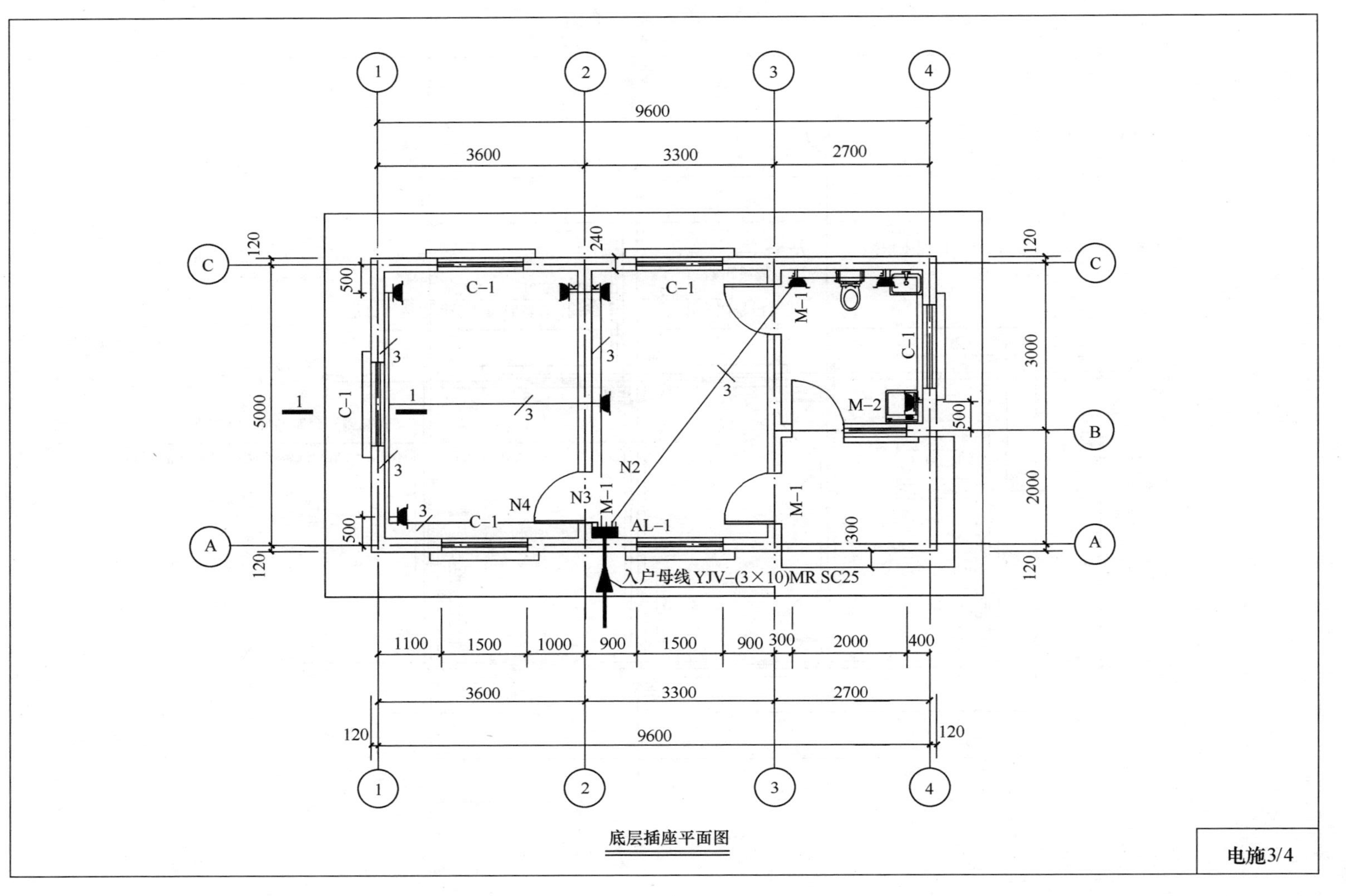
9600
3600
3300
2700
C-1
M-1
M-2
5000
3000
2000
500
120
240
300
N2
N3
N4
AL-1
入户母线 YJV-(3×10)MR SC25
1100
1500
1000
900
400
底层插座平面图
电施3/4

图 3-7 实例用图(三)

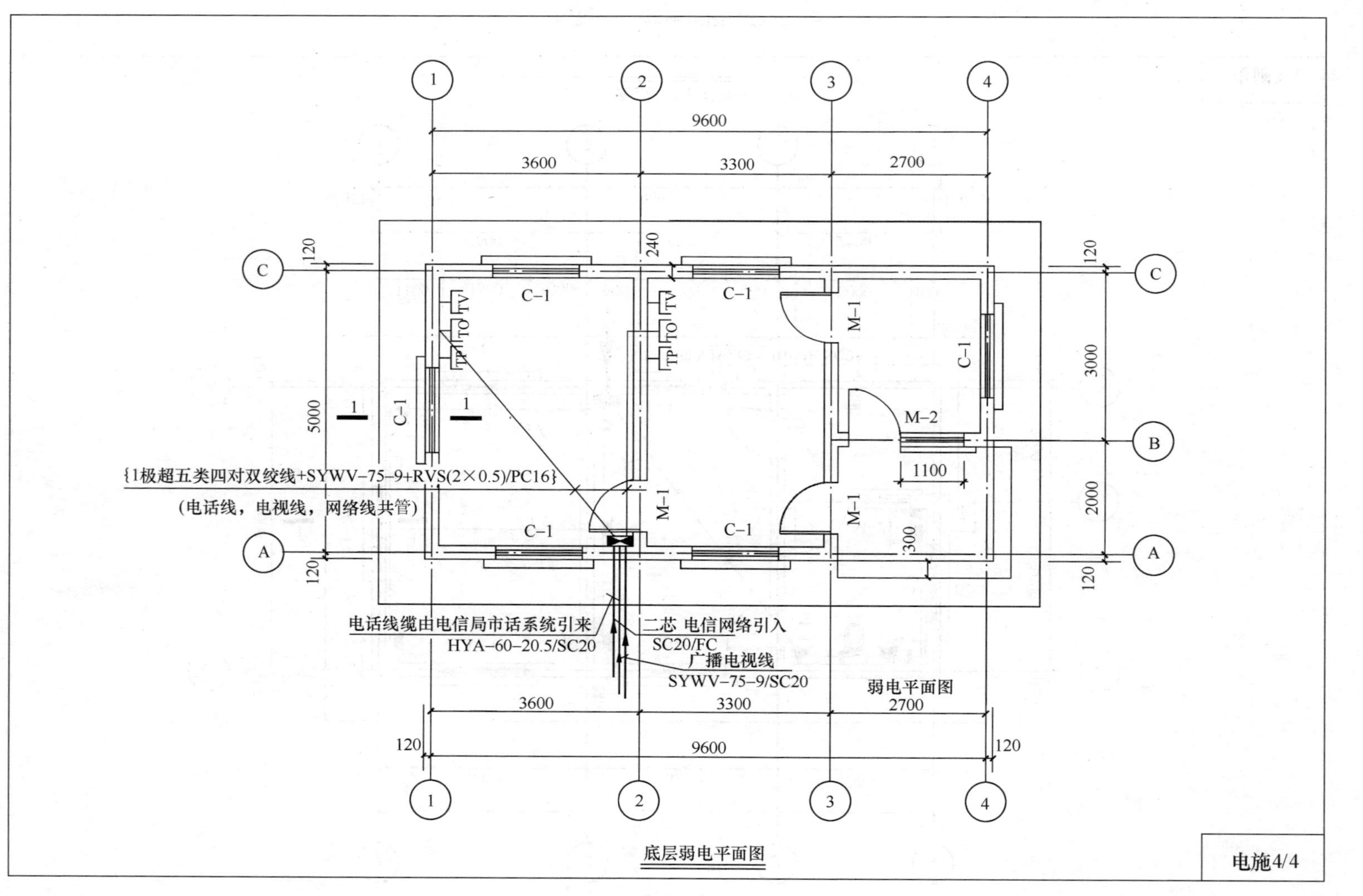
9600
3600
3300
2700
120
240
5000
3000
2000
1100
300
C-1
M-1
M-2
TV
TO
TP
{1极超五类四对双绞线+SYWV-75-9+RVS(2×0.5)/PC16}
(电话线，电视线，网络线共管)
电话线缆由电信局市话系统引来
HYA-60-20.5/SC20
二芯 电信网络引入
SC20/FC
广播电视线
SYWV-75-9/SC20
弱电平面图
底层弱电平面图
电施4/4

图 3-8　实例用图(四)

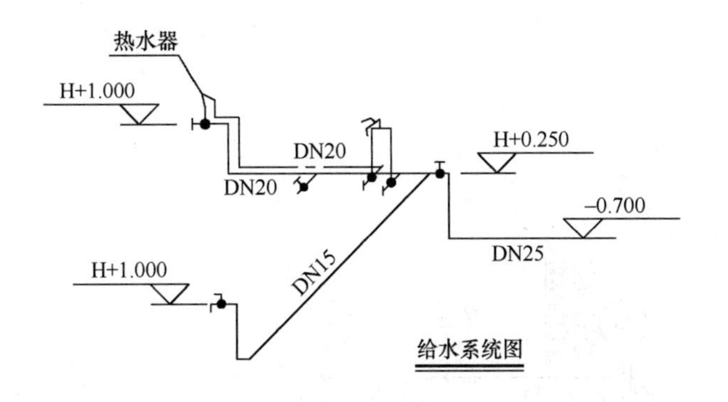

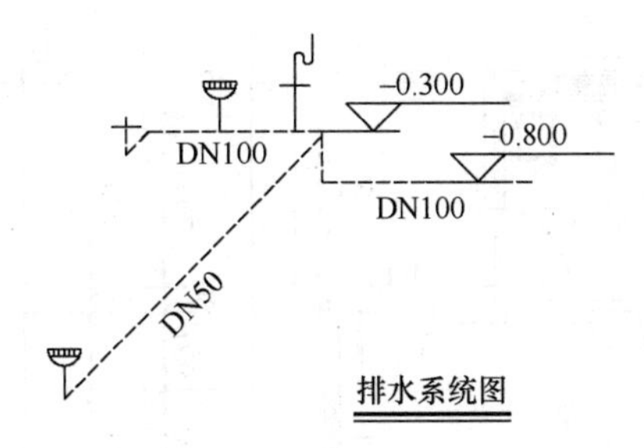

主要材料设备表

序 号	名 称	规 格	数 量	单 位	备 注
1	PPR水管	DN15–DN25		米	热熔连接
2	UPVC排水管	DN50–DN150		米	零件黏接
3	环阀	DN25–DN20		个	
4	洗衣机单水嘴	DN15		个	
5	坐便器			个	低位水箱连体坐式
6	洗脸盆			个	台式 冷热水混合龙头

水施1/2

图 3-9　实例用图（五）

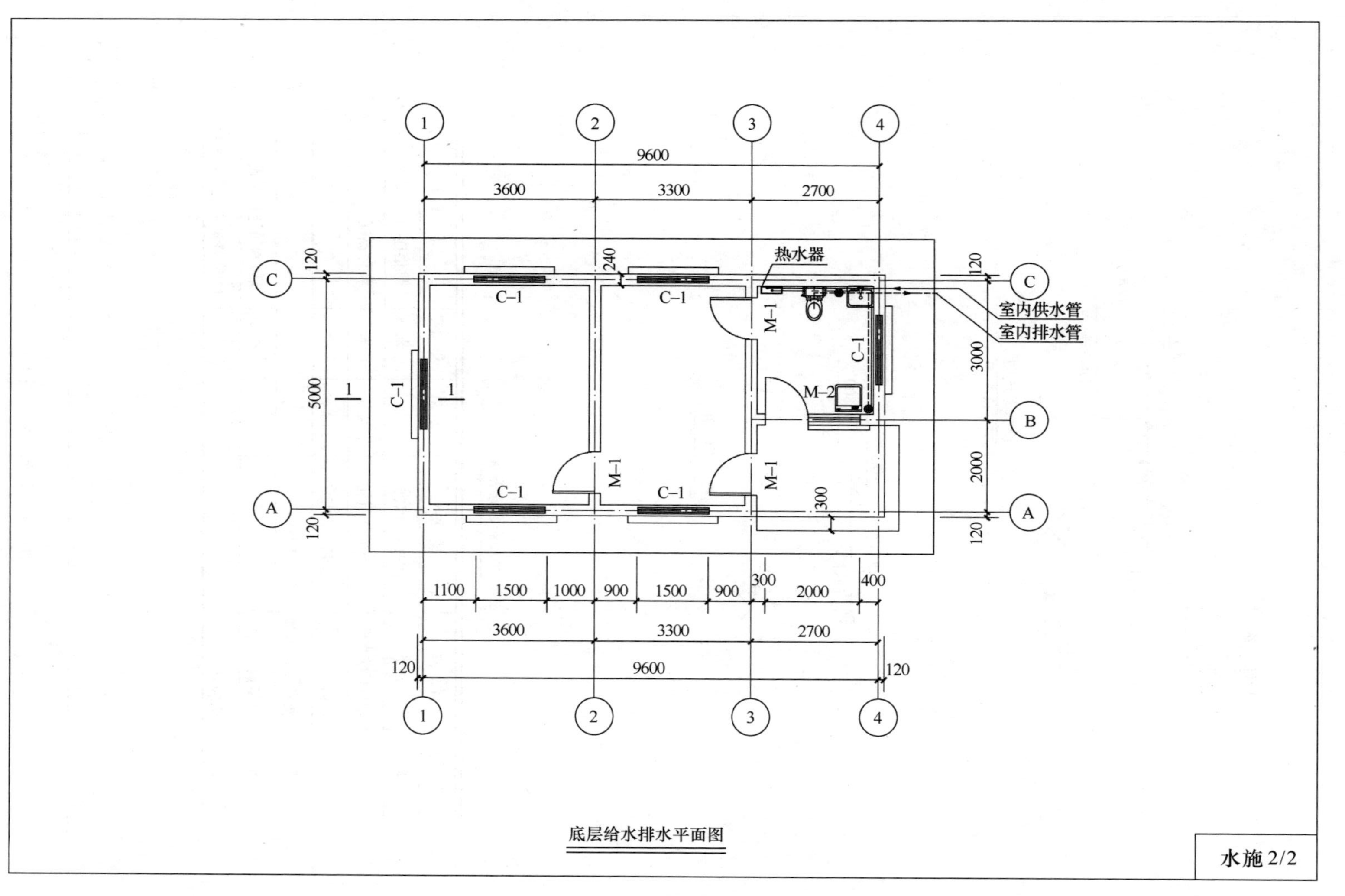
9600
3600
3300
2700
120
240
热水器
室内供水管
室内排水管
C-1
M-1
M-2
5000
3000
2000
300
1100
1500
1000
900
400
底层给水排水平面图
水施 2/2

图 3-10 实例用图(六)

工程量计算表

表 3-9

工程名称：小平房安装工程

清单工程量项目与计算						定额工程量项目与计算					
序号	项目编码	项目名称	单位	数量	计算式	序号	定额编号	项目名称	单位	数量	计算式
		一、电气部分									
1	030404017001	配电箱	台	1		1	2-264	成套配电箱	台	1	
2	030404034001	照明开关	个	3		2	2-1737	单联跷板开关	个	3	
3	030404034002	照明开关	个	1		3	2-1738	双联跷板开关	个	1	
4	030404035001	插座	个	2		4	2-1766	空调插座 15A	个	2	
5	030404035002	插座	个	3		5	2-1768	单相二加三带安全门插座 15A	个	3	
6	030404035003	插座	个	3		6	2-1768	卫生间防溅插座	个	3	
7	030412001001	工厂灯	套	1		7	2-1684	防水防尘灯	套	1	
8	030412001001	普通灯具	套	1		8	2-1463	节能半球吸顶灯	套	1	
9	030412001002	普通灯具	套	1		9	2-1471	普通壁灯	套	1	
10	030412001003	普通灯具	套	2		10	2-1461	普通圆球吸顶灯	套	2	
11	030411001001	配管	m	33.05	N1：水平：(2.7＋3.3/2＋1.9)(中房)＋(3.6/2＋1.9)(左房)＋3.4＋(1.9＋1.6)(门厅)＋(1.9＋1.5)(卫)＝20.25(图中斜线部分按比例计算) 垂直：配电箱处：3.6－1.5－0.3＝1.8 开关处(3.6－1.3)×4 处＝9.2 壁灯处：3.6－1.8＝1.8 合计：20.25＋1.8＋9.2＋1.8＝33.05	11	2－1142	配管(PC16)	m	33.05	同左

续表

清单工程量项目与计算						定额工程量项目与计算					
序号	项目编码	项目名称	单位	数量	计 算 式	序号	定额编号	项目名称	单位	数量	计算式
12	030411001002	配管	m	40.40	N2：水平：5.8(按比例)+2.7+3.0−0.5×2(插座与墙之间的距离)=10.5 垂直：配电箱处：3.6−1.5−0.3=1.8 插座：1.8×3=5.4 小计：10.5+1.8+5.4=17.7 N3：水平：5.0−0.5(插座与墙之间的距离)=4.5 垂直：配电箱处：3.6−1.5−0.3=1.8 插座：3.6−2.2=1.4 小计：4.5+1.8+1.4=7.7 N4：水平 3.6+5−0.5+3.6=11.7 垂直：配电箱处：1.5 插座：0.3×6(第一个插座进0.3，出0.3)=1.8 小计：11.7+1.5+1.8=15 合计：17.7+7.7+15=40.4	12	2-1143	配管(PC20)	m	40.40	同左
13	030411004001	配线	m	73.20	序11管长33.05×2+预留线(0.4+0.3)×2+(1.9+3.6−1.3)(三线加一根)=73	13	2-1177	管内穿线(BV−2.5mm^2)	m	73.20	同左

续表

清单工程量项目与计算						定额工程量项目与计算					
序号	项目编码	项目名称	单位	数量	计 算 式	序号	定额编号	项目名称	单位	数量	计算式
14	030411004002	配线	m	127.50	序 12 管长 40.4×3＋预留线（0.4 ＋ 0.3）× 3 根 × 3 回路 ＝127.5	14	2-1178	管内穿线（BV－4m²）	m	127.50	同左
15	030411006001	接线盒	个	12	开关盒＋插座盒	15	2-1430	开关盒	个	12	
16	030411006002	接线盒	个	7	灯头及线路分支处	16	2-1429	接线盒	个	7	
		二、弱电部分									
17	030502003001	分线接线箱	个	1		17	12-113	弱电箱	个	1	
18	030502004001	电视插座	个	2		18	12-677	有线电视信息插座	个	2	
						19	12-678	插座底盒	个	2	
19	030502004002	电话插座	个	2		20	12-118	电话插座	个	2	
						21	12-27	插座底盒	个	2	
20	030502012001	信息插座	个	2		22	12-20	单孔网络信息插座	个	2	
						23	12-27	插座底盒	个	2	
21	030411001001	配管	m	12.70	水平：4.0 ＋ 3.9（按比例）＝7.9 垂直：弱电箱处：1.5＋1.5＝3 插座：0.3×6＝1.8 合计：7.9＋3＋1.8＝12.7	24	2-1142	配管（PC16）	m	12.70	同左

续表

清单工程量项目与计算						定额工程量项目与计算					
序号	项目编码	项目名称	单位	数量	计　算　式	序号	定额编号	项目名称	单位	数量	计算式
22	030502005001	双绞线缆	m	12.70	同上	25	12-96	五类四对双绞线（电话线）	m	12.70	同左
23	030502005002	双绞线缆		12.70	同上	26	12-1	双绞软线(网络线)	m	12.70	同左
24	030505005001	射频同轴电缆		12.70	同上	27	12-581	同轴电缆(电视线)		12.70	同左
25	030505006001	同轴电缆接头	个	4		28	12-590	电缆终端头	个	4	
		三、给排水工程部分									
26	031001006001	塑料管	m	2.85	水平：外墙皮 1.5+0.4=1.9 垂直：0.7+0.25=0.95 合计：1.9+0.95=2.85	29	8-271	DN25PPR 塑料给水管	m	2.85	同左
27	031001006002	塑料管	m	4.90	水平：2.7−0.24−0.16+1.6 入户阀门距墙内侧−0.5 热水器距墙侧=3.4 垂直：(1−0.25)×2=1.5 合计：3.4+1.5=4.9	30	8−270	DN20PPR 塑料给水管	m	4.90	同左
28	031001006003	塑料管	m	3.51	水平：3.0−0.24=2.76 垂直：1.0−0.25=0.75 合计：2.76+0.75=3.51	31	8−269	DN15PPR 塑料给水管	m	3.51	同左

续表

清单工程量项目与计算						定额工程量项目与计算					
序号	项目编码	项目名称	单位	数量	计 算 式	序号	定额编号	项目名称	单位	数量	计算式
29	031001006004	塑料管	m	5.55	水平：2.7/2+3.0=4.35 垂直：0.3+0.4 大便器+0.8−0.3=1.2 合计：4.35+1.2=5.55	32	8-305	DN100UPVC 排水管	m	5.55	同左
30	031001006005	塑料管	m	3.80	水平：3.0−0.3=2.7 垂直：0.3×2 地漏+(0.3+0.2)洗脸盆=1.1 合计：2.7+1.1=3.8	33	8-303	DN50UPVC 排水管	m	3.80	同左
31	031003001001	螺纹阀门	个	1		34	8-416	DN25 球阀	个	1	
32	031003001002	螺纹阀门	个	1		35	8-415	DN20 阀门	个	1	
33	031004014001	水嘴	个	1		36	8-633	DN15 水嘴	个	1	
34	031004014002	地漏	个	2		37	8-642	DN50 地漏	个	2	
35	031004006001	大便器	组	1		38	8-611	坐式大便器	组	1	
36	031004003001	洗脸盆	组	1		39	8-587	洗脸盆	组	1	

计算说明：1. 电气部分未计算室外入户电缆部分的内容，灯具线路、卫生间插座线路、空调插座线路沿墙沿天棚，其余房间插座线路沿墙沿地敷设。

2. 给排水主要材料设备表中没有地漏和 DN20、DN15 阀门，但是系统图中有，所以按照系统图考虑计算，给排水部分未计算室外管道，室内部分给水管道算至外墙皮 1.5m 处，排水管道算至外墙皮 3.0m 处。

3. 弱电部分未计算室外引入线部分。

3.2.3 小平房安装工程分部分项工程量清单与计价表

根据表3-9的内容和《通用安装工程工程量计算规范》的要求整理的小平房安装工程分部分项工程量清单与计价表见表3-10。

分部分项工程和单价措施项目清单与计价表 **表3-10**

工程名称：小平房安装工程

序号	项目编码	项目名称	项目特征描述	计量单位	工程数量	金额（元）			
						综合单价	合价	其中	
								定额人工费	暂估价
一、电气设备安装工程									
1	030404017001	配电箱	1. 名称：配电箱 2. 型号：AL-1 3. 规格：400×300×140 4. 安装方式：嵌入式，距地1.5m 5. 端子板外部接线材质、规格：BV-2.5、1个，BV-4、3个	台	1				
2	030404034001	照明开关	1. 名称：单联跷板开关 2. 规格：250V 16A 3. 安装方式：暗装，距地1.3m	个	3				
3	030404034002	照明开关	1. 名称：双联跷板开关 2. 规格：250V 16A 3. 安装方式：暗装	个	1				
4	030404035001	插座	1. 名称：单相三孔空调插座 2. 规格：250V 15A 3. 安装方式：暗装，距地2.2m	个	2				
5	030404035002	插座	1. 名称：单相二加三带安全门插座 2. 规格：250V 15A 3. 安装方式：暗装，距地0.3m	个	3				
6	030404035003	插座	1. 名称：卫生间防溅插座 2. 规格：250V 15A 3. 安装方式：暗装，距地1.8m	个	3				
7	030412002001	工厂灯	1. 名称：防水防尘灯 2. 安装方式：吸顶 3. 规格：220V 40W	套	1				
8	030412001001	普通灯具	1. 名称：节能吸顶灯 2. 安装方式：吸顶 3. 规格：220V 40W，灯罩直径300mm	套	1				

续表

序号	项目编码	项目名称	项目特征描述	计量单位	工程数量	金额（元）			
						综合单价	合价	其中	
								定额人工费	暂估价
9	030412001002	普通灯具	1. 名称：普通壁灯 2. 安装方式：壁装 3. 规格：220V 25W	套	1				
10	030412001003	普通灯具	1. 名称：普通圆球吸顶灯 2. 安装方式：吸顶 3. 规格：220V 40W，灯罩直径300mm	套	2				
11	030411001001	配管	1. 名称：塑料管 2. 材质：塑料 3. 规格：*DN*16 4. 配置形式：暗敷	m	33.050				
12	030411001002	配管	1. 名称：塑料管 2. 材质：塑料 3. 规格：*DN*20 4. 配置形式：暗敷	m	40.400				
13	030411004001	配线	1. 名称：电气配线 2. 配线形式：管内照明线 3. 规格型号：BV-2.5mm^2 4. 配线部位：沿墙沿天棚	m	73.200				
14	030411004002	配线	1. 名称：电气配线 2. 配线形式：管内照明线 3. 规格型号：BV-4mm^2 4. 配线部位：沿墙沿地沿天棚	m	127.500				
15	030411006001	接线盒	1. 名称：开关、插座盒 2. 材质：塑料 3. 安装形式：暗装	个	12				
16	030411006002	接线盒	1. 名称：接线盒 2. 材质：塑料 3. 安装形式：暗装	个	7				

续表

序号	项目编码	项目名称	项目特征描述	计量单位	工程数量	金额（元）			
						综合单价	合价	其中	
								定额人工费	暂估价
二、建筑智能化工程									
17	030502003001	分线接线箱	1. 名称：弱电箱 2. 材质：铁质 3. 规格：300×200×100 4. 安装方式：嵌入式	个	1				
18	030502004001	电视插座	1. 名称：电视插座 2. 安装方式：暗装 3. 底盒材质：塑料，86×86	个	2				
19	030502004002	电话插座	1. 名称：电话插座 2. 安装方式：暗装 3. 底盒材质：塑料	个	2				
20	030502012001	信息插座	1. 名称：信息插座 2. 安装方式：暗装 3. 底盒材质：塑料	个	2				
21	030411001001	配管	1. 名称：弱电配管 2. 材质：塑料 3. 规格：*DN*16 4. 配置形式：暗敷	m	12.700				
22	030502005001	双绞线缆	1. 名称：电话线 2. 规格：超五类 3. 线缆对数：四对双绞线 4. 敷设方式：管内暗敷	m	12.700				
23	030502005002	双绞线缆	1. 名称：网络线（RVS） 2. 规格：2×0.5 3. 设方式：管内暗敷	m	12.700				
24	030505005001	射频同轴电缆	1. 名称：射频同轴电视线（SYKV） 2. 规格：75-9 3. 设方式：管内暗敷	m	12.700				
25	030505006001	同轴电缆接头	规格：75-9	个	4				
三、给排水工程									
26	031001006001	塑料管	1. 安装部位：室内 2. 介质：冷水 3. 规格：*PPR*25 4. 连接方式：热熔	m	2.850				

续表

序号	项目编码	项目名称	项目特征描述	计量单位	工程数量	金额（元）			
						综合单价	合价	其中	
								定额人工费	暂估价
27	031001006002	塑料管	1. 安装部位：室内 2. 介质：冷水 3. 规格：PPR *DN*20 4. 连接方式：热熔	m	4.900				
28	031001006003	塑料管	1. 安装部位：室内 2. 介质：冷水 3. 规格：PPR *DN*15 4. 连接方式：热熔	m	3.510				
29	031001006004	塑料管	1. 安装部位：室内 2. 介质：冷水 3. 规格：UPVC100 4. 连接方式：承插	m	5.550				
30	031001006005	塑料管	1. 安装部位：室内 2. 介质：冷水 3. 规格：UPVC50 4. 连接方式：承插	m	3.800				
31	031003001001	螺纹阀门	1. 类型：球阀 2. 材质：铜质 3. 规格：*DN*25 4. 连接方式：螺纹连接	个	1				
32	031004001002	螺纹阀门	1. 类型：球阀 2. 材质：铜质 3. 规格：*DN*20 4. 连接方式：螺纹连接	个	1				
33	031004014001	水嘴	1. 材质：铜质 2. 型号规格：*DN*15 水嘴 3. 连接方式：螺纹连接	个	1				
34	031004014002	地漏	1. 材质：钢质 2. 型号规格：*DN*50 地漏	个	2				
35	031004006001	大便器	1. 材质：陶瓷 2. 组装方式：低水箱坐式 3. 附件名称及数量：自闭式冲洗阀 1 个	组	1				
36	031004003001	洗脸盆	1. 材质：陶瓷 2. 规格、类型：冷热水混合水龙头 3. 组装方式：台式 4. 附件名称及数量：螺纹阀门 2 个	组	1				

3.2.4 小平房安装工程总价措施项目清单与计价表

小平房安装工程总价措施项目清单与计价表见表 3-11。

总价措施项目清单与计价表 **表 3-11**

工程名称：小平房安装工程 标段：

序号	项目编码	项目名称	计算基础	费率(%)	金额(元)	调整费率(%)	调整后金额(元)	备注
1	011707001001	安全文明施工	定额人工费					
2	011707002001	夜间施工	定额人工费					
3	011707004001	二次搬运	定额人工费					
4	011707005001	冬雨季施工	定额人工费					
合计								

编制人（造价人员）： 复核人（造价工程师）：

3.2.5　小平房安装工程其他项目费清单

其他项目费主要根据招标工程量清单中的“其他项目清单与计价汇总表”内容计算。该工程项目只有暂列金额一项。

小平房安装工程其他项目清单与计价汇总表见表3-12。

其他项目清单与计价汇总表　　**表3-12**

工程名称：小平房工程　　　　标段：

序号	项目名称	金额（元）	结算金额（元）	备注
1	暂列金额	1000.00		
2	暂估价			
2.1	材料（工程设备）暂估价			
2.2	专业工程暂估价			
3	计日工			
4	总承包服务费			
5	索赔与现场签证			
合计		1000.00		

注：材料（工程设备）暂估单价进入清单项目综合单价，此处不汇总。

3.2.6 小平房安装工程规费、税金项目清单

小平房安装工程规费、税金项目清单见表 3-13。

规费、税金项目计价表 表 3-13

工程名称：小平房安装工程 标段：

序号	项目名称	计算基础	计算基数	计算费率（%）	金额（元）
1	规费	定额人工费			
1.1	社会保障费	定额人工费			
(1)	养老保险费	定额人工费			
(2)	失业保险费	定额人工费			
(3)	医疗保险费	定额人工费			
(4)	工伤保险费	定额人工费			
(5)	生育保险费	定额人工费			
1.2	住房公积金	定额人工费			
1.3	工程排污费	按工程所在地区规定计取			
2	增值税税金	（分部分项工程费＋措施项目费＋其他项目费＋规费）×11%			
合　计					

3.2.7 小平房安装工程招标工程量清单扉页

小平房 工程

招标工程量清单

招 标 人：×××
（单位盖章）

造价咨询人：×××
（单位咨询专业章）

法定代表人
或其授权人：×××
（签字或盖章）

法定代表人
或其授权人：×××
（签字或盖章）

编 制 人：×××
（造价人员签字盖专业章）

复 核 人：×××
（造价工程师签字盖专业章）

编制时间：2014 年 6 月 15 日

复核时间：2014 年 6 月 17 日

4 投标报价编制

4.1 概述

4.1.1 投标价的概念

投标价是指投标人投标时响应招标文件要求所报出的已标价工程量清单汇总后标明的总价。

建筑安装工程招投标中，招标人一般指业主；投标人一般指施工企业、施工监理企业、建筑安装设计企业等。

已标价工程量清单是指投标人响应招标文件，根据招标工程量清单，自主填报各部分价格，具有分部分项工程及单价措施项目费、总价措施项目费、其他项目费、规费和税金的工程量清单。将全部费用汇总后的总价，就是投标价。

应该指出，已标价工程量清单具有“单独性”的特点。即每个投标人的投标价是不同的，是与其他企业的投标价是没有关系的，是单独出现的。因此，各投标价在投标中具有“唯一性”的特性。

4.1.2 投标报价的概念及其编制内容

投标报价是指包含封面、工程计价总说明、单项工程投标价汇总表、单位工程投标报价汇总表、分部分项工程和措施项目计价表、综合单价分析表、总价措施项目清单与计价表、其他项目计价表、规费和税金项目计价表等内容的报价文件。

编制投标报价的工作就是造价人员运用工程造价专业能力，根据有关依据和规定，完成计算、分析和汇总上述内容的全部工作。这些工作也是本章所要阐述的基本内容。

4.1.3 投标报价的编制依据与作用

1. 投标报价编制依据

投标报价的编制依据是由《建设工程工程量清单计价规范》规定的。包括：

《建设工程工程量清单计价规范》；

国家或省级、行业建设主管部门颁发的计价办法；

企业定额，国家或省级、行业建设主管部门颁发的计价定额和计价办法；

招标文件、招标工程量清单及其补充通知、答疑纪要；

建设工程设计文件和相关资料；

施工现场情况、工程特点及投标时拟定的施工组织设计或施工方案；

与建设项目相关的标准、规范等技术资料；

市场价格信息或工程造价管理机构发布的工程造价信息。

2. 投标报价编制依据的作用

（1）清单计价规范

例如，投标报价中的措施项目划分为“单价项目”与“总价项目”两类是《建设工程工程量清单计价规范》GB 50500—2013 第“5.2.3”“5.2.4”条文规定的。

（2）国家或省级、行业建设主管部门颁发的计价办法

例如，投标报价的费用项目组成就是根据“中华人民共和国住房和城乡建设部、中华人民共和国财政部”2013 年 3 月 21 日颁发的《建筑安装工程费用项目组成》建标［2013］44 号文件确定的。

（3）企业定额，国家或省级、行业建设主管部门颁发的计价定额和计价办法

2003 年、2008 年和 2013 年清单计价规范都规定了企业定额是编制投标报价的依据，虽然各地区没有具体实施，但它指出了根据企业定额自主报价是投标报价的方向。

每个省市自治区的工程造价行政主管部门都颁发了本地区组织编写的计价定额，他是投标报价的依据。计价定额是对“建筑工程预算定额、建筑工程消耗量定额、建筑工程计价定额、建筑工程单位估价表、建筑工程清单计价定额”的统称。

由于有些费用计算具有地区性，每个地区要颁发一些计价办法。例如，有的地区颁发了工程排污费、安全文明施工费等的计算办法。

（4）招标文件、招标工程量清单及其补充通知、答疑纪要

招标文件中对于工期的要求、采用计价定额的要求、暂估工程的范围等都是编制投标报价的依据。

编制投标报价必须依据招标工程量清单才能编制出综合单价和计算各项费用，是投标报价的核心依据。

补充通知和答疑纪要的工程量、价格等内容都要影响投标报价，所以也是重要编制依据。

（5）建设工程设计文件和相关资料

建设工程设计文件是指“建筑、装饰、安装施工图”。

相关资料指各种标准图等。例如，16G101-1《混凝土结构施工图平面整体表示方法制图规则和构造详图》就是计算工程量的依据。

（6）施工现场情况、工程特点及投标时拟定的施工组织设计或施工方案

例如，编制投标报价时要根据施工组织设计或施工方案，确定挖基础土方是否需要增加工作面和放坡、挖出的土堆放在什么地点、多余的土方运距几公里等等，然后才能确定工程量和工程费用。

（7）与建设项目相关的标准、规范等技术资料

例如，“关于发布《全国统一建筑安装工程工期定额》的通知”（建标［2000］38 号文）就是与建设项目相关的标准。

4.1.4 投标报价编制步骤

我们可以采用，从得到“投标报价”结果后，倒推计算费用的思路来描述投标报价的编制步骤。

投标报价由“规费和税金、其他项目费、总价措施项目费、分部分项工程和单价措施项目费”构成。

税金是根据“规费、其他项目费、总价措施项目费、分部分项工程和单价措施项目费”之和乘以综合税率计算出来的，所以要先计算这四类费用。

其他项目主要包含“暂列金额、暂估价、计日工、总承包服务费”，暂列金额、暂估价是招标人规定的，按要求照搬就可以了。根据计日工人工、材料、机械台班数量自主报价就行了。总承包服务费出现了才计算。

总价措施项目的“安全文明施工费”是非竞争项目，必须按规定计取。“二次搬运费”等有关总价措施项目，投标人根据工程情况自主报价。

分部分项工程和单价措施项目费是根据施工图、清单工程量和计价定额确定每个项目的综合单价，然后分别乘以分部分项工程和单价措施项目清单工程量就得到分部分项工程和单价措施项目费。

将上述“规费和税金、其他项目费、总价措施项目费、分部分项工程和单价措施项目费”汇总为投标报价。

现在我们从编制的先后顺序，通过下面的框图来描述投标报价的编制步骤（可以通过本书 1.4 章节的内容来加深理解），见图 4-1。

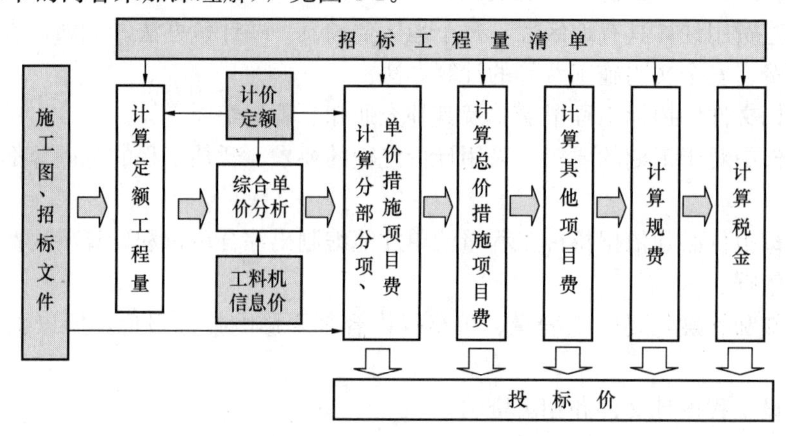

图 4-1　投标价编制步骤示意图

4.2 综合单价编制

4.2.1 综合单价的概念

综合单价是指完成一个规定清单项目所需的人工费、材料费和工程设备费、施工机具使用费和企业管理费、利润以及一定范围内的风险费。

人工费、材料费和工程设备费、施工机具使用费是根据计价定额计算的；企业管理费和利润是根据省市工程造价行政主管部门发布的文件规定计算的。

一定范围内的风险费主要指：同一分部分项清单项目的已标价工程量清单中的综合单价与招标控制价的综合单价之比，超过±15%时，才能调整综合单价。例如，同一清单项目的已标价工程量清单中的综合单价是 248 元/m^2，招标控制价的综合单价为 210 元/m^2，(248÷210－1)×100%＝18.1%，超过了 15%，可以调整综合单价。如果没有超过 15%，就不能调整综合单价，因为综合单价已经包含了 15%的价格风险。

4.2.2 定额工程量的概念

定额工程量是相对于清单工程量而言的。清单工程量是根据施工图和清单工程量计算规则计算的；定额工程量是根据施工图和定额工程量计算规则计算的。因为我们在编制综合单价时会同时出现清单工程量与定额工程量，所以我们一定要搞清楚定额工程量的概念。

例：A工程混凝土独立基础垫层的长6.00m、宽5.00m，垫层底标高2.50m、室外地坪标高−0.30m，分别计算该地坑挖土方的清单工程量和定额工程量。计算过程见表4-1。

从表4-1中可以看出，招标工程量清单是根据清单计价规范工程量计算规则计算的，没有放坡和加工作面；定额工程量是按计价定额的工程量计算规则计算，是根据要放坡和增加工作面的施工方案计算的。因此，工程量计算规则不同是造成两种工程量不同的根本原因。

定额工程量是编制综合单价时必须要计算的工程量，是反映实际施工情况的工程量。

4.2.3 确定综合单价的方法

根据工程量清单计价规范和造价工作实践，我们总结了编制综合单价，也是“综合单价分析表”编制的三种方法。以下三种方法采用的计价定额见本书“1.4.2”小节的内容。

1. 定额法

所谓“定额法”是指一项或者一项以上的“计价定额”项目，通过计算后重新组成一个定额的方法。在招投标中普遍采用该方法来确定综合单价，我们通过举例来掌握该方法。见表4-2-1。

表4-2-1是标准类型的综合单价分析表，是投标报价采用的标准格式。其特点是根据清单工程量项目和工作内容，重新组合了一个满足报价要求的“工程基价”。本例中“砖基础”是主项，“基础防潮层”是附项。主项是指有清单项目编码的项目，附项是主项工作内容中出现的项目。

“定额法”的填表步骤和计算方法如下：

第一步，将清单编码“010401001001”、清单项目名称“砖基础”、清单工程量单位“m^3”填入表内；

第二步，将主项工程的计价定额号“A3-1”（见本书1.4.2小节的定额）、项目名称“M5水泥砂浆砌砖基础”、定额单位“$10m^3$”、工程量“0.10”、定额人工费“584.40元/$10m^3$”、定额材料费“2293.77元/$10m^3$”、定额机械费“40.35元/$10m^3$”、管理费和利润（规定按定额人工费30%计算）“584.40元×30%=175.32元/$10m^3$”填入表内；

第三步，将附项工程的计价定额号“A7-214”、项目名称“1∶2水泥砂浆墙基防潮层”、定额单位“$100m^2$”、工程量“0.0059”（计算式：$8.81m^2 \div 14.93m^3 \div 100m^2 = 0.0059m^2/m^3$）、定额人工费“811.80元/$100m^2$”、定额材料费“774.82元/$100m^2$”、定额机械费“33.10元/$100m^2$”、管理费和利润（规定按定额人工费30%计算）“811.80元×30%=243.54元/$100m^2$”填入表内；

第四步，将主项（数量）0.10×584.40（单价中人工费）=58.44元，0.10×2293.77（单价中材料费）=229.38元，0.10×（单价中机械费）40.35=4.04元，0.10×175.32（单价中管理费利润）=17.53元分别填入表中合价栏的对应“人工费、材料费、机械费、管理费和利润”格子里。

清单工程量与定额工程量对比分析　　表 4-1

清单工程量计算						定额工程量计算					
项目编码	项目名称	单位	工程量	计算式	工程量计算规则	定额编号	项目名称	单位	工程量	计算式	工程量计算规则
010101004001	挖基坑土方	m^3	66.00	V＝垫层长×垫层宽×挖土深度 ＝6.00×5.00×(2.50－0.30) ＝66.00m^3	按设计图示尺寸以基础垫层底面积乘以挖土深度计算	A1-28	人工挖地坑土方（三类土）	m^3	102.34	V＝(垫层长＋2×工作面＋0.33×挖土深)×(垫层宽＋2×工作面＋0.33×挖土深)×挖土深＋($0.33^2×2.20^3$)÷3 ＝(6.00＋0.30×2＋0.33×2.20)×(5.00＋0.30×2＋0.33×2.20)×2.20＋(0.33×0.33×2.20×2.20×2.20)÷3 ＝101.957＋0.387 ＝102.34m^3	考虑按工作面(300mm)和放坡(K＝0.33)计算挖方体积

综合单价分析表（定额法） **表 4-2-1**

工程名称：A 工程 标段：

项目编码	010401001001	项目名称	砖基础	计量单位	m³

清单综合单价组成明细											
定额编号	定额项目名称	定额单位	数量	单价				合价			
				人工费	材料费	机械费	管理费和利润	人工费	材料费	机械费	管理费和利润
A3-1	M5 水泥砂浆砌砖基础	10m³	0.10	584.40	2293.77	40.35	175.32	58.44	229.38	4.04	17.53
A7-214	1∶2 水泥砂浆墙基防潮层	100m²	0.0059	811.80	774.82	33.10	243.54	4.79	4.57	0.20	1.44
人工单价		小计						63.23	233.95	4.24	18.97
60.00 元/工日		未计价材料费									
清单项目综合单价								320.39			

	主要材料名称、规格、型号	单位	数量	单价（元）	合价（元）	暂估单价（元）	暂估合价（元）
材料费明细	标准砖	千块	0.5236	380.00	198.97		
	32.5 水泥	t	0.0505	360.00	18.18		
	中砂	t	0.3783	30.00	11.35		
	水	m³	0.176	5.00	0.88		
	32.5 水泥	t	0.00822	360.00	2.96		
	中砂	t	0.0217	30.00	0.65		
	防水粉	kg	0.412	2.00	0.82		
	水	m³	0.027	5.00	0.14		
	其他材料费			—		—	
	材料费小计			—	233.95	—	

附项“1∶2 水泥砂浆墙基防潮层”的合价计算过程和计算方法同上；

第五步，将合价栏目内的两个项目的人工费、材料费、机械费、管理费和利润分别小计后得到综合单价，填入对应的“清单项目综合单价”栏目内，综合单价的计算就完成了；

第六步，根据“砖基础”所用计价定额“A3-1”中的数据，将每 m³ 砌体的各种材料消耗量、材料名称、材料单价（也可以用材料信息价）填入“材料费明细表”对应的栏目内；

第七步，根据“1∶2水泥砂浆墙基防潮层”所用计价定额“A7-214”中的数据，将每m^3砖基础所摊到的防潮层工程量的各种材料消耗量、材料名称、材料单价（也可以用材料信息价）填入“材料费明细表”对应的栏目内。

1∶2水泥砂浆墙基防潮层是该清单项目的附项，附项工程量是以主项工程量为基础计算的，所已要摊到主项工程量上去。其计算方法是：“定额法”的附项工程量＝附项工程量÷主项工程量。

例如，本例中“定额法”附项工程量为：$8.81m^2 \div 14.93m^3 = 0.590m^2/m^3$，即每$m^3$砖基础摊到了$0.590m^2$的防潮层。由于“A7-214”定额的计量单位是“$100m^2$”，因此$0.590m^2$还要除以$100m^2$，所以表中的工程量为$0.0059m^2$。0.0059在计算定额材料用量时可以看成是一个转换系数。例如，防水粉的用量为：定额用量×0.0059＝69.830×0.0059＝0.412kg，表中的防水粉数据就是这样计算出来的。附项的各种材料用量就是通过该方法计算的。

第八步，将各材料用量乘以单价得到合计后，再汇总为材料费小计。这时材料费就计算完了。要特别注意，这里的材料费小计必须与表格上半部分合价中的材料费小计对上(可以允许0.01元的误差)，如果对不上就说明计算有错误。

采用“定额法”编制综合单价时，如果现行的人工、材料单价发生变化时，需要先行处理，其计算步骤也发生了变化。例如，当表4-2-1中的人工费按照文件规定需要调增45％时、32.5水泥按照规定需要调整为410元/t时、管理费和利润率变为27％时，该表的计算过程见表4-2-2。

第一步：计算人工费单价。将“单价”栏内的“A3-1、A7-214”对应的定额人工费乘以1.45的系数，得到584.40×1.45＝873.38；811.80×1.45＝1177.11分别填入对应的栏目内。

第二步：计算管理费和利润。两个定额项目的管理费和利润计算方法是(定额人工费＋定额机械费)×费率，即“A3-1”定额项目的管理费和利润＝(584.40＋40.35)×27％＝168.68；“A7-214”定额项目的管理费和利润＝(811.80＋33.10)×27％＝228.12。

第三步：重新计算材料费。将“材料费明细”内的32.5水泥单价调整为410元/t，然后计算水泥的合价，即“A3-1”定额项目的水泥合价为0.0505×410＝20.71；“A7-214”定额项目的水泥合价为0.00822×410＝3.37。

第四步：分别汇总“A3-1、A7-214”定额项目的材料费。“A3-1”的材料费为(198.97＋20.71＋11.35＋0.88)÷0.10＝2319.10填入该定额的材料费栏目内；“A7-214”的材料费为(3.37＋0.65＋0.82＋0.14)÷0.0059＝844.07填入该定额的材料费栏目内。

第五步：计算“A3-1、A7-214”定额项目合价中的人工费、材料费、机械费、管理费和利润。分别计算“A3-1、A7-214”定额项目人工费、材料费、机械费、管理费和利润合价的结果见表4-2-2。

第六步：计算综合单价。将“合价”栏目中的人工费、材料费、机械费、管理费和利润汇总为综合单价。最后要检查合价中的“材料费小计”与“材料明细表中的材料费小计”是否一致。

综合单价分析表（人工、材料单价变化时的定额法） **表 4-2-2**

工程名称：A 工程 标段：

项目编码	010401001001			项目名称	砖基础				计量单位		m^3
清单综合单价组成明细											
定额编号	定额项目名称	定额单位	数量	单价				合价			
				人工费	材料费	机械费	管理费和利润	人工费	材料费	机械费	管理费和利润
A3-1	M5 水泥砂浆砌砖基础	$10m^3$	0.10	873.38	2319.10	40.35	168.68	87.34	231.91	4.04	16.87
A7-214	1∶2 水泥砂浆墙基防潮层	$100m^2$	0.0059	1177.11	844.07	33.10	228.12	6.94	4.98	0.20	1.35
人工单价			小计					94.28	236.89	4.24	18.22
60.00 元/工日			未计价材料费								
清单项目综合单价								353.63			
材料费明细	主要材料名称、规格、型号					单位	数量	单价（元）	合价（元）	暂估单价（元）	暂估合价（元）
	标准砖					千块	0.5236	380.00	198.97		
	32.5 水泥					t	0.0505	410.00	20.71		
	中砂					t	0.3783	30.00	11.35		
	水					m^3	0.176	5.00	0.88		
	32.5 水泥					t	0.00822	410.00	3.37		
	中砂					t	0.0217	30.00	0.65		
	防水粉					kg	0.412	2.00	0.82		
	水					m^3	0.027	5.00	0.14		
	其他材料费							—		—	
	材料费小计							—	236.89	—	

说明：综合单价分析中的“管理费和利润”计算方法一般有两种，第一种是根据“定额人工费”乘以规定的百分率；第二种是根据“定额人工费＋定额机械费”乘以规定的百分率。本例中采用了第一种方法计算了“管理费和利润”。

2. 分部分项全费用法

“分部分项全费用法”是指根据清单工程量项目对应的一个或一个以上的定额工程量，分别套用对应的计价定额项目后，计算出人工费、材料费、机械费、管理费和利润，然后加总再除以清单工程量得出综合单价的方法。

当某工程的砖基础清单工程量为 14.93m^3、根据图纸计算出的砖基础防潮层工程量为 8.81m^2 时，我们用表 4-2 的数据来说明“分部分项全费用”法的综合单价分析方法。见表 4-3。

综合单价分析表（分部分项全费用法） **表 4-3**

工程名称：A 工程　　　　　　标段：　　　　　　第 1 页　共 1 页

项目编码	010401001001			项目名称		砖基础				计量单位	m^3
清单综合单价组成明细											
定额编号	定额项目名称	定额单位	数量	单价				合价			
				人工费	材料费	机械费	管理费和利润	人工费	材料费	机械费	管理费和利润
A3-1	M5 水泥砂浆砌砖基础	$10m^3$	1.493	584.40	2293.77	40.35	175.32	872.51	3424.60	60.24	261.75
A7-214	1∶2 水泥砂浆墙基防潮层	$100m^2$	0.0881	811.80	774.82	33.10	243.54	71.52	68.26	2.92	21.46
人工单价			小计					944.03	3492.86	63.16	283.21
60.00 元/工日			未计价材料费					注：材料费=3492.86÷14.93=233.95			
清单项目综合单价								4783.26÷14.93=320.38			
材料费明细	主要材料名称、规格、型号					单位	数量	单价（元）	合价（元）	暂估单价（元）	暂估合价（元）
	标准砖					千块	0.5236	380.00	198.97		
	32.5 水泥					t	0.0505	360.00	18.18		
	中砂					t	0.3783	30.00	11.35		
	水					m^3	0.176	5.00	0.88		
	32.5 水泥					t	0.00822	360.00	2.96		
	中砂					t	0.0217	30.00	0.65		
	防水粉					kg	0.412	2.00	0.82		
	水					m^3	0.027	5.00	0.14		
	其他材料费							—		—	
	材料费小计							—	233.95	—	

从表 4-3 中我们了解到了，将砖基础的主要清单工程量 14.93m^3 和防潮层的工程量 8.81m^2 分别套上各自的定额基价，计算出“分部分项全费用”后除以砖基础清单工程量 14.93 m^3，就得到了该项目的综合单价。

“分部分项全费用法”的特点是：可以通过计算全部费用的方法非常直观计算出综合单价。综合单价就是该清单工程量发生的全部分部分项费用除以清单工程量的结果。

我们把清单工程量项目称为“主项”，另外根据工作内容必须另外计算工程量的项目称为“附项”。

“分部分项全费用法”的填表步骤和计算方法如下：

第一步，将主项和附项的定额编号、单位、定额人工费单价、定额材料费单价、定额机械费单价和管理费利润填入表中。

要特别注意，表中填入的主项和分析定额工程量是发生的全部工程量。例如，砖基础的工程量是“1.493”$10m^3$、防潮层的定额工程量是“0.0881”$100m^2$。由于砖基础定额单位是 $10m^3$，所以 14.93 m^3 工程量缩小 10 倍，变为 1.493。由于防潮层定额单位是 $100m^2$，所以 8.81m^2 工程量缩小了 100 倍，变为 0.0881。

第二步，将主项、附项的数量乘以单价栏目的“人工费、材料费、机械费、管理费和利润”单价的结果填入合价栏目的“人工费、材料费、机械费、管理费和利润”；

第三步，将合价栏目中的“人工费、材料费、机械费、管理费和利润”小计之和，除以主项工程量，就得到了砖基础清单项目的综合单价，即（944.03＋3492.86＋63.16＋283.21）÷14.93＝320.38元；

第四步，材料明细表中材料费的计算过程和计算方法同“定额法”。

3. 分部分项工料机及费用法

上述两种方法不能反映每项清单工程量的全部工料机消耗量。因为要编制工料机统计汇总表就需要这些数据资料，所以我们设计了“分部分项工料机及费用法”确定综合单价。其计算过程见表4-4。采用的计价定额见本书“1.4.2”小节中的A3-1和A7-214。

综合单价分析表（分部分项工料机及费用法）　　**表4-4**

工程名称：A工程　　标段：　　第1页　共1页

序号			1			
清单编码			010401001001			
清单项目名称			砖基础			
计量单位			m^3			
清单工程量			14.93			
综合单价分析						
定额编号			A3-1		A7-214	
定额子目名称			M5水泥砂浆砌砖基础		1：2水泥砂浆墙基防潮层	
定额计量单位			m^3		m^2	
定额工程量			14.93		8.81	
工料机名称		单位	消耗量	单价（元）	消耗量	单价（元）
			小计	合价（元）	小计	合价（元）
人工	人工	工日	0.974	60.00	0.1353	60.00
			14.542	872.52	1.192	71.52
材料	标准砖	千块	0.5236	380.00		
			7.817	2970.46		
	中砂	t	0.3783	30.00	0.03684	30.00
			5.648	169.44	0.325	9.75
	32.5水泥	t	0.0505	360.00	0.01394	360.00
			0.754	271.44	0.123	44.28
	防水粉	kg			0.6983	2.00
					6.152	12.30
	水	m^3	0.176	5.00	0.0456	5.00
			2.628	13.14	0.402	2.01
机械	灰浆搅拌机200L	台班	0.039	103.45	0.0032	103.45
			0.582	60.21	0.028	2.90
工料机小计（元）			4357.21		142.76	
工料机合计（元）			4499.97			
管理费（元）			人工费×30%＝（872.52＋71.52）×30%＝283.21			
利润（元）						
清单费合计（元）			4783.18			
综合单价（元）			清单费合计÷清单工程量＝4783.18÷14.93＝320.37			
其中			人工费	材料费	机械费	管理费、利润
			63.23	233.94	4.23	18.97

注：管理费、利润＝定额人工费×30%是某地区规定。

“分部分项工料机及费用法”的填表步骤和计算方法如下：

第一步，将清单工程量的项目编码“010401001001”、清单项目名称“砖基础”、计量单位“m^3”和清单工程量“14.93”填入表的上半部分；

第二步，将主项名称“M5水泥砂浆砌砖基础”、定额编号“A3-1”、定额单位“m^3”和定额工程量“14.93”填入“综合单价分析”栏下面；

第三步，将附项名称“1：2水泥砂浆墙基防潮层”、定额编号“A7-214”、定额单位“m^2”和定额工程量“8.81”填入“综合单价分析”栏下面；

第四步，根据“A3-1”号计价定额的内容，将每立方米砖基础定额用量的人工“0.974工日”、标准砖“0.5236千块”、中砂“0.3783 t”、32.5水泥“0.0505 t”、水“0.176m^3”、灰浆搅拌机200L“0.039台班”填入对应名称的上面 一行，见表4-4；

第五步，根据“A7-214”号计价定额内容，将“1：2水泥砂浆墙基防潮层”的人工、材料、机械台班的定额用量填入该项目对应名称的上面 一行，见表4-4；

第六步，根据定额的工料机单价或者信息价，将各单价填入对应的工料机名称的“单价”行内，例如“A3-1”号计价定额的标准砖单价“380.00元/千块”、32.5水泥单价“360.00元/t”、灰浆搅拌机200L单价“103.45元/台班”等单价填入对应的栏目内。1：2水泥砂浆墙基防潮层“A7-214”号计价定额消耗量内容的填写方法同上；

第七步，将主项和附项定额工程量乘以计价定额消耗量的结果填入对应工料机项目的第二行内。例如表中主项“砖基础”定额工程量“14.93”分别乘以工料机定额用量的结果（定额工程量×工料机定额用量）填入对应工料机项目的第二行内，即人工用量＝14.93×0.974＝14.542工日、标准砖用量＝14.93×0.5236＝7.817千块、灰浆搅拌机200L用量＝灰浆搅拌机台班用量×0.039＝0.582台班等。1：2水泥砂浆墙基防潮层的定额工料机用量计算方法同上；

第八步，将计算出的工料机定额消耗量乘以对应的单价，得出合价。例如，人工费合价＝14.542工日×60.00元/工日＝872.52元、标准砖合价＝7.817千块×380元/千块＝2970.46元、灰浆搅拌机台班费＝0.582台班×103.45元/台班＝60.21元。1：2水泥砂浆墙基防潮层的工料机合价计算方法同上；

第九步，将主项“砖基础” （4357.21元）、附项“1：2水泥砂浆墙基防潮层”（142.76元）的工料机合价分别加总填入表内“工料机小计”栏。再将主项和附项的“工料机小计”汇总为“工料机合计”（4499.97元）；

第十步，计算管理费和利润，计算方法是管理费、利润＝定额人工费×规定的费率。某地区规定，综合单价内的管理费和利润＝主、附项定额人工费×30%。将主项和附项的定额人工费加总后乘以30%，即（872.52＋71.52）×30%＝283.21元；

第十一步，计算综合单价。综合单价＝（工料机合计＋管理费＋利润）÷清单（主项）工程量＝清单费合计÷清单（主项）工程量＝4783.18÷14.93＝320.37元；

第十二步，根据综合单价分析表中的数据，将综合单价的人工费、材料费、机械费、管理费和税金分解出来，供今后报价使用。

重要说明：本节（4.2节）综合单价中各费用均以不包含增值税可抵扣进项税的价格计算。营改增后城市维护建设税、教育费附加、地方教育附加已列入管理费计算。

4.3　分部分项工程和单价措施项目费计算

4.3.1　分部分项工程费计算

根据分部分项清单工程量乘以对应的综合单价就得出了分部分项工程费。分部分项工程费是根据招标工程量清单，通过“分部分项工程和单价措施项目计价表”实现的。

例如，A工程的砖基础、混凝土基础垫层清单工程量、项目编码、项目特征描述、计量单位、综合单价如下表，计算其分部分项工程费，见表4-5。

分部分项工程和措施项目计价表（部分）　　**表4-5**

工程名称：A工程　　标段：　　第1页　共1页

序号	项目编码	项目名称	项目特征描述	计量单位	工程量	金额（元）		
						综合单价	合价	其中 暂估价
		D 砌筑工程						
1	010401001001	砖基础	1. 砖品种、规格、强度等级：页岩砖、240×115×53 、MU7.5 2. 基础类型：带型 3. 砂浆强度等级：M5 水泥砂浆 4. 防潮层材料种类：1：2 水泥砂浆	m^3	14.93	320.37	4783.12	
		分部小计					4783.12	
		E 混凝土及钢筋 混凝土工程						
2	010501001001	基础垫层	1. 混凝土类别：碎石塑性混凝土 2. 强度等级：C10	m^3	18.20	321.50	5851.30	
		分部小计					5851.30	
本页小计							10634.42	
合 计							10634.42	

注：A工程的全部分部分项工程费为2000890.00元。

表4-5的计算步骤如下：

第一步，将砖基础、混凝土基础垫层的项目编码、项目名称、项目特征描述、计量单位、综合单价填入表内；

第二步，计算砖基础、混凝土基础垫层的合价。合价＝清单工程量×综合单价。即砖基础合价＝56.56×335.88＝18997.37元，混凝土基础垫层合价＝18.20×321.50＝

5851.30 元;

第三步，以分部工程为单位小计分部分项工程费;

第四步，加总本页小计;

第五步，将各分部工程项目费小计加总为单位工程分部分项工程费合计。

4.3.2 单价措施项目费计算

根据单价措施项目清单工程量乘以对应的综合单价就得出了单价措施项目费。单价措施项目费是根据招标工程量清单，通过“分部分项工程和单价措施项目计价表”实现的。

例如，A 工程的脚手架、现浇矩形梁模板的清单工程量、项目编码、项目特征描述、计量单位、综合单价如下表，计算其单价措施项目费，见表 4-6。

分部分项工程和措施项目计价表（部分）　　**表 4-6**

工程名称：A 工程　　标段：　　第 1 页　共 1 页

序号	项目编码	项目名称	项目特征描述	计量单位	工程量	金额（元）		
						综合单价	合价	其中 暂估价
		S 措施项目						
		S.1 脚手架工程						
1	011701001001	综合脚手架	1. 建筑结构形式：框架 2. 檐口高度：6m	m^2	546.88	28.97	15843.11	
		小计					15843.11	
		S.2 混凝土模板及支架						
2	011702006001	矩形梁模板	支撑高度：3m	m^2	31.35	53.50	1677.23	
		小计					1677.23	
		分部小计					17520.34	
本页小计							17520.34	
合 计							17520.34	

表 4-6 的计算步骤如下：

第一步，将综合脚手架、矩形梁模板的项目编码、项目名称、项目特征描述、计量单位、综合单价填入表内;

第二步，计算综合脚手架、矩形梁模板的合价。合价=清单工程量×综合单价。即综合脚手架合价 = 546.88 × 28.97 = 15843.11 元，矩形梁模板合价 = 31.35 × 53.50 = 1677.23 元;

第三步，小计分部分项工程费;

第四步，加总本页小计;

第五步，将各分部工程项目费小计加总为单位工程分部分项工程费合计。

4.4 总价措施项目费计算

4.4.1 总价措施项目的概念

总价措施项目是指清单措施项目中，无工程量计算规则，以“项”为单位，采用规定的计算基数和费率计算总价的项目。

例如，“安全文明施工费”、“二次搬运费”、“冬雨季施工费”等，就是不能计算工程量，只能计算总价的措施项目。

4.4.2 总价措施项目计算方法

总价措施项目是按规定的基数采用规定的费率通过“总价措施项目清单与计价表”来计算的。

例如，A工程的“安全文明施工费”、“夜间施工增加费”总价措施项目，按规定以定额人工费分部乘以26%和3%计算。该工程的定额人工费为222518元，用表4-7计算总价措施项目费。

总价措施项目清单与计价表 **表4-7**

工程名称：A工程　　标段：　　第1页　共1页

序号	项目编码	项目名称	计算基础	费率（%）	金额（元）	调整费率（%）	调整后金额（元）	备注
1	011707001001	安全文明施工	定额人工费（222518）	26	57854.68			
2	011707002001	夜间施工	定额人工费（222518）	3.0	6675.54			
3	011707004001	二次搬运	（本工程不计算）					
4	011707005001	冬雨季施工	（本工程不计算）					
5	011707007001	已完工程及设备保护	（本工程不计算）					
合计					64530.22			

编制人（造价人员）：×××　　复核人（造价工程师）：×××

4.5 其他项目费计算

4.5.1 其他项目费的内容

其他项目费包括：暂列金额、暂估价、计日工、总承包服务费。

1. 暂列金额

暂列金额是招标人在工程量清单中暂定并包括在合同价款中的一笔款项。

主要用于工程合同签订时尚未确定或者不可预见的所需材料、工程设备、服务的采购费用，用于施工中可能发生的工程变更、合同约定调整因素出现时，合同价款调整费用，以及发生的工程索赔、现场签证确认的各项费用。

例如，支付工程施工中应业主要求，增加3道防盗门的费用。

2. 暂估价

暂估价是招标人在工程量清单中提供的，用于支付必然发生的但暂时不能确定价格的材料和工程设备的单价，以及专业工程的金额。

例如，工程需要安装一种新型的断桥铝合金窗，各厂商的报价还不确定，所以在招标工程量清单中暂估为800元/m^2。等工程一年后实施过程中再由业主和承包商共同商定最终价格。

在招标时，智能化工程图纸还没有进行工艺设计，不能准确计算招标控制价。这时就采用专业工程暂估价的方式，给出一笔专业工程的金额。

3. 计日工

计日工是指，在施工过程中，承包人完成发包人提出的工程合同范围以外的零星项目或工作，按合同中约定的单价计价的一种方式。

例如，发包人提出了施工图以外的混凝土便道的施工要求，给出完成道路的人工、材料、机械台班数量，投标人在报价时自主填上对应的综合单价，计算出工料机合价和管理费利润后，汇总成总计。

4. 总承包服务费

总承包服务费是指总承包人为配合发包人进行的专业工程发包，对发包人自行采购的材料、工程设备等进行保管以及施工现场管理、竣工资料汇总整理等服务所需的费用。

4.5.2 其他项目费计算

1. 编制招标控制价时其他项目费计算

编制招标控制价时，其他项目费应按下列规定计算：

(1) 暂列金额应按招标工程量清单中列出的金额填写；

(2) 暂估价中的材料、工程设备单价应按招标工程量清单中列出的金额填写；

(3) 暂估价中的专业工程金额应按招标工程量清单中列出的金额填写；

(4) 计日工应按招标工程量清单中列出的项目，根据工程特点和有关计价依据确定综合单价计算；

(5) 总承包服务费应根据招标工程量清单中列出的内容和要求估算。

2. 编制投标报价时其他项目费计算

编制投标报价时，其他项目费应按下列规定计算：

(1) 暂列金额应按招标工程量清单中列出的金额填写；

(2) 材料、工程设备暂估价应按招标工程量清单中列出的单价计入综合单价；

(3) 专业工程暂估价应按招标工程量清单中列出的金额填写；

(4) 计日工应按招标工程量清单中列出的项目和数量，自主确定综合单价并计算计日工金额；

(5) 总承包服务费应根据招标工程量清单中列出的内容和提出的要求自主确定。

4.5.3 其他项目费计算举例

1. 工程量清单中的其他项目

A工程招标工程量清单的其他项目清单如下，按照地区规定，计算其他项目费，见表4-8～表4-11。

其他项目清单与计价汇总表 **表4-8**

工程名称：A工程 标段： 第1页 共1页

序号	项目名称	金额（元）	结算金额（元）	备注
1	暂列金额	200000		详见表4-9暂列金额明细表（略）
2	暂估价	300000		
2.1	材料（工程设备）暂估价			
2.2	专业工程暂估价	300000		详见表4-10专业工程暂估价及结算价表（略）
3	计日工			详见表4-11计日工表（略）
4	总承包服务费			
5				
合计		500000		

注：材料（工程设备）暂估单价进入清单项目综合单价，此处不汇总。

暂列金额明细表 **表4-9**

工程名称：A工程 标段： 第1页 共1页

序号	项目名称	计量单位	暂定金额（元）	备注
1	变电站工程	项	120000	图纸未设计
2	设计变更或工程量偏差	项	50000	
3	政策性材料价差调整	项	30000	
4				
5				
6				
7				
8				
9				
10				
合计			200000	

注：此表由招标人填写。如不能详列，也可以只列暂定金额总额，投标人应将上述暂列金额计入投标总价中。

专业工程暂估价及结算价表 **表 4-10**

工程名称：A工程　　　　标段：　　　　第1页　共1页

序号	工程名称	工程内容	暂估金额（元）	结算金额（元）	差额±元	备注
1	建筑智能化工程	合同图纸中标明的以及建筑智能化工程规费和技术说明中规定的各系统中的设备、管道、支架、线缆、控制屏等的安装和调试工作	300000			
2						
3						
4						
5						
6						
7						
8						
9						
10						
合　计			300000			

注：此表“暂估金额”由招标人填写。投标人应将“暂估金额”计入投标总价中。结算时按合同约定结算金额填写。

计日工表（清单） **表 4-11**

工程名称：A工程　　　　标段：　　　　第1页　共1页

编号	项目名称	单位	暂定数量	实际数量	单价（元）	合价	
						暂定	实际
一	人工						
1	普工	工日	80				
2	技工	工日	25				
人工小计							
二	材料						
1	钢筋（规格见施工图）	t	1.50				
2	32.5水泥	t	2.30				
3	中砂	t	5.00				
4	砾石（5～40mm）	t	6.00				
材料小计							

续表

编号	项目名称	单位	暂定数量	实际数量	单价（元）	合价	
						暂定	实际
三	施工机械						
1	灰浆搅拌机（200L）	台班	5				
2	自升式塔吊	台班	4				
施工机械小计							
四	企业管理费和利润						
总　计							

注：此表项目名称、暂定数量由招标人填写。编制招标控制价时，单价由招标人按有关规定确定；投标时，单价由投标人自主报价，按暂定数量计算合价后计入投标总价中。结算时，按发承包双方确认的实际数量计算合价。

2. 计算其他项目费

根据上述“其他项目清单”的内容计算下列内容。

(1) 计日工表计算

投标报价时投标人根据市场信息价确定工料机单价如下：

普工：60 元/工日；技工：80 元/工日；钢筋（综合）3890 元/t；32.5 水泥：390 元/t；中砂：50 元/t；砾石（5mm～40mm）：55 元/t；灰浆搅拌机（200L）：120 元/台班；2 吨自升式塔吊：950 元/台班；企业管理费和利润按人工费的 10%计算。

将上述单价填入表格，计算出计日工的总计费用，见表 4-12。

计日工表（报价） **表 4-12**

工程名称：A 工程　　　　标段：　　　　第 1 页　共 1 页

编号	项目名称	单位	暂定数量	实际数量	单价（元）	合价	
						暂定	实际
一	人工						
1	普工	工日	80		60	4800	
2	技工	工日	25		80	2000	
人工小计						6800	
二	材料						
1	钢筋（综合）	t	1.50		3890	5835	
2	32.5 水泥	t	2.30		390	897	
3	中砂	t	5.00		50	250	
4	砾石（5～40mm）	t	6.00		55	330	
材料小计						7312	

续表

编号	项目名称	单位	暂定数量	实际数量	单价（元）	合价	
						暂定	实际
三	施工机械						
1	灰浆搅拌机（200L）	台班	5		120	600	
2	2吨自升式塔吊	台班	4		950	3800	
施工机械小计						4400	
四	企业管理费和利润（6800×10%）					680	
总　计						19192	

注：此表项目名称、暂定数量由招标人填写。编制招标控制价时，单价由招标人按有关规定确定；投标时，单价由投标人自主报价，按暂定数量计算合价后计入投标总价中。结算时，按发承包双方确认的实际数量计算合价。

（2）总承包服务费计算

某地区规定，总承包服务费按发包工程造价的1.5%计算。A工程的建筑智能化工程暂估价为300000元，因此该工程的总承包服务费是：300000×1.5%=4500元。

（3）“其他项目清单与计价汇总表”编制

根据表4-9、表4-10、表4-11、表4-12的内容和计算出的总承包服务费，编制“其他项目清单与计价汇总表”。编制过程见表4-13。

其他项目清单与计价汇总表　　表4-13

工程名称：A工程　　标段：　　第1页　共1页

序号	项目名称	金额（元）	结算金额（元）	备　注
1	暂列金额	200000		详见表4-9暂列金额明细表
2	暂估价	300000		
2.1	材料（工程设备）暂估价			
2.2	专业工程暂估价	300000		详见表4-10专业工程暂估价及结算价表（略）
3	计日工	19192		详见表4-11计日工表
4	总承包服务费	4500		详见计算式
5				
6				
合计		523692		

注：材料（工程设备）暂估单价进入清单项目综合单价，此处不汇总。

该工程的其他项目费为523692元。

4.6　规费、税金项目计算

4.6.1　规费的概念

规费是指根据国家法律、法规规定，由省级政府或有关权力部门规定施工企业必须缴纳的，应计入建筑安装造价的费用。不得作为竞争性费用。

地方有关权力部门主要指省级建设行政主管部门——省住房和城乡建设厅。

4.6.2 规费的内容

规费的内容包括：

1. 社会保险费

包括养老保险费、失业保险费、医疗保险费、工伤保险费和生育保险费。

2011年7月1日起施行的《中华人民共和国社会保险法》指出：国家建立基本养老保险、基本医疗保险、工伤保险、失业保险、生育保险等社会保险制度，保障公民在年老、疾病、工伤、失业、生育等情况下依法从国家和社会获得物质帮助的权利。

2011年4月22日第十一届全国人民代表大会常务委员会第二十次会议《关于修改〈中华人民共和国建筑法〉的决定》，修正后的第四十八条规定：建筑施工企业应当依法为职工参加工伤保险缴纳工伤保险费。鼓励企业为从事危险作业的职工办理意外伤害保险，支付保险费。

2. 住房公积金

住房公积金是指国家机关、国有企业、城镇集体企业、外商投资企业、城镇私营企业及其他城镇企业、事业单位及其在职职工缴存的长期住房储金。

住房公积金制度实际上是一种住房保障制度，是住房分配货币化的一种形式。住房公积金制度是国家法律规定的重要的住房社会保障制度，具有强制性、互助性、保障性。单位和职工个人必须依法履行缴存住房公积金的义务。职工个人缴存的住房公积金以及单位为其缴存的住房公积金，实行专户存储，归职工个人所有。

3. 工程排污费

建标［2013］44号文规定：工程排污费是指按规定缴纳的施工现场工程排污费。

向环境排放废水、废气、噪声、固体废物等污染物的一切企业、事业单位、个体工商户等必须按规定向地方环保部门缴纳工程排污费。

建筑行业涉及的排污费主要有噪声超标排污费。

施工单位建筑排污费有三种计算方法：①按工程面积计算。②按监测数据超标计算。③按施工期限计算。

4.6.3 规费计算方法

计算规费需要两个条件：一是计算基础；二是费率。

计算方法是：规费＝计算基础×费率。

计算基数和费率一般由各省、市、自治区规定。通常是以工程项目的定额直接费为规费的计算基数然后乘以规定的费率。即：××规费＝分部分项工程和单价措施项目定额直接费×对应费率。

一些地区将规费费率按企业等级进行核定，各个企业等级的规费费率是不同的。

4.6.4 规费计算实例

A工程由一级施工企业承包施工，按该工程所在地区的规定计取规费如下，见表4-14。根据A工程的分部分项工程和单价措施项目定额人工费222518元、分部分项工程定额直接费2000890元计算A工程的规费。计算过程见表4-15。

某地区一级施工企业规费费率 表 4-14

序号	规费名称	计算基础	费率（%）	备注
1	养老保险	分部分项工程和单价措施项目定额人工费	11.0	
2	失业保险	同上	1.1	
3	医疗保险	同上	4.5	
4	工伤保险	同上	1.3	
5	生育保险	同上	0.8	
6	住房公积金	同上	5.0	
7	工程排污费	分部分项工程定额直接费	0.3	按工程所在地区规定计取

4.6.5 增值税

增值税是对销售货物或者提供加工、修理修配劳务以及进口货物的单位和个人就其实现的增值额征收的一个税种。

4.6.6 增值税计算方法

从计税原理上说，增值税是对商品生产、流通、劳务服务中多个环节的新增价值或商品的附加值征收的一种流转税。

增值税实行价外税，有增值才征税，没增值不征税。

在实际计算中，商品新增价值或附加值在生产和流通过程中是很难准确计算的。因此，我国也采用国际上的普遍采用的税款抵扣的办法，即根据销售商品或劳务的销售额，按规定的税率计算出销项税额，然后扣除取得该商品或劳务时所支付的增值税款，也就是进项税额，其差额就是增值部分应交的税额，这种计算方法体现了按增值因素计税的原则。

建筑安装工程销项税额＝不含增值税工程造价×11％（税率）

应纳增值税额＝销项税额－进项税额

建筑业含增值税工程造价计算公式：

含增值税工程造价＝不含增值税工程造价×(1＋11％)

详细的建筑安装工程造价增值税计算方法见《建筑工程预算》（第六版）相关内容介绍。

重要说明：第 4.3 节、第 4.4 节、第 4.5 节、第 4.6 节中各费用均以不包含增值税可抵扣进项税价格计算。

A 工程各项费用汇总表 表 4-15

费用名称	金额（元）	备　注
分部分项工程（定额直接）费	1952527.05	见表 4-17
单价措施项目费	17520.34	见表 4-6
总价措施项目费	64530.22	见表 4-6
其他项目费	523692.00	表 4-13
分部分项工程和单价措施项目定额人工费	222518.00	确定

根据表4-14的规费费率、表4-15的各项费用和综合税率3.48%，计算A工程的规费和税金，见表4-16。

规费、税金项目计价表　　表4-16

工程名称：A工程　　标段：　　第1页　共1页

序号	项目名称	计算基础	计算基数	计算费率（%）	金额（元）
1	规费	分部分项工程定额人工费和单价措施项目定额人工费			58739.43
1.1	社会保障费	同上	（1）+……+（5）		41610.86
（1）	养老保险费	同上	222518	11.0	24476.98
（2）	失业保险费	同上	222518	1.1	2447.70
（3）	医疗保险费	同上	222518	4.5	10013.31
（4）	工伤保险费	同上	222518	1.3	2892.73
（5）	生育保险费	同上	222518	0.8	1780.14
1.2	住房公积金	同上	222518	5.0	11125.90
1.3	工程排污费	分部分项工程定额直接费	2000890	0.3	6002.67
2	增值税税金	（分部分项工程费+单价措施项目费+总价措施项目费+其他项目费+规费）×11%	（1952527.05+17520.34+64530.22+523692+58739.43）×11%	11	287870.99
合　计					346610.42

4.6.7 投标报价汇总表计算

根据表4-7～表4-16中的相关数据编制单位工程的投标报价汇总表计算见表4-17。

单位工程投标报价汇总表　　表4-17

工程名称：A工程　　标段：　　第1页　共1页

序号	汇总内容	金额（元）	其中：暂估价（元）
1	分部分项工程	1952527.05	
1.1	A土方工程	40000.00	
1.2	D砌筑工程	10634.42	见表4-5
1.3	E混凝土及钢筋混凝土工程	945851.30	（计算过程略）
1.4	H门窗工程	400000.00	
1.5	J屋面及防水工程	150000.00	
1.6	K保温工程	86000.00	
1.7	L楼地面工程	171000.00	
1.8	M墙、柱面装饰工程	131520.99	
1.9	S措施项目	17520.34	（见表4-6）
2	措施项目	（17520.34＋64530.22）＝82050.56	（单价措施项目费＋总价措施项目费）
2.1	其中：安全文明施工费	57854.68	（见表4-7）
3	其他项目	523692.00	
3.1	其中：暂列金额	200000.00	（见表4-8）
3.2	其中：专业工程暂估价	300000.00	
3.3	其中：计日工	19192.00	（见表4-11）
3.4	其中：总承包服务费	4500.00	（见表4-13）
4	规费	58739.43	（见表4-16）
5	增值税税金	287870.99	（见表4-16）
投标报价合计＝1＋2＋3＋4＋5		2904880.03	

注：表中序1～序4各费用均以不包含增值税可抵扣进项税额的价格计算。

4.6.8 投标报价封面

投标报价的封面中的数据根据“单位工程投标报价汇总表”（表4-17）中的内容填写。

投　标　总　价

招　　标　　人：　×××中学

工　程　名　称：　A工程

投标总价(小写)：　2904880.03元

　　　　(大写)：　贰佰玖拾万零肆仟捌佰捌拾元零叁分

投　　标　　人：　×××建筑公司

（单位盖章）

法定代表人
或其授权人：　×××

（签字或盖章）

编　　制　　人：　×××

（造价人员签字盖专用章）

时间：××××年×月××日

到此为止，投标报价的主要编制过程和编制方法介绍完了。A工程的投标报价示例也完成了。我们可以进一步学习第5章的内容了，以便更好地掌握投标报价的编制方法。

5 房屋建筑与装饰工程投标报价编制实例

5.1 小平房工程投标报价编制依据、步骤及示意框图

5.1.1 小平房工程投标报价编制依据

1. 清单计价规范

清单计价规范是确定一个清单工程量是否有附项的重要依据。也是采用什么表格的重要依据。本实例采用《建设工程工程量清单计价规范》GB 50500—2013 和《房屋建筑与装饰工程工程量计算规范》GB 50854—2013。

2. 招标文件

招标文件规定了应采用"××地区计价定额"以及建设工期等的确定。

3. 工程量清单

工程量清单是编制分部分项工程和单价措施项目综合单价分析表的重要依据；是计算总价措施项目费、其他项目费、规费和税金的重要依据。

4. 计价定额、工料机单价和费用定额及计价办法

由于总价措施项目、规费等都是以定额人工费或者定额人工费与定额机械费之和作为计算基础的，而这些规定以及费率都是计算措施项目费、其他项目费、规费和税金的依据。按规定确定人工费，自主确定材料单价后计算分部分项工程费。所以"计价定额、费用定额和计价办法"是编制投标报价的重要依据。

本实例采用的某地区费用定额见表 5-1。

某地区建筑安装工程费用标准　　表 5-1

<table>
<tr><th rowspan="2">序号</th><th rowspan="2" colspan="2">费用名称</th><th colspan="2">建筑工程</th><th colspan="2">装饰、安装工程</th></tr>
<tr><th>计算基数</th><th>费率（%）</th><th>计算基数</th><th>费率（%）</th></tr>
<tr><td>1</td><td rowspan="3">分部分项工程费</td><td>直接费</td><td colspan="4">Σ分部分项工程费＋单价措施项目费</td></tr>
<tr><td>2</td><td>企业管理费</td><td rowspan="2">Σ分部分项、单价措施项目定额人工费＋定额机械费</td><td>17</td><td rowspan="2">Σ分部分项、单价措施项目定额人工费＋定额机械费</td><td>18</td></tr>
<tr><td>3</td><td>利润</td><td>10</td><td>13</td></tr>
<tr><td>4</td><td rowspan="5">总价措施费</td><td>安全文明施工费</td><td rowspan="2">Σ分部分项、单价措施项目人工费</td><td>25</td><td rowspan="2">Σ分部分项、单价措施项目人工费</td><td>25</td></tr>
<tr><td>5</td><td>夜间施工增加费</td><td>2</td><td>2</td></tr>
<tr><td>6</td><td>冬雨季施工增加费</td><td>Σ分部分项工程费</td><td>0.5</td><td>Σ分部分项工程费</td><td>0.5</td></tr>
<tr><td>7</td><td>二次搬运费</td><td>Σ分部分项工程费＋单价措施项目费</td><td>1</td><td>Σ分部分项工程费＋单价措施项目费</td><td>1</td></tr>
<tr><td>8</td><td>提前竣工费</td><td colspan="3">按经审定的赶工措施方案计算</td><td>1</td></tr>
</table>

续表

序号	费用名称		建筑工程		装饰、安装工程	
			计算基数	费率（%）	计算基数	费率（%）
9	其他项目费	暂列金额	Σ分部分项工程费＋措施项目费	5～10	Σ分部分项工程费＋措施项目费	5～10
10		总承包服务费	分包工程造价	3	分包工程造价	3
11		计日工	按暂定工程量×单价		按暂定工程量×单价	
12	规费	社会保险费	Σ分部分项、单价措施项目人工费	16	Σ分部分项、单价措施项目人工费	16
13		住房公积金		3		3
14		工程排污费	Σ分部分项工程费	0.5	Σ分部分项工程费	0.5
15	增值税税金		税前造价（序1～序14之和）	11%	税前造价（序1～序14之和）	11%
工程造价			序1～序15之和		序1～序15之和	

注：表中序1～序14各费用均以不包含增值税可抵扣进项税额的价格计算。

5. 施工图及相关资料

施工图是编制投标报价时复核清单工程量和计算定额工程量的重要依据。

6. 施工方案

施工方案是确定挖基础土方是否需要增加工作面和放坡、挖出的土堆放在什么地点、多余的土方运距几公里等等的重要依据。

5.1.2 小平房工程投标报价编制步骤

第一步，根据招标文件、工程量清单和施工图复核分部分项和单价措施项目的清单工程量；

第二步，根据清单工程量、工料机信息价、计价定额计算分部分项工程和单价措施项目综合单价；

第三步，将分部分项工程清单工程量和单价措施项目清单工程量乘以对应的综合单价后填入“分部分项工程和单价措施项目计价表”；

第四步，对“分部分项工程和单价措施项目计价表”进行分部小计、本页小计、单位工程总计；

第五步，根据“总价措施项目清单”和有关费率，计算“安全文明施工费”等总价措施项目费；

第六步，根据“其他项目清单”，将暂列金额、暂估价填入“其他项目清单与计价汇总表”，根据“计日工”和工料机信息价计算计日工的费用，根据分包专业工程的估价和有关规定计算“总承包服务费”。最后汇总为单位工程“其他项目费”；

第七步，根据“定额人工费”和“规费、税金项目清单”和规定的费率、税率计算规费和税金；

第八步，将分部分项工程费、措施项目费、其他项目费、规费和税金填入“单位工程投标报价汇总表”内，并计算出投标总价；

第九步，编写“工程计价总说明”和填写“投标总价封面”。

5.1.3 小平房工程投标报价编制步骤示意图（图 5-1）

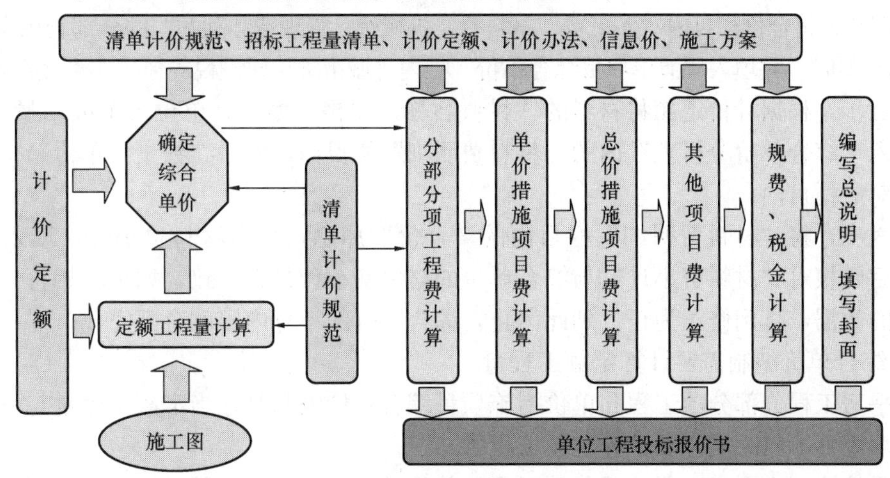

图 5-1　投标报价编制步骤示意图

5.2　小平房工程综合单价编制

1. 小平房工程分部分项工程和单价措施项目清单与计价表

小平房工程“分部分项工程和单价项目清单”是放在招标工程量清单中的“分部分项工程和单价措施项目清单与计价表”里的。

“分部分项工程和单价措施项目清单与计价表”在招标工程量清单里没有金额只有工程量，表达了“清单工程量”的内容；在投标报价里填上“综合单价”后计算出了“合价”就表达了“分部分项工程和单价措施项目费”。所以招标工程量清单内和投标报价内都有“清单工程量”内容，而投标报价必须完全照搬这些工程量，见表 3-5。

2. 小平房工程分部分项工程和单价措施项目费计算

要计算小平房工程分部分项工程和单价措施项目费，必须先分析和计算“小平房工程综合单价”。表 5-4 中的综合单价是后面小节计算的综合单价填入表内的。我们需要先了解后面“小平房工程综合单价”计算的内容，回过头来再看小平房工程的“分部分项工程和单价措施项目清单与计价表”计算内容。

3. 小平房工程分部分项工程和单价措施项目综合单价编制步骤

综合单价计算是通过计算“综合单价分析表”来实现的。其编制步骤是：

第一步，将小平房工程“分部分项工程和单价措施项目清单与计价表”中的每个序号的项目的“项目编码、项目名称、计量单位”填入“综合单价分析表”内的相应栏目，每个项目分别填一张；

第二步，在综合单价表相应的栏目内填入该清单工程量项目所对应的“计价定额编号、定额项目名称、定额单位、数量”以及计价定额项目单价的“人工费单价、材料费单价、机械费单价、管理费和利润单价（或者按规定计算出管理费和利润）”，如果还有附项，填写方法同上。

第三步，将“数量”分别乘以表中的“人工费单价、材料费单价、机械费单价、管理费和利润单价”后，填入表中合价的对应栏目内，如果有附项就继续上面的步骤；

第四步，将合价栏目内“人工费、材料费、机械费、管理费和利润”的全部费用合计后得出“综合单价”，并填入“清单项目综合单价”栏内（城市维护建设税等包含在管理费内）；

第五步，根据计价定额将材料的“材料名称、规格、型号、单位、定额用量、单价”分别填入“综合单价分析表”内的“材料费明细”栏目内，然后“数量×单价”得出的合价填入对应栏目内；

第六步，将“材料费明细”栏目内的“合价”加总，得出材料费小计，填入对应栏目。最后要核对“材料费小计”与综合单价的材料费小计是否一致，如果不相符，就要找出错误的数据，直到修正为止。到此为止，综合单价的计算内容就全部完成。

4. 综合单价编制需要计算定额工程量

小平房工程分部分项工程和单价措施项目综合单价编制时，当定额工程量与清单工程量的计算规则不同时就需要计算定额工程量。

需要计算的小平房工程分部分项工程和单价措施项目定额工程量见表5-2。

综合单价分析所需清单工程量与定额工程量计算表 **表5-2**

工程名称：小平房工程 第1页 共1页

清单工程量项目与计算					
序号	项目编码	项目名称	单位	数量	计算式
1	010101001001	平整场地	m^2	48.86	S=(3.60+3.30+2.70+0.24)×(5.0+0.24)−2.70×2.0×0.5=51.56−2.70=48.86m^2 清单规范计算规则：按设计图示尺寸以建筑物首层建筑面积计算
2	011001001001	保温屋面	m^2	55.08	S=平屋面面积 =(9.60+0.30×2)×(5.0+0.20×2)=10.20×5.40 =55.08m^2 清单规范计算规则：按设计图示尺寸以面积计算。扣除面积>0.3平方米孔洞及所占位面积
3	011105001001	水泥砂浆踢脚线	m^2	6.14	S=各房间踢脚线长×踢脚线高=[(3.60−0.24+5.0−0.24)×2+(3.30−0.24+5.0−0.24)×2+(2.70−0.24+3.0−0.24)×2+檐廊处(2.70+2.00)—门洞(0.9×4×2面)+洞口侧面4樘×(0.24−0.10)×2]×0.15 =(16.24+15.64+10.44+4.70−7.20+1.12)×0.15=40.94×0.15=6.14m^2 清单规范计算规则：按设计图示长度乘高度以面积计算
4	011204003001	外墙面砖	m^2	90.37	S=外墙外边长×高−窗洞口面积+窗侧面贴砖厚度面积+窗侧面和顶面面积−窗台线侧立面积=($L_中$ 29.20+0.24)×4+面砖、砂浆厚(0.005+0.02+0.005)×8−2.70—2.00)×(3.60+0.30)−13.50+窗侧面贴砖厚度面积1.5×4×6樘×(0.005+0.02+0.005)+1.50×(0.24−0.10)×3边×6樘−窗台线立面(1.50+0.20)×0.12)×6樘 =25.70×3.90−13.50+1.08+3.78−1.224=100.23−13.50+1.08+3.78−1.224=90.37m^2 清单规范计算规则：按镶贴表面积计算

续表

工程名称：小平房工程　　　　第1页　共2页

定额工程量项目与计算

定额编号	项目名称	单位	数量	计　算　式
A1-39	平整场地	m^2	51.56	$(9.60+0.24)\times(5.0+0.24)=51.56m^2$ 定额计算规则：按设计图示尺寸以建筑物首层建筑面积计算
A8-234	保温屋面	m^3	6.28	平均厚：$0.06+0.50\times2\%\times(5.0+0.24+0.08\times2)=0.114m$ $V=(9.60+0.24+0.18\times2)\times(5.0+0.24+0.08\times2)\times0.114$ $=6.28m^3$ 定额计算规则：按设计图示尺寸以体积计算。扣除面积＞0.3平方米孔洞及所占位面积
B1-199	水泥砂浆踢脚线	m^2	6.35	$S=0.15\times[(3.60-0.24+5.0-0.24)\times2+(3.30-0.24+5.0-0.24)\times2+(3.0-0.24+2.70-0.24)\times2]$ $=0.15\times42.32$ $=6.35m^2$ 定额计算规则：按设计图示尺寸以面积计算。不扣除门洞宽度，门洞侧面也不增加
B2-153	外墙面砖	m^2	88.35	$S=(29.2+0.24\times4-2.70-2.0)\times(3.60+0.30)-13.5+1.50\times(0.24-0.10)\times3\times6-(1.50+0.20)\times0.12\times6$ $=88.35m^2$ 定额计算规则：按设计图示尺寸以面积计算

5. 小平房工程综合单价分析

根据小平房工程分部分项工程和单价措施项目的清单工程量、计价定额(见附录一)、材料价格等依据分析的综合单价见表5-3，分部分项工程和单价措施项目清单与计价见表5-4。

综合单价分析表 **表 5-3**

工程名称：小平房工程　　标段：　　第1页　共46页

项目编码	010101001001			项目名称		平整场地			计量单位		m²
清单综合单价组成明细											
定额编号	定额项目名称	定额单位	数量	单价				合价			
				人工费	材料费	机械费	管理费和利润	人工费	材料费	机械费	管理费和利润
A1-39	平整场地	100m²	0.01055	142.88	—	—	38.58	1.51	—	—	0.41
人工单价		小计						1.51	—	—	0.41
元/工日		未计价材料费									
清单项目综合单价								1.92			

材料费明细	主要材料名称、规格、型号	单位	数量	单价(元)	合价(元)	暂估单价(元)	暂估合价(元)
	其他材料			—		—	
	材料费小计			—		—	

数量：　定额工程量÷清单工程量

=51.56÷48.86=1.055

注：(1)管理费和利润=(人工费+机械费)×27%(某地区费用定额)。

(2)表中各费用均以不包含增值税可抵扣进项税价格计算(续表同)。

(3)城市建设维护税、教育费附加、地方教育附加均已包含在管理费内(续表同)。

综合单价分析表

续表

工程名称：小平房工程　　　　标段：　　　　第 2 页　共 46 页

项目编码	010101003001			项目名称		挖地槽土方				计量单位	m^3
清单综合单价组成明细											
定额编号	定额项目名称	定额单位	数量	单价				合价			
				人工费	材料费	机械费	管理费和利润	人工费	材料费	机械费	管理费和利润
A1-11	人工挖地槽	$100m^3$	0.01	1529.38	—	—	412.93	15.29	—	—	4.13
人工单价		小计						15.29	—	—	4.13
47 元/工日		未计价材料费									
清单项目综合单价								19.42			
材料费明细	主要材料名称、规格、型号					单位	数量	单价（元）	合价（元）	暂估单价（元）	暂估合价（元）
	其他材料							—		—	
	材料费小计							—		—	

本工程不考虑增加工作面。

注：某地区费用定额规定，建筑工程的管理费和利润＝（定额人工费＋定额机械费）×27%，（以下各表相同）。

综合单价分析表

续表

工程名称：小平房工程　　　　标段：　　　　第3页　共46页

项目编码	010103001001	项目名称	地槽回填土	计量单位	m^3

清单综合单价组成明细

定额编号	定额项目名称	定额单位	数量	单价				合价			
				人工费	材料费	机械费	管理费和利润	人工费	材料费	机械费	管理费和利润
A1-41	回填土（夯填）	$100m^3$	0.01	1332.45		250.01	427.26	13.32		2.50	4.27
人工单价		小计						13.32		2.50	4.27
元/工日		未计价材料费									
清单项目综合单价								20.09			

	主要材料名称、规格、型号	单位	数量	单价（元）	合价（元）	暂估单价（元）	暂估合价（元）
材料费明细							
	其他材料			—		—	
	材料费小计			—		—	

综合单价分析表

续表

工程名称：小平房工程　　　　标段：　　　　第4页　共46页

项目编码	010103001002			项目名称		室内回填土		计量单位		m³
清单综合单价组成明细										
定额编号	定额项目名称	定额单位	数量	单价				合价			
				人工费	材料费	机械费	管理费和利润	人工费	材料费	机械费	管理费和利润
A1-41	室内回填土	$100m^3$	0.01	1332.45		250.01	427.26	13.32		2.50	4.27
人工单价		小计						13.32		2.50	4.27
元/工日		未计价材料费									
清单项目综合单价								20.09			
材料费明细	主要材料名称、规格、型号					单位	数量	单价（元）	合价（元）	暂估单价（元）	暂估合价（元）
	其他材料费							—		—	
	材料费小计							—		—	

综合单价分析表

续表

工程名称：小平房工程　　标段：　　第5页　共46页

项目编码	010103002001			项目名称		余土外运			计量单位		m³
清单综合单价组成明细											
定额编号	定额项目名称	定额单位	数量	单价				合价			
				人工费	材料费	机械费	管理费和利润	人工费	材料费	机械费	管理费和利润
A1-153	装卸机运土方	1000m³	0.001	271.19		2851.49	843.12	0.27		2.85	0.84
A-163+A1-164	汽车运土方	1000m³	0.001			10005.19	2701.40			10.01	2.70
人工单价		小计						0.27		12.86	3.54
元/工日		未计价材料费									
清单项目综合单价								16.67			
材料费明细	主要材料名称、规格、型号					单位	数量	单价(元)	合价(元)	暂估单价(元)	暂估合价(元)
	其他材料费							—		—	
	材料费小计							—		—	

注：施工地点距政府指定堆放地点距离为1.8km。

综合单价分析表

续表

工程名称：小平房工程　　　　标段：　　　　第 6 页　共 46 页

项目编码	010501001001			项目名称		砖基础			计量单位		m^3
清单综合单价组成明细											
定额编号	定额项目名称	定额单位	数量	单价				合价			
				人工费	材料费	机械费	管理费和利润	人工费	材料费	机械费	管理费和利润
A3-1	砖基础	$10m^3$	0.1	584.40	2363.50	40.35	168.68	58.44	236.35	4.04	16.87
人工单价		小计						58.44	236.35	4.04	16.87
元/工日		未计价材料费									
清单项目综合单价								315.70			

	主要材料名称、规格、型号	单位	数量	单价（元）	合价（元）	暂估单价（元）	暂估合价（元）
材料费明细	标准砖 240×115×53	千块	0.5236	380.00	198.87		
材料费明细	水泥 32.5	t	0.051	360.00	18.36		
材料费明细	中砂	t	0.378	48.00	18.14		
材料费明细	水	m^3	0.176	5.00	0.88		
材料费明细	水泥砂浆 M5（中砂）	m^3	(0.236)				
材料费明细							
材料费明细							
材料费明细							
材料费明细							
材料费明细							
材料费明细							
材料费明细							
材料费明细							
材料费明细							
材料费明细	其他材料费			—		—	
材料费明细	材料费小计			—	236.35	—	

中砂：定额中中砂单价为 30.00 元/t，现调为 48.00 元/t（后同）。

综合单价分析表

续表

工程名称：小平房工程　　　　标段：　　　　第7页　共46页

项目编码	010401003001	项目名称	实心砖墙	计量单位	m^3

清单综合单价组成明细											
定额编号	定额项目名称	定额单位	数量	单价				合价			
				人工费	材料费	机械费	管理费和利润	人工费	材料费	机械费	管理费和利润
A3-3	砖砌内外墙	$10m^3$	0.10	798.60	2430.4	39.31	226.24	79.86	243.04	3.93	22.62
人工单价		小计						79.86	243.04	3.93	22.62
元/工日		未计价材料费									
清单项目综合单价								349.45			

	主要材料名称、规格、型号	单位	数量	单价（元）	合价（元）	暂估单价（元）	暂估合价（元）
材料费明细	标准砖 240×115×53	千块	0.531	380.00	201.78		
	水泥 32.5	t	0.048	360.00	17.28		
	中砂	t	0.361	48.00	17.33		
	生石灰	t	0.019	290.00	5.51		
	水	m^3	0.228	5.00	1.14		
	水泥石灰砂浆 M5（中砂）	m^3	(0.225)				
	其他材料费			—		—	
	材料费小计			—	243.04	—	

综合单价分析表 续表

工程名称：小平房工程 标段： 第8页 共46页

项目编码	010501001001			项目名称		基础垫层			计量单位		m^3
清单综合单价组成明细											
定额编号	定额项目名称	定额单位	数量	单价				合价			
				人工费	材料费	机械费	管理费和利润	人工费	材料费	机械费	管理费和利润
B1-24	混凝土基础垫层	$10m^3$	0.10	927.36	1918.30	87.28	314.54	92.74	191.83	8.73	31.45
人工单价		小计						92.74	191.83	8.73	31.45
元/工日		未计价材料费									
清单项目综合单价								324.75			
材料费明细	主要材料名称、规格、型号					单位	数量	单价（元）	合价（元）	暂估单价（元）	暂估合价（元）
	水泥 32.5					t	0.263	360.00	94.68		
	中砂					t	0.762	48.00	36.58		
	碎石 20～40mm					t	1.361	42.00	57.16		
	水					m^3	0.682	5.00	3.41		
	现浇混凝土（中砂碎石）C20					m^3	(1.01)				
	其他材料费							—		—	
	材料费小计							—	191.83	—	

注：某地区定额规定装饰定额的垫层项目如用于基础垫层时，人工，机械乘以系数1.20

综合单价分析表

续表

工程名称：小平房工程　　　　标段：　　　　第 9 页　共 46 页

项目编码	010501001002			项目名称	楼地面垫层				计量单位	m³	
清单综合单价组成明细											
定额编号	定额项目名称	定额单位	数量	单价				合价			
				人工费	材料费	机械费	管理费和利润	人工费	材料费	机械费	管理费和利润
B1-24	混凝土楼地面垫层	10m³	0.10	772.8	1779.32	72.73	262.11	77.28	177.93	7.27	26.21
人工单价		小计									
元/工日		未计价材料费									
清单项目综合单价								288.69			
材料费明细	主要材料名称、规格、型号					单位	数量	单价（元）	合价（元）	暂估单价（元）	暂估合价（元）
	水泥 32.5					t	0.2626	360.00	94.54		
	中砂					t	0.7615	30.00	22.85		
	碎石					t	1.3605	42.00	57.14		
	水					m³	0.682	5.00	3.41		
	现浇混凝土（中砂碎石）C15					m³	(0.10)				
	其他材料费							—		—	
	材料费小计							—	177.94	—	

综合单价分析表

续表

工程名称：小平房工程　　　　标段：　　　　第10页　共46页

项目编码	010502002001			项目名称		现浇混凝土构造柱			计量单位		m³
清单综合单价组成明细											
定额编号	定额项目名称	定额单位	数量	单价				合价			
				人工费	材料费	机械费	管理费和利润	人工费	材料费	机械费	管理费和利润
A4-18	构造柱	10m³	0.10	1499.40	2164.10	113.98	435.61	149.94	216.41	11.40	43.56
人工单价		小计						149.94	216.41	11.40	43.56
60元/工日		未计价材料费									
清单项目综合单价								421.31			
材料费明细	主要材料名称、规格、型号				单位	数量		单价（元）	合价（元）	暂估单价（元）	暂估合价（元）
	水泥 32.5				t	0.336		360.00	120.96		
	中砂				t	0.701		48.00	33.65		
	碎石　20-40				t	1.339		42.00	56.24		
	塑料薄膜				m²	0.336		0.80	0.27		
	水				m³	1.058		5.00	5.29		
	现浇混凝土（中砂碎石）C20				m³	(0.980)					
	水泥砂浆1∶2（中砂）				m³	(0.031)					
	其他材料费							—		—	
	材料费小计							—	216.41	—	

综合单价分析表

续表

工程名称：小平房工程　　　　标段：　　　　第11页　共46页

项目编码	010503002001			项目名称		现浇混凝土矩形梁		计量单位		m³	
清单综合单价组成明细											
定额编号	定额项目名称	定额单位	数量	单价				合价			
				人工费	材料费	机械费	管理费和利润	人工费	材料费	机械费	管理费和利润
A4-21	矩形梁	10m³	0.10	900.60	2143.00	112.71	273.59	90.06	214.30	11.27	27.36
人工单价		小计						90.06	214.30	11.27	27.36
元/工日		未计价材料费									
清单项目综合单价								342.99			

	主要材料名称、规格、型号	单位	数量	单价(元)	合价(元)	暂估单价(元)	暂估合价(元)
材料费明细	水泥 32.5	t	0.325	360.00	117.00		
	中砂	t	0.669	48.00	32.11		
	碎石　20～40mm	t	1.366	42.00	57.37		
	塑料薄膜	m²	2.380	0.80	1.90		
	水	m³	1.183	5.0	5.92		
	现浇混凝土（中砂碎石）C20	m³	(1.000)				
	其他材料费			—		—	
	材料费小计			—	214.30	—	

综合单价分析表

续表

工程名称：小平房工程　　标段：　　第12页　共46页

项目编码	010503004001			项目名称		现浇混凝土地圈梁		计量单位			m³
清单综合单价组成明细											
定额编号	定额项目名称	定额单位	数量	单价				合价			
				人工费	材料费	机械费	管理费和利润	人工费	材料费	机械费	管理费和利润
A4-23	地圈梁	$10m^3$	0.10	1399.20	2150.40	69.18	396.46	139.92	215.04	6.92	39.65
人工单价		小计						139.92	215.04	6.92	39.65
元/工日		未计价材料费									
清单项目综合单价								401.53			
材料费明细	主要材料名称、规格、型号					单位	数量	单价（元）	合价（元）	暂估单价（元）	暂估合价（元）
	水泥 32.5					t	0.325	360.00	117.00		
	中砂					t	0.069	48.00	32.11		
	碎石 20～40mm					t	1.366	42.00	57.37		
	塑料薄膜					m^2	3.304	0.80	2.64		
	水					m^3	1.184	5.00	5.92		
	现浇混凝土（中砂碎石）C 20					m^3	(1.000)				
	其他材料费							—		—	
	材料费小计							—	215.04	—	

综合单价分析表

续表

工程名称：小平房工程　　　　标段：　　　　第13页　共46页

项目编码	010503005001			项目名称		现浇混凝土过梁				计量单位	m^3
清单综合单价组成明细											
定额编号	定额项目名称	定额单位	数量	单价				合价			
				人工费	材料费	机械费	管理费和利润	人工费	材料费	机械费	管理费和利润
A4-26	过梁	$10m^3$	0.10	1515.60	2198.30	112.71	439.64	151.56	219.83	11.27	43.96
人工单价		小计						151.56	219.83	11.27	43.96
元/工日		未计价材料费									
清单项目综合单价								426.62			
材料费明细	主要材料名称、规格、型号					单位	数量	单价(元)	合价(元)	暂估单价(元)	暂估合价(元)
	水泥 32.5					t	0.325	360.00	117.00		
	中砂					t	0.669	48.00	32.11		
	碎石　20～40mm					t	1.366	42.00	57.37		
	塑料薄膜					m^2	7.418	0.80	5.94		
	水					m^3	1.481	5.00	7.41		
	现浇混凝土（中砂碎石）C20					m^3	(1.000)				
	其他材料费							—		—	
	材料费小计							—	219.83	—	

综合单价分析表 续表

工程名称：小平房工程 标段： 第 14 页 共 45 页

项目编码	011703001001			项目名称		垂直运输				计量单位	m^2
清单综合单价组成明细											
定额编号	定额项目名称	定额单位	数量	单价				合价			
				人工费	材料费	机械费	管理费和利润	人工费	材料费	机械费	管理费和利润
A13-5	卷扬机	$100m^2$	0.01			1262.65	101.01			12.63	1.01
人工单价		小计								12.63	1.01
元/工日		未计价材料费									
清单项目综合单价								13.64			
材料费明细	主要材料名称、规格、型号					单位	数量	单价（元）	合价（元）	暂估单价（元）	暂估合价（元）
	其他材料费							—		—	
	材料费小计							—		—	

综合单价分析表

续表

工程名称：小平房工程　　　　标段：　　　　第 15 页　共 46 页

项目编码	010507001001			项目名称		现浇混凝土散水			计量单位		m^2
清单综合单价组成明细											
定额编号	定额项目名称	定额单位	数量	单价				合价			
				人工费	材料费	机械费	管理费和利润	人工费	材料费	机械费	管理费和利润
A4-61	散水	$100m^2$	0.01	3444.60	3385.00	102.38	957.68	34.45	33.85	1.02	9.58
人工单价		小计						34.45	33.85	1.02	9.58
元/工日		未计价材料费									
清单项目综合单价								78.90			
材料费明细	主要材料名称、规格、型号					单位	数量	单价(元)	合价(元)	暂估单价(元)	暂估合价(元)
	水泥 32.5					t	0.022	360.00	7.92		
	中砂					t	0.067	48.00	3.22		
	碎石					t	0.096	42.00	4.03		
	生石灰					t	0.040	290.00	11.60		
	石油沥青 30#					t	0.001	4900.00	4.90		
	滑石粉					kg	2.293	0.50	1.15		
	烟煤					t	0.0009	750.00	0.68		
	水					m^3	0.047	5.00	0.24		
	其他材料费							—	0.11	—	
	材料费小计							—	33.85	—	

综合单价分析表　　续表

工程名称：小平房工程　　标段：　　第16页　共46页

项目编码	010507003001			项目名称		现浇混凝土台阶			计量单位		m²
清单综合单价组成明细											
定额编号	定额项目名称	定额单位	数量	单价				合价			
				人工费	材料费	机械费	管理费和利润	人工费	材料费	机械费	管理费和利润
A4-66	台阶	100m²	0.01	4036.20	5118.00	185.29	1139.80	40.36	51.18	1.85	11.40
人工单价		小计						40.36	51.8	1.85	11.40
元/工日		未计价材料费									
清单项目综合单价								104.79			
材料费明细	主要材料名称、规格、型号				单位	数量		单价（元）	合价（元）	暂估单价（元）	暂估合价（元）
	水泥 32.5				t	0.032		360.00	11.52		
	中砂				t	0.096		48.00	4.61		
	碎石				t	0.165		42.00	6.93		
	生石灰				t	0.081		290.00	23.49		
	石油沥青 30#				t	0.0006		4900.00	2.94		
	滑石粉				kg	1.076		0.50	0.54		
	塑料薄膜				m²	0.075		0.80	0.06		
	烟煤				t	0.0005		750.00	0.38		
	水				m³	0.088		5.00	0.44		
	其他材料费							—	0.27	—	
	材料费小计							—	51.18	—	

综合单价分析表

续表

工程名称：小平房工程　　　　标段：　　　　第17页　共46页

项目编码	010515001001	项目名称	现浇构件钢筋	计量单位	t

清单综合单价组成明细											
定额编号	定额项目名称	定额单位	数量	单价				合价			
				人工费	材料费	机械费	管理费和利润	人工费	材料费	机械费	管理费和利润
A4-330	现浇构件钢筋	t	1.0	799.86	4658.59	55.72	231.01	799.86	4658.59	55.72	231.01
人工单价		小计						799.86	4658.59	55.72	231.01
60元/工日		未计价材料费									
清单项目综合单价								5745.18			

材料费明细	主要材料名称、规格、型号	单位	数量	单价（元）	合价（元）	暂估单价（元）	暂估合价（元）
	钢筋$\phi10$以内	t	1.020	4500.00	4590		
	镀锌铁丝22#	kg	10.238	6.70	68.59		
	其他材料费			—		—	
	材料费小计			—	4658.59	—	

$\phi10$以内钢筋：定额中单价为4290.00元/t，现调为4500.00元/t

(HPB235)

综合单价分析表 续表

工程名称：小平房工程 标段： 第 18 页 共 46 页

项目编码	010515001002			项目名称		现浇构件钢筋				计量单位	t
清单综合单价组成明细											
定额编号	定额项目名称	定额单位	数量	单价				合价			
				人工费	材料费	机械费	管理费和利润	人工费	材料费	机械费	管理费和利润
A4-331	现浇构件钢筋	t	1.0	483.60	4988.00	145.87	169.96	483.60	4988.00	145.87	169.96
人工单价		小计						483.60	4988.00	145.87	169.96
元/工日		未计价材料费									
清单项目综合单价								5787.43			
材料费明细	主要材料名称、规格、型号					单位	数量	单价（元）	合价（元）	暂估单价（元）	暂估合价（元）
	钢筋 ϕ20 以内					t	1.040	4750.00	4940.00		
	电焊条结 422					kg	6.369	4.14	26.37		
	镀锌铁丝 22#					kg	3.120	6.70	20.90		
	水					m^3	0.145	5.00	0.73		
	其他材料费							—		—	
	材料费小计							—	4988.00	—	

ϕ20 以内钢筋：定额中单价为 4500.00 元/t，现调为 4750.00 元/t

综合单价分析表 续表

工程名称：小平房工程 标段： 第19页 共46页

项目编码	010515001003	项目名称	现浇构件钢筋	计量单位	t

清单综合单价组成明细											
定额编号	定额项目名称	定额单位	数量	单价				合价			
				人工费	材料费	机械费	管理费和利润	人工费	材料费	机械费	管理费和利润
A4-331	现浇构件钢筋	t	1.0	483.60	4988.00	145.87	169.96	483.60	4988.00	145.87	169.96
人工单价		小计						483.60	4988.00	145.87	169.96
元/工日		未计价材料费									
清单项目综合单价								5787.43			

材料费明细	主要材料名称、规格、型号	单位	数量	单价(元)	合价(元)	暂估单价(元)	暂估合价(元)
	钢筋 ϕ20以内	t	1.040	4750.00	4940.00		
	电焊条结422	kg	6.369	4.14	26.37		
	镀锌铁丝22#	kg	3.120	6.70	20.90		
	水	m^3	0.145	5.00	0.73		
	其他材料费			—		—	
	材料费小计			—	4988.00	—	

ϕ20以内钢筋：定额中单价为4500.00元/t，现调为4750.00元/t（HRB400）

综合单价分析表 续表

工程名称：小平房工程 标段： 第20页 共46页

项目编码	010515001004		项目名称		现浇构件钢筋			计量单位		t		
清单综合单价组成明细												
定额编号	定额项目名称		定额单位	数量	单价				合价			
					人工费	材料费	机械费	管理费和利润	人工费	材料费	机械费	管理费和利润
A4-330	现浇构件钢筋		t	1.0	799.86	4556.59	55.72	231.01	799.86	4556.59	55.72	231.01
人工单价			小计						799.86	4556.59	55.72	231.01
60元/工日			未计价材料费									
清单项目综合单价									5643.18			
材料费明细	主要材料名称、规格、型号						单位	数量	单价（元）	合价（元）	暂估单价（元）	暂估合价（元）
	钢筋 ϕ10 以内						t	1.020	4400.00	4488.00		
	镀锌铁丝 22#						kg	10.238	6.70	68.59		
	其他材料费								—		—	
	材料费小计								—	4556.59	—	

ϕ10以内钢筋：定额原单价为4290.00元/t，现调整为4400.00元/t（CRB550）

综合单价分析表

续表

工程名称：小平房工程　　　　标段：　　　　第 21 页　共 46 页

项目编码	010802001001	项目名称	塑钢平开门	计量单位	m²

清单综合单价组成明细

定额编号	定额项目名称	定额单位	数量	单价				合价			
				人工费	材料费	机械费	管理费和利润	人工费	材料费	机械费	管理费和利润
B4-128	塑钢门	100m²	0.01	2925.00	29290.00	179.29	962.33	29.25	292.90	1.79	9.62
人工单价		小计						29.25	292.90	1.79	9.62
元/工日		未计价材料费									
清单项目综合单价								333.56			

材料费明细	主要材料名称、规格、型号	单位	数量	单价（元）	合价（元）	暂估单价（元）	暂估合价（元）
	塑钢门（不带亮）	m²	0.96	285.00	273.60		
	膨胀螺栓 ϕ8	个	8.51	0.85	7.23		
	合金钢钻头 ϕ10	百个	0.042	8.50	0.36		
	聚氯酯发泡胶	支	0.074	21.50	1.59		
	密封胶	支	0.985	10.00	9.85		
	螺钉	百个	0.068	3.90	0.27		
	其他材料费			—		—	
	材料费小计			—	292.90	—	

综合单价分析表

续表

工程名称：小平房工程　　标段：　　第22页　共46页

项目编码	010807001001	项目名称	塑钢推拉窗	计量单位	m^2

清单综合单价组成明细

定额编号	定额项目名称	定额单位	数量	单价				合价			
				人工费	材料费	机械费	管理费和利润	人工费	材料费	机械费	管理费和利润
B4-255	塑钢推拉窗	$100m^2$	0.01	2234.40	16632.00	130.39	733.08	22.34	166.32	1.30	7.33
人工单价		小计						22.34	166.32	1.30	7.33
60元/工日		未计价材料费									
清单项目综合单价								197.29			

材料费明细	主要材料名称、规格、型号	单位	数量	单价（元）	合价（元）	暂估单价（元）	暂估合价（元）
	推拉单层塑钢窗（含玻璃）	m^2	0.950	160.00	152.00		
	螺钉	百个	0.0653	3.90	0.25		
	膨胀螺栓 $\phi8$	个	6.189	0.85	5.26		
	合金钢钻头 $\phi10$	个	0.030	8.50	0.26		
	密封胶	支	0.737	10.00	7.37		
	聚氯酯发泡胶 750mL	支	0.055	21.50	1.18		
	其他材料费			—		—	
	材料费小计			—	166.32	—	

综合单价分析表

续表

工程名称：小平房工程　　标段：　　第 23 页　共 46 页

项目编码	010902001001	项目名称	SBS 改性沥青卷材防水	计量单位	m^2

清单综合单价组成明细

定额编号	定额项目名称	定额单位	数量	单价				合价			
				人工费	材料费	机械费	管理费和利润	人工费	材料费	机械费	管理费和利润
A7-50+A7-51	SBS 改性沥青卷材防水两遍	$100m^2$	0.01	431.22	4914.00		116.43	4.31	49.14		1.16
人工单价		小计						4.31	49.14		1.16
元/工日		未计价材料费									
清单项目综合单价								54.61			

	主要材料名称、规格、型号	单位	数量	单价(元)	合价(元)	暂估单价(元)	暂估合价(元)
材料费明细	SBS 改性沥青卷材 3mm	m^2	2.39	12.00	28.68		
	聚丁胶粘合剂	kg	1.137	15.00	17.06		
	SBS 弹性沥青防水胶	kg	0.289	8.70	2.51		
	改性沥青嵌缝油膏	kg	0.111	8.00	0.89		
	其他材料费			—		—	
	材料费小计			—	49.14	—	

综合单价分析表 续表

工程名称：小平房工程 标段： 第 24 页 共 46 页

项目编码	011001001001	项目名称	水泥膨胀蛭石保温屋面	计量单位	m^2

定额编号	定额项目名称	定额单位	数量	单价				合价			
清单综合单价组成明细											
				人工费	材料费	机械费	管理费和利润	人工费	材料费	机械费	管理费和利润
A8-234	现浇水泥蛭石保温屋面	$10m^3$	0.0114	331.82	1456.14	75.55	109.99	3.78	16.60	0.86	1.25
人工单价		小计						3.78	16.60	0.86	1.25
元/工日		未计价材料费									
清单项目综合单价								22.49			

材料费明细	主要材料名称、规格、型号	单位	数量	单价（元）	合价（元）	暂估单价（元）	暂估合价（元）
	水泥 32.5	t	0.018	360.00	6.48		
	蛭石	t	0.152	65.00	9.88		
	水	m^3	0.047	5.00	0.24		
	水泥蛭石	m^3	(0.119)				
	其他材料费			—		—	
	材料费小计			—	16.60	—	

数量：定额工程量÷清单工程量=0.114

综合单价分析表

续表

工程名称：小平房工程　　　　标段：　　　　第25页　共46页

项目编码	011101001001	项目名称	1∶2水泥砂 浆地面面层	计量单位	m^2

清单综合单价组成明细

定额编号	定额项目名称	定额单位	数量	单价				合价			
				人工费	材料费	机械费	管理费和利润	人工费	材料费	机械费	管理费和利润
B1-38	水泥砂浆楼地面	$100m^2$	0.01	830.40	641.00	25.86	265.44	8.30	6.41	0.26	2.65
人工单价		小计						8.30	6.41	0.26	2.65
元/工日		未计价材料费									
清单项目综合单价								17.62			

材料费明细	主要材料名称、规格、型号	单位	数量	单价（元）	合价（元）	暂估单价（元）	暂估合价（元）
	水泥 32.5	t	0.013	360.00	4.68		
	中砂	t	0.029	48.00	1.39		
	水	m^3	0.045	5.00	0.23		
	水泥砂浆1∶2（中砂）	m^3	(0.02)				
	素水泥浆	m^3	(0.001)				
	其他材料费			—	0.11	—	
	材料费小计			—	6.41	—	

综合单价分析表

续表

工程名称：小平房工程　　　　标段：　　　　第26页　共46页

项目编码	011101006001	项目名称	屋面1∶3水泥砂浆找平层	计量单位	m^2

清单综合单价组成明细

定额编号	定额项目名称	定额单位	数量	单价				合价			
				人工费	材料费	机械费	管理费和利润	人工费	材料费	机械费	管理费和利润
B1-27+B1-30	屋面1∶3水泥砂浆找平层	$100m^2$	0.01	542.40	637.00	32.07	178.09	5.42	6.37	0.32	1.78
人工单价		小计						5.42	6.37	0.32	1.78
元/工日		未计价材料费									
清单项目综合单价								13.89			

材料费明细	主要材料名称、规格、型号	单位	数量	单价（元）	合价（元）	暂估单价（元）	暂估合价（元）
	水泥32.5	t	0.012	360.00	4.32		
	中砂	t	0.041	48.00	1.97		
	水	m^3	0.015	5.00	0.08		
	水泥砂浆1∶3（中砂）	m^3	(0.025)				
	素水泥浆	m^3	(0.001)				
	其他材料费			—		—	
	材料费小计			—	6.37	—	

综合单价分析表

续表

工程名称：小平房工程　　　　标段：　　　　第 27 页　共 46 页

<table>
<tr><td>项目编码</td><td colspan="3">011101001002</td><td colspan="2">项目名称</td><td colspan="4">屋面水泥砂浆面层</td><td>计量单位</td><td>m²</td></tr>
<tr><td colspan="12">清单综合单价组成明细</td></tr>
<tr><td rowspan="2">定额编号</td><td rowspan="2">定额项目名称</td><td rowspan="2">定额单位</td><td rowspan="2">数量</td><td colspan="4">单　价</td><td colspan="4">合　价</td></tr>
<tr><td>人工费</td><td>材料费</td><td>机械费</td><td>管理费和利润</td><td>人工费</td><td>材料费</td><td>机械费</td><td>管理费和利润</td></tr>
<tr><td>B1-38</td><td>屋面面层</td><td>100m²</td><td>0.01</td><td>830.40</td><td>641.00</td><td>25.86</td><td>265.44</td><td>8.30</td><td>6.41</td><td>0.26</td><td>2.65</td></tr>
<tr><td></td><td></td><td></td><td></td><td></td><td></td><td></td><td></td><td></td><td></td><td></td><td></td></tr>
<tr><td></td><td></td><td></td><td></td><td></td><td></td><td></td><td></td><td></td><td></td><td></td><td></td></tr>
<tr><td colspan="2">人工单价</td><td colspan="6">小　计</td><td>8.30</td><td>6.41</td><td>0.26</td><td>2.65</td></tr>
<tr><td colspan="2">元/工日</td><td colspan="6">未计价材料费</td><td colspan="4"></td></tr>
<tr><td colspan="8">清单项目综合单价</td><td colspan="4">17.62</td></tr>
<tr><td rowspan="18">材料费明细</td><td colspan="5">主要材料名称、规格、型号</td><td>单位</td><td>数量</td><td>单价（元）</td><td>合价（元）</td><td>暂估单价（元）</td><td>暂估合价（元）</td></tr>
<tr><td colspan="5">水泥 32.5</td><td>t</td><td>0.013</td><td>360.00</td><td>4.68</td><td></td><td></td></tr>
<tr><td colspan="5">中砂</td><td>t</td><td>0.029</td><td>48.00</td><td>1.39</td><td></td><td></td></tr>
<tr><td colspan="5">水</td><td>m³</td><td>0.045</td><td>5.00</td><td>0.23</td><td></td><td></td></tr>
<tr><td colspan="5"></td><td></td><td></td><td></td><td></td><td></td><td></td></tr>
<tr><td colspan="5"></td><td></td><td></td><td></td><td></td><td></td><td></td></tr>
<tr><td colspan="5"></td><td></td><td></td><td></td><td></td><td></td><td></td></tr>
<tr><td colspan="5"></td><td></td><td></td><td></td><td></td><td></td><td></td></tr>
<tr><td colspan="5"></td><td></td><td></td><td></td><td></td><td></td><td></td></tr>
<tr><td colspan="5"></td><td></td><td></td><td></td><td></td><td></td><td></td></tr>
<tr><td colspan="5"></td><td></td><td></td><td></td><td></td><td></td><td></td></tr>
<tr><td colspan="5"></td><td></td><td></td><td></td><td></td><td></td><td></td></tr>
<tr><td colspan="5"></td><td></td><td></td><td></td><td></td><td></td><td></td></tr>
<tr><td colspan="5"></td><td></td><td></td><td></td><td></td><td></td><td></td></tr>
<tr><td colspan="5"></td><td></td><td></td><td></td><td></td><td></td><td></td></tr>
<tr><td colspan="5"></td><td></td><td></td><td></td><td></td><td></td><td></td></tr>
<tr><td colspan="7">其他材料费</td><td>—</td><td>0.11</td><td>—</td><td></td></tr>
<tr><td colspan="7">材料费小计</td><td>—</td><td>6.41</td><td>—</td><td></td></tr>
</table>

综合单价分析表

续表

工程名称：小平房工程　　标段：　　第28页　共46页

项目编码	011105001001	项目名称	1∶2水泥砂浆踢脚线	计量单位	m^2

清单综合单价组成明细

定额编号	定额项目名称	定额单位	数量	单价 人工费	单价 材料费	单价 机械费	单价 管理费和利润	合价 人工费	合价 材料费	合价 机械费	合价 管理费和利润
B1-199	水泥砂浆踢脚线	$100m^2$	0.0103	1967.40	720.00	36.21	621.12	20.26	7.02	0.37	6.40
人工单价		小计						20.26	7.02	0.37	6.40
元/工日		未计价材料费									
清单项目综合单价								34.05			

	主要材料名称、规格、型号	单位	数量	单价（元）	合价（元）	暂估单价（元）	暂估合价（元）
材料费明细	水泥32.5	t	0.013	360.00	4.68		
	中砂	t	0.044	48.00	2.11		
	水	m^3	0.045	5.00	0.23		
	其他材料费			—		—	
	材料费小计			—	7.02	—	

数量＝定额工程量÷清单工程量＝6.35÷6.14＝1.034

综合单价分析表

续表

工程名称：小平房工程　　标段：　　第 29 页　共 46 页

项目编码	011107004001	项目名称	1∶2 水泥砂浆台阶面	计量单位	m^2

清单综合单价组成明细											
定额编号	定额项目名称	定额单位	数量	单价				合价			
				人工费	材料费	机械费	管理费和利润	人工费	材料费	机械费	管理费和利润
B1-361	水泥砂浆台阶面	$100m^2$	0.01	2166.60	998.00	41.38	684.47	21.67	9.98	0.41	6.84
人工单价		小计						21.67	9.98	0.41	6.84
元/工日		未计价材料费									
清单项目综合单价								38.90			

	主要材料名称、规格、型号	单位	数量	单价(元)	合价(元)	暂估单价(元)	暂估合价(元)
材料费明细	水泥 32.5	t	0.020	360.00	7.20		
	中砂	t	0.047	48.00	2.26		
	水	m^3	0.067	5.00	0.34		
	其他材料费			—	0.18	—	
	材料费小计			—	9.98	—	

综合单价分析表

续表

工程名称：小平房工程　　　　标段：　　　　第 30 页　共 46 页

项目编码	011201001001	项目名称	混合砂浆内墙面	计量单位	m^2

清单综合单价组成明细											
定额编号	定额项目名称	定额单位	数量	单价				合价			
				人工费	材料费	机械费	管理费和利润	人工费	材料费	机械费	管理费和利润
B2-19	混合砂浆内墙面	$100m^2$	0.01	1283.10	493.00	35.17	408.66	12.83	4.93	0.35	4.09
人工单价		小计						12.83	4.93	0.35	4.09
元/工日		未计价材料费									
清单项目综合单价								22.20			

	主要材料名称、规格、型号	单位	数量	单价（元）	合价（元）	暂估单价（元）	暂估合价（元）
材料费明细	水泥 32.5	t	0.006	360	2.16		
	生石灰	t	0.003	290.00	0.87		
	中砂	t	0.037	48.00	1.78		
	水	m^3	0.023	5.00	0.12		
	水泥砂浆 1∶2（中砂）	m^3	(0.0035)				
	水泥石灰砂浆 1∶0.5∶3（中砂）	m^3	(0.0057)				
	水泥石灰砂浆 1∶1∶6（中砂）	m^3	(0.018)				
	其他材料费			—		—	
	材料费小计			—	4.93	—	

综合单价分析表　　　　续表

工程名称：小平房工程　　　　标段：　　　　第31页　共46页

项目编码	011202001001	项目名称	矩形梁混合砂浆抹面	计量单位	m^2

清单综合单价组成明细

定额编号	定额项目名称	定额单位	数量	单价				合价			
				人工费	材料费	机械费	管理费和利润	人工费	材料费	机械费	管理费和利润
B2-79	混合砂浆抹梁面	$100m^2$	0.01	1984.50	494.00	30.00	624.50	19.85	4.94	0.30	6.25
人工单价		小计						19.85	4.94	0.30	6.25
元/工日		未计价材料费									
清单项目综合单价								31.34			

材料费明细	主要材料名称、规格、型号	单位	数量	单价(元)	合价(元)	暂估单价(元)	暂估合价(元)
	生石灰	t	0.002	290.00	0.58		
	水泥32.5	t	0.007	360.00	2.52		
	中砂	t	0.036	48.00	1.73		
	水	m^3	0.021	5.00	0.11		
	其他材料费			—		—	
	材料费小计			—	4.94	—	

综合单价分析表

续表

工程名称：小平房工程　　　　标段：　　　　第 32 页　共 46 页

项目编码	011204003001	项目名称	外墙面砖	计量单位	m^2

清单综合单价组成明细											
定额编号	定额项目名称	定额单位	数量	单价				合价			
				人工费	材料费	机械费	管理费和利润	人工费	材料费	机械费	管理费和利润
B2-153	外墙块料	$100m^2$	0.00978	3556.00	4016.36	81.60	1127.66	34.78	39.28	0.80	11.03
人工单价		小计						34.78	39.28	0.80	11.03
元/工日		未计价材料费									
清单项目综合单价								85.89			
材料费明细	主要材料名称、规格、型号					单位	数量	单价（元）	合价（元）	暂估单价（元）	暂估合价（元）
	水泥 32.5					t	0.014	360.00	5.04		
	中砂					t	0.034	48.00	1.63		
	面砖					m^2	0.916	32.50	29.77		
	建筑胶					kg	0.343	7.50	2.57		
	棉纱头					kg	0.00978	5.83	0.06		
	石料切割锯片					片	0.007	18.89	0.13		
	水					m^3	0.016	5.00	0.08		
	其他材料费							—		—	
	材料费小计							—	39.28	—	

数量＝定额工程量÷清单工程量＝88.35÷90.37＝0.978

综合单价分析表

续表

工程名称：小平房工程　　标段：　　第 33 页　共 46 页

项目编码	011206002001	项目名称	窗台线、挑檐口镶贴面砖	计量单位	m²

清单综合单价组成明细

定额编号	定额项目名称	定额单位	数量	单价				合价			
				人工费	材料费	机械费	管理费和利润	人工费	材料费	机械费	管理费和利润
B2-462	零星块料	100m²	0.01	5803.70	5012.00	96.29	1828.99	58.04	50.12	0.96	18.29
人工单价		小计						58.04	50.12	0.96	18.29
元/工日		未计价材料费									
清单项目综合单价								127.41			

	主要材料名称、规格、型号	单位	数量	单价（元）	合价（元）	暂估单价（元）	暂估合价（元）
材料费明细	干混抹灰砂浆 DPM20	t	0.011	290.00	3.19		
	干混抹灰砂浆 DPM15	t	0.029	280.00	8.12		
	水泥 32.5	t	0.002	360.00	0.72		
	白水泥	kg	0.21	0.66	0.14		
	面砂	m²	1.08	32.50	35.10		
	建筑胶	kg	0.352	7.50	2.64		
	石料切割锯片	片	0.001	18.89	0.12		
	棉纱头	kg	0.001	5.83	0.01		
	水	m³	0.016	5.00	0.08		
	其他材料费			—		—	
	材料费小计			—	50.12	—	

综合单价分析表 续表

工程名称：小平房工程 标段： 第34页 共46页

项目编码	011301001001	项目名称	混合砂浆天棚	计量单位	m^2

清单综合单价组成明细

定额编号	定额项目名称	定额单位	数量	单价				合价			
				人工费	材料费	机械费	管理费和利润	人工费	材料费	机械费	管理费和利润
B3-7	混合砂浆抹天棚	$100m^2$	0.01	1306.20	358.00	20.69	411.34	13.06	3.58	0.21	4.11
人工单价		小计						13.06	3.58	0.21	4.11
元/工日		未计价材料费									
清单项目综合单价								20.96			

	主要材料名称、规格、型号	单位	数量	单价（元）	合价（元）	暂估单价（元）	暂估合价（元）
材料费明细	水泥32.5	t	0.005	360.00	1.80		
	生石灰	t	0.002	290.00	0.58		
	中砂	t	0.023	48.00	1.10		
	水	m^3	0.019	5.00	0.10		
	水泥石灰砂浆1∶0.5∶3（中砂）	m^3	(0.0056)				
	水泥石灰砂浆1∶1∶4（中砂）	m^3	(0.0102)				
	其他材料费			—		—	
	材料费小计			—	3.58	—	

综合单价分析表

续表

工程名称：小平房工程　　　　标段：　　　　第 35 页　共 46 页

项目编码	011406001001	项目名称	抹灰面油漆	计量单位	m^2

清单综合单价组成明细											
定额编号	定额项目名称	定额单位	数量	单价				合价			
				人工费	材料费	机械费	管理费和利润	人工费	材料费	机械费	管理费和利润
B5-296	乳胶漆二遍	$100m^2$	0.01	560.98	224.00	—	173.90	5.61	2.24	—	1.74
B5-285	刮腻子二遍	$100m^2$	0.01	498.12	343.00	—	154.42	4.98	3.43	—	1.54
人工单价		小计						10.59	5.67	—	3.28
元/工日		未计价材料费									
清单项目综合单价								19.54			

材料费明细	主要材料名称、规格、型号	单位	数量	单价(元)	合价(元)	暂估单价(元)	暂估合价(元)
	乳胶漆	kg	0.284	7.60	2.16		
	砂纸	张	0.07	0.50	0.04		
	白布 0.9m	m	0.002	2.00	0.01		
	成品腻子粉	kg	0.05	0.70	0.04		
	白水泥	t	0.002	660.00	1.32		
	TG 胶	kg	0.84	2.50	2.10		
	其他材料费			—		—	
	材料费小计			—	5.67	—	

综合单价分析表 续表

工程名称：小平房工程 标段： 第36页 共46页

项目编码	011701001001	项目名称	综合脚手架	计量单位	m^2

清单综合单价组成明细

定额编号	定额项目名称	定额单位	数量	单价				合价			
				人工费	材料费	机械费	管理费和利润	人工费	材料费	机械费	管理费和利润
TB0001	综合脚手架	$100m^2$	0.01	129.85	263.00	27.12	42.38	1.30	2.63	0.27	0.42
人工单价		小计						1.30	2.63	0.27	0.42
元/工日		未计价材料费									
清单项目综合单价								4.62			

	主要材料名称、规格、型号	单位	数量	单价（元）	合价（元）	暂估单价（元）	暂估合价（元）
材料费明细	脚手架钢材	kg	0.247	5.00	1.24		
	锯材综合	m^3	0.00043	1500.00	0.65		
	其他材料费			—	0.74	—	
	材料费小计			—	2.63	—	

该定额为补充定额。

注：单价措施项目综合单价中的管理费和利润＝（定额人工费＋定额机械费）×27%。

（下同）。

综合单价分析表

续表

工程名称：小平房工程　　　　标段：　　　　第 37 页　共 46 页

项目编码	011702001001	项目名称	基础垫层模板	计量单位	m^2

清单综合单价组成明细

定额编号	定额项目名称	定额单位	数量	单价				合价			
				人工费	材料费	机械费	管理费和利润	人工费	材料费	机械费	管理费和利润
A12-77	混凝土基础垫层模板	$100m^2$	0.01	651.60	3344.00	57.35	191.42	6.52	33.44	0.57	1.91
人工单价		小计						6.52	33.44	0.57	1.91
元/工日		未计价材料费									
清单项目综合单价								42.44			

	主要材料名称、规格、型号	单位	数量	单价（元）	合价（元）	暂估单价（元）	暂估合价（元）
材料费明细	水泥 22#	t	0.00007	360.00	0.03		
	中砂	t	0.0002	48.00	0.01		
	木模板	m^2	0.014	2300.00	32.20		
	隔离剂	kg	0.100	0.98	0.10		
	铁钉	kg	0.197	5.50	1.08		
	镀锌铁丝 22#	kg	0.002	6.70	0.01		
	水	m^3	0.00004	5.00	0.01		
	其他材料费			—		—	
	材料费小计			—	33.44	—	

综合单价分析表

续表

工程名称：小平房工程　　标段：　　第 38 页　共 46 页

项目编码	011702001001	项目名称	构造柱模板	计量单位	m^2

清单综合单价组成明细

定额编号	定额项目名称	定额单位	数量	单价				合价			
				人工费	材料费	机械费	管理费和利润	人工费	材料费	机械费	管理费和利润
A12-17	构造柱模板	$100m^2$	0.01	2161.20	2039.00	228.65	645.26	21.61	20.39	2.29	6.45
人工单价		小计						21.61	20.39	2.29	6.45
元/工日		未计价材料费									
清单项目综合单价								50.74			

	主要材料名称、规格、型号	单位	数量	单价（元）	合价（元）	暂估单价（元）	暂估合价（元）
材料费明细	组合钢模板	t·天	0.625	11.00	6.88		
	零星卡具	t·天	0.214	11.00	2.35		
	支撑钢筋 ϕ48.3×3.6	百米·天	1.535	1.60	2.46		
	直角扣件≥1.1kg/套	百套·天	0.724	1.00	0.72		
	对接扣件≥1.25kg/套	百套·天	0.138	1.00	0.14		
	木模板	m^3	0.0006	2300.00	1.38		
	支撑方木	m^3	0.002	2300.00	4.60		
	木脚手板	m^3	0.0005	2200.00	1.10		
	铁钉	kg	0.018	5.50	0.10		
	隔离剂	kg	0.100	0.98	0.10		
	其他材料费			—	0.56	—	
	材料费小计			—	20.39	—	

综合单价分析表

续表

工程名称：小平房工程　　　　标段：　　　　第 39 页　共 46 页

项目编码	011702006001	项目名称	矩形梁模板	计量单位	m²

清单综合单价组成明细

定额编号	定额项目名称	定额单位	数量	单价				合价			
				人工费	材料费	机械费	管理费和利润	人工费	材料费	机械费	管理费和利润
A12-21	矩形梁模板	100m²	0.01	2334.00	2813.00	262.22	700.98	23.34	28.13	2.62	7.01
人工单价		小计						23.34	28.13	2.62	7.01
元/工日		未计价材料费									
清单项目综合单价								61.10			

材料费明细	主要材料名称、规格、型号	单位	数量	单价（元）	合价（元）	暂估单价（元）	暂估合价（元）
	水泥 32.5	t	0.00007	360.00	0.03		
	中砂	t	0.00017	30.00	0.01		
	组合钢模板	t·天	1.083	11.00	11.91		
	零星卡具	t·天	0.230	11.00	2.53		
	支撑钢筋 ϕ48.3×3.60	百米·天	2.931	1.60	4.69		
	直角扣件≥1.1kg/套	百套·天	2.210	1.00	2.21		
	对接扣件≥1.25kg/套	百套·天	0.421	1.00	0.42		
	支撑方木	m³	0.0003	2300.00	0.69		
	木脚手板	m³	0.0008	2200.00	1.76		
	木模板	m³	0.0002	2300.00	0.46		
	梁卡具	t·天	0.147	11.00	1.62		
	铁钉	kg	0.005	5.50	0.03		
	镀锌铁丝 8#	kg	0.161	5.00	0.81		
	隔离剂	kg	0.100	0.98	0.10		
	尼龙帽	个	0.370	0.80	0.30		
	其他材料费			—		—	
	材料费小计			—		—	

综合单价分析表

续表

工程名称：小平房工程　　　标段：　　　第 40 页　共 46 页

项目编码	011702006001	项目名称	矩形梁模板	计量单位	m^2

清单综合单价组成明细

定额编号	定额项目名称	定额单位	数量	单价				合价			
				人工费	材料费	机械费	管理费和利润	人工费	材料费	机械费	管理费和利润
人工单价		小计									
元/工日		未计价材料费									
清单项目综合单价											

	主要材料名称、规格、型号	单位	数量	单价（元）	合价（元）	暂估单价（元）	暂估合价（元）
材料费明细	镀锌铁丝 22#	kg	0.002	6.70	0.01		
	水	m^3	0.00004	5.00	0.01		
	其他材料费			—	0.54	—	
	材料费小计			—	28.13	—	

综合单价分析表

续表

工程名称：小平房工程　　　　标段：　　　　第 41 页　共 46 页

项目编码	011702008001	项目名称	地圈梁模板	计量单位	m^2

清单综合单价组成明细

定额编号	定额项目名称	定额单位	数量	单价				合价			
				人工费	材料费	机械费	管理费和利润	人工费	材料费	机械费	管理费和利润
A12-22	地圈梁模板	$100m^2$	0.01	1830.00	1517.00	113.27	524.68	18.30	15.17	1.13	5.25
人工单价		小计						18.30	15.17	1.13	5.25
元/工日		未计价材料费									
清单项目综合单价								39.85			

	主要材料名称、规格、型号	单位	数量	单价(元)	合价(元)	暂估单价(元)	暂估合价(元)
材料费明细	水泥 32.5	t	0.00002	360.00	0.01		
	中砂	t	0.00004	48.00	0.01		
	组合钢模板	t·天	0.612	11.00	6.73		
	支撑方木	m^3	0.001	2300.00	2.30		
	木模板	m^3	0.00014	2300.00	0.32		
	铁钉	kg	0.330	5.50	1.82		
	镀锌铁丝 8#	kg	0.645	5.00	3.23		
	隔离剂	kg	0.100	0.98	0.10		
	镀锌铁丝 22#	kg	0.002	6.70	0.10		
	水	m^3	0.00001	5.00	0.01		
	其他材料费			—	0.54	—	
	材料费小计			—	15.17	—	

综合单价分析表 续表

工程名称：小平房工程 标段： 第 42 页 共 46 页

项目编码	011702009001	项目名称	过梁模板	计量单位	m^2

清单综合单价组成明细

定额编号	定额项目名称	定额单位	数量	单价				合价			
				人工费	材料费	机械费	管理费和利润	人工费	材料费	机械费	管理费和利润
A12-23	过梁模板	$100m^2$	0.01	2972.40	3479.00	208.77	858.92	29.72	34.79	2.09	8.59
人工单价		小计						29.72	34.79	2.09	8.59
元/工日		未计价材料费									
清单项目综合单价								75.19			

	主要材料名称、规格、型号	单位	数量	单价（元）	合价（元）	暂估单价（元）	暂估合价（元）
材料费明细	水泥砂浆 1∶2（中砂）	m^3	(0.00012)				
	水泥 32.5	t	0.00007	360.00	0.03		
	中砂	t	0.0002	48.00	0.01		
	组合钢模板	t·天	0.590	11.00	6.49		
	零星卡具	t·天	0.038	11.00	0.42		
	木模板	m^3	0.002	2300.00	4.60		
	支撑方木	m^3	0.008	2300.00	18.40		
	铁钉	kg	0.632	5.50	3.48		
	镀锌铁丝 8#	kg	0.120	5.00	0.60		
	隔离剂	kg	0.10	0.98	0.10		
	镀锌铁丝 22#	kg	0.002	6.70	0.10		
	水	m^3	0.00004	5.00	0.01		
	其他材料费			—	0.54	—	
	材料费小计			—	34.79	—	

综合单价分析表

续表

工程名称：小平房工程　　　　标段：　　　　第43页　共46页

项目编码	011702016001	项目名称	平板模板	计量单位	m^2

清单综合单价组成明细											
定额编号	定额项目名称	定额单位	数量	单价				合价			
				人工费	材料费	机械费	管理费和利润	人工费	材料费	机械费	管理费和利润
A12-32	平板模板	100m^2	0.01	1561.80	2781.00	268.54	494.19	15.62	27.81	2.69	4.94
人工单价		小计						15.62	27.81	2.69	4.94
元/工日		未计价材料费									
清单项目综合单价								51.06			

材料费明细	主要材料名称、规格、型号	单位	数量	单价(元)	合价(元)	暂估单价(元)	暂估合价(元)
	水泥 32.5	t	0.00002	360.00	0.01		
	中砂	t	0.00004	48.00	0.01		
	组合钢模板	t·天	0.956	11.00	10.52		
	零星卡具	t·天	0.155	11.00	1.71		
	支撑钢管（碗扣式）$\phi48\times3.5$	百米·天	2.822	3.00	8.47		
	木模板	m^3	0.0005	2300.00	1.15		
	支撑方木	m^3	0.0023	2300.00	5.29		
	铁钉	kg	0.018	5.50	0.10		
	隔离剂	kg	0.10	0.98	0.10		
	镀锌铁丝 22#	kg	0.002	6.70	0.10		
	水	m^3	0.00001	5.00	0.01		
	其他材料费			—	0.43	—	
	材料费小计			—	27.81	—	

综合单价分析表 续表

工程名称：小平房工程 标段： 第44页 共46页

项目编码	011702027001			项目名称			台阶模板		计量单位		m²

清单综合单价组成明细											
定额编号	定额项目名称	定额单位	数量	单价				合价			
				人工费	材料费	机械费	管理费和利润	人工费	材料费	机械费	管理费和利润
A12-100	台阶模板	$100m^2$	0.01	2616.00	3649.00	107.68	735.39	26.18	36.49	1.08	7.35
人工单价		小计						26.18	36.49	1.08	7.35
元/工日		未计价材料费									
清单项目综合单价								71.10			

	主要材料名称、规格、型号	单位	数量	单价（元）	合价（元）	暂估单价（元）	暂估合价（元）
材料费明细	木模板	m^3	0.013	2300.00	29.90		
	木撑方木	m^3	0.002	2300.00	4.60		
	铁钉	kg	0.296	5.50	1.63		
	隔离剂	kg	0.10	0.98	0.10		
	其他材料费			—	0.26	—	
	材料费小计			—	36.49	—	

综合单价分析表 续表

工程名称：小平房工程 标段： 第45页 共46页

项目编码	011702027001	项目名称	散水模板	计量单位	m^2

清单综合单价组成明细

定额编号	定额项目名称	定额单位	数量	单价				合价			
				人工费	材料费	机械费	管理费和利润	人工费	材料费	机械费	管理费和利润
A12-100	散水模板	$100m^2$	0.01	2616.00	3649.00	107.68	735.39	26.18	36.49	1.08	7.35
人工单价		小计						26.18	36.49	1.08	7.35
元/工日		未计价材料费									
清单项目综合单价								71.10			

材料费明细	主要材料名称、规格、型号	单位	数量	单价(元)	合价(元)	暂估单价(元)	暂估合价(元)
	木模板	m^3	0.013	2300.00	29.90		
	木撑方木	m^3	0.002	2300.00	4.60		
	铁钉	kg	0.296	5.50	1.63		
	隔离剂	kg	0.100	0.98	0.10		
	其他材料费			—	0.26	—	
	材料费小计			—	36.49	—	

综合单价分析表

续表

工程名称：小平房工程　　标段：　　第46页　共46页

项目编码	0117030001001			项目名称			垂直运输		计量单位		m²
清单综合单价组成明细											
定额编号	定额项目名称	定额单位	数量	单价				合价			
				人工费	材料费	机械费	管理费和利润	人工费	材料费	机械费	管理费和利润
A13-5	卷扬机	100m²	0.01	—	—	1262.65	340.92	—	—	12.63	3.41
人工单价		小计						—	—	12.63	3.41
元/工日		未计价材料费									
清单项目综合单价								16.04			
材料费明细	主要材料名称、规格、型号					单位	数量	单价（元）	合价（元）	暂估单价（元）	暂估合价（元）
	其他材料费							—		—	
	材料费小计							—		—	

注：管理费和利润率为27%。

5.3 小平房工程建筑与装饰分部分项工程和单价措施项目清单与计价表计算

小平房工程建筑与装饰分部分项工程和单价措施项目清单填上综合单价后就可以计算这些项目的合价了。需要注意的有两点，一是要分析定额人工费供后面计算各项费用；二是要将建筑工程和装饰工程的合价与人工费分别统计，将来要分别计算建筑工程和装饰工程的各项费用及造价。具体计算见表5-4。

分部分项工程和单价措施项目清单与计价表 **表 5-4**

工程名称：小平房工程　　标段：　　第 1 页　共 5 页

序号	项目编码	项目名称	项目特征描述	计量单位	工程量	金额（元）		
						综合单价	合价	其中 人工费
		A. 土石方工程						
1	010101001001	平整场地	1. 土壤类别：三类土 2. 弃土运距：自定 3. 取土运距：自定	m^2	48.86	1.92	93.81	73.78
2	010101003001	挖地槽土方	1. 土壤类别：三类土 2. 挖土深度：1.20m	m^3	46.68	19.42	906.53	713.74
3	010103001001	地槽回填土	1. 密实度要求：按规定 2. 填方来源、运距：自定，填土须验方后方可填入，运距由投标人自行确定	m^3	20.54	20.09	412.65	273.59
4	010103001002	室内回填土	1. 密实度要求：按规定 2. 填方来源、运距：自定	m^3	7.50	20.09	150.68	99.90
5	010103002001	余土外运	1. 废弃料品种：综合土 2. 运距：由投标人自行考虑，结算时不再调整	m^3	18.64	16.67	310.73	5.03
		D. 砌筑工程						
6	010401001001	M5 水泥砂浆砌砖基础	1. 砖品种、规格、强度等级：页岩砖、240 × 115 × 53、MU7.5 2. 基础类型：带型 3. 砂浆强度等级：M5 水泥砂浆 4. 防潮层材料种类：无	m^3	12.10	315.70	3819.97	707.12
7	010401003001	M5 水泥砂浆砌实心砖墙	1. 砖品种、规格、强度等级：页岩砖、240 × 115 × 53、MU7.5 2. 墙体类型：240 厚标准砖墙 3. 砂浆强度等级：M5 混合砂浆	m^3	22.19	349.45	7754.30	1772.09
		E. 混凝土及钢筋混凝土工程						
8	010501001001	C20 混凝土基础垫层	1. 混凝土类别：塑性砾石混凝土 2. 混凝土强度等级：C20	m^3	11.67	324.75	3789.83	1082.28
9	010501001002	C15 混凝土地面垫层	1. 混凝土类别：塑性砾石混凝土 2. 混凝土强度等级：C15	m^3	2.49	105.89	263.67	192.43
10	010502002001	现浇 C20 混凝土构造柱	1. 混凝土类别：塑性砾石混凝土 2. 混凝土强度等级：C20	m^3	2.54	421.31	1070.13	380.85
11	010503002001	现浇 C25 混凝土矩形梁	1. 混凝土类别：塑性砾石混凝土 2. 混凝土强度等级：C25	m^3	1.06	342.99	363.57	95.46
			本页小计				18935.87	5396.27
			合　　计				18935.87	5396.27

分部分项工程和单价措施项目清单与计价表 续表

工程名称：小平房工程 标段： 第2页 共5页

序号	项目编码	项目名称	项目特征描述	计量单位	工程量	金额（元）		
						综合单价	合价	其中 人工费
12	010503004001	现浇C25混凝土地圈梁	1. 混凝土类别：塑性砾石混凝土 2. 混凝土强度等级：C25	m³	2.37	401.53	951.63	331.61
13	010503005001	现浇C25混凝土过梁	1. 混凝土类别：塑性砾石混凝土 2. 混凝土强度等级：C25	m³	0.83	426.62	354.09	125.79
14	010505003001	现浇C25混凝土平板	1. 混凝土类别：塑性砾石混凝土 2. 混凝土强度等级：C25	m³	5.51	340.70	1877.26	432.42
15	010507001001	现浇C20混凝土散水	1. 面层厚度：60mm 2. 混凝土类别：塑性砾石混凝土 3. 混凝土强度等级：C20 4. 变形缝材料：沥青砂浆，嵌缝	m²	25.19	78.90	1987.49	867.80
16	010507003001	现浇C20混凝土台阶	1. 踏步高宽比：1∶2 2. 混凝土类别：塑性砾石混凝土 3. 混凝土强度等级：C20	m²	2.82	104.79	295.51	113.82
17	010515001001	现浇构件钢筋	钢筋种类、规格：HPB235、Φ10内	t	0.099	5745.18	568.77	79.19
18	010515001002	现浇构件钢筋	钢筋种类、规格：HRB335、Φ10内	t	0.021	5787.43	121.54	10.16
19	010515001002	现浇构件钢筋	钢筋种类、规格：HRB400、Φ10以上	t	0.399	5787.43	2309.18	192.96
20	010515001003	现浇构件钢筋	钢筋种类、规格：CRB550、Φ10内	t	0.386	5643.18	2178.27	308.75
		H. 门窗工程（装饰）						
21	010802001001	塑钢平开门	1. 门窗代号：M-1 2. 门框外围尺寸：880×2390 3. 门框、扇材质：塑钢 4. 玻璃品种、厚度：无	m²	8.64	333.56	2881.96	252.72
22	010807001001	塑钢推拉窗	1. 门窗代号：C-1 2. 门框外围尺寸：1480×1480 3. 门框、扇材质：塑钢 4. 玻璃品种、厚度：浮法、3mm	m²	15.15	197.29	2988.94	338.45
本页小计							16514.64	3053.67
合计							35450.51	8449.94

分部分项工程和单价措施项目清单与计价表 续表

工程名称：小平房工程　　　　标段：　　　　第3页　共5页

序号	项目编码	项目名称	项目特征描述	计量单位	工程量	金额（元）		
						综合单价	合价	其中 人工费
		J. 屋面及防水工程						
23	010902001001	SBS改性沥青卷材防水	1. 卷材品种、规格、厚度：SBS改性沥青、2000×980、4厚 2. 防水层数：二层	m^2	55.08	54.61	3007.92	237.39
		K. 保温、隔热、防腐工程						
24	011001001001	水泥膨胀蛭石保温屋面	1. 保温隔热材料品种、规格、厚度：水泥膨胀蛭石、最薄处60厚 2. 防护材料种类、做法：1∶2.5水泥砂浆抹面	m^2	55.08	22.49	1238.75	208.20
		L. 楼地面工程（装饰）						
25	011101001001	1∶2水泥砂浆地面面层	1. 垫层材料种类、厚度：C15混凝土、100厚 2. 面层厚度、砂浆配合比：20厚、1∶2水泥砂浆	m^2	41.43	17.62	730.00	343.87
26	011101006001	屋面1∶3水泥砂浆找平层	面层厚度、砂浆配合比：25厚、1∶3水泥砂浆	m^2	55.08	13.89	765.06	298.53
27	011101001002	屋面1∶2.5水泥砂浆保护层	面层厚度、砂浆配合比：20厚、1∶2.5水泥砂浆	m^2	55.08	17.62	970.51	457.16
28	011105001001	1∶2水泥砂浆踢脚线150高	1. 踢脚线高度：150mm 2. 底层厚度、砂浆配合比：20厚、1∶3水泥砂浆 3. 面层厚度、砂浆配合比：15厚、1∶2水泥砂浆	m^2	6.14	34.05	209.07	124.40
29	011107004001	1∶2水泥砂浆台阶面	面层厚度、砂浆配合比：20厚、1∶2水泥砂浆	m^2	2.82	38.90	109.70	61.11
		M. 墙、柱面装饰工程（装饰）						
30	011201001001	混合砂浆内墙面	1. 墙体种类：标准砖墙 2. 底层厚度、砂浆配合比：混合砂浆、1∶1∶6，15厚 3. 面层厚度、砂浆配合比：混合砂浆、1∶0.3∶2.5，5厚	m^2	147.19	22.20	3267.62	1888.45
本页小计							10298.63	3619.11
合　计							45749.14	12069.05

分部分项工程和单价措施项目清单与计价表 续表

工程名称：小平房工程 标段： 第4页 共5页

序号	项目编码	项目名称	项目特征描述	计量单位	工程量	金额（元）		
						综合单价	合价	其中 人工费
31	011202001001	矩形梁混合砂浆抹面	1. 底层5厚、混合砂浆1：0.3：2.5 2. 砂浆配合比：1：1：6，15厚 3. 面层厚度、砂浆配合比：1：0.3：2.15，5厚	m²	4.64	31.34	145.42	92.10
32	011204003001	外墙面砖	1. 墙体类型：标准砖墙 2. 安装方式：水泥砂浆粘贴 3. 面层材料品种、规格、颜色：釉面砖、240×60×5、白色 4. 缝宽、嵌缝材料种类：2mm、1：2水泥砂浆底层抹灰：20厚1：3水泥砂浆结合层：5厚1：2水泥砂浆	m²	90.37	85.89	7761.88	3143.07
33	011206002001	窗台线、挑檐口镶贴面砖	1. 安装方式：水泥砂浆粘贴 2. 面层材料品种、规格、颜色：釉面砖、240×60、白色 3. 缝宽、嵌缝材料种类：2mm、1：2水泥砂浆 4. 底层抹灰：20厚1：3水泥砂浆 5. 结合层：5厚1：2水泥砂浆	m²	6.33	127.41	806.51	367.39
		N. 天棚工程（装饰）						
34	011301001001	混合砂浆天棚	1. 基层类型：混凝土 2. 抹灰厚度：13厚 3. 砂浆配合比：面层1：0.3：3、5厚、底层1：1：47	m²	45.20	20.96	947.39	590.31
		P. 油漆、涂料、裱糊工程						
35	011406001001	抹灰面油漆（墙面、天棚、梁）	1. 基层类型：水泥砂浆 2. 喷刷涂料部位：墙、天棚、梁面 3. 腻子种类：石膏腻子 4. 刮腻子要求：找平 5. 涂料品种、喷刷遍数：乳胶漆、二遍	m²	197.03	19.54	3849.97	2086.55
本页小计							13511.17	6279.42
合　计							59260.31	18348.47

分部分项工程和单价措施项目清单与计价表 续表

工程名称：小平房工程　　标段：　　第5页　共5页

序号	项目编码	项目名称	项目特征描述	计量单位	工程量	金额（元）		
						综合单价	合价	其中 人工费
其中	建筑工程	合价	土石方：1874.40、砌筑：11574.27、混凝土：16130.94、屋面：3007.92、保温：1238.75				33826.28	8304.36
		人工费	土石方：1166.04、砌筑：2479.21、混凝土：4213.52、屋面：237.39、保温：208.20					
	装饰工程	合价	门窗：5870.90、楼地面：2784.34、墙柱面：11981.43、天棚：947.39、涂料：3849.97				25434.03	10044.11
		人工费	门窗：591.17、楼地面：1285.07、墙柱面：5491.01、天棚：590.31、涂料：2086.55					
		S. 措施项目						
36	011701001001	综合脚手架		m²	48.86	4.62	225.73	63.52
37	011702001001	基础垫层模板		m²	21.54	42.44	914.16	140.44
38	011702003001	构造柱模板		m²	21.60	50.74	1095.98	466.78
39	011702006001	矩形梁模板		m²	9.74	61.10	595.11	227.33
40	011702008001	地圈梁模板		m²	19.42	39.85	773.89	355.39
41	011702009001	过梁模板		m²	10.18	75.19	765.43	302.55
42	011702016001	平板模板		m²	47.28	51.06	2414.12	738.51
43	011702027001	台阶模板		m²	2.82	71.10	200.50	73.83
44	011702029001	散水模板		m²	2.19	71.10	155.71	57.33
45	011703001001	垂直运输		m²	48.86	16.04	783.71	
本页小计							7924.34	2425.68
合　　计							67184.65	20774.15

注：建筑工程人工费：8304.36元；装饰工程人工费：10044.11元；措施项目人工费：2425.68元；合计：20774.15元。

5.4　小平房总价措施项目清单费计算

根据总价项目清单和表5-1中的费率计算总价措施项目费。见表5-5。

总价措施项目清单与计价表 **表 5-5**

工程名称：小平房工程　　标段：　　第 1 页　共 1 页

序号	项目编码	项目名称	计算基础	费率（%）	金额（元）	调整费率（%）	调整后金额（元）	备注
1	011707001001	安全文明施工	定额人工费	25	5193.54			人工费 20774.15
2	011707002001	夜间施工	定额人工费	2	415.48			
3	011707004001	二次搬运	定额人工费	1	207.74			
4	011707005001	冬雨季施工	定额人工费	0.5	103.87			
合　计					5920.63			

编制人（造价人员）：　　复核人（造价工程师）：

5.5 小平房工程其他项目费的计算

其他项目费主要根据招标工程量清单中的“其他项目清单与计价汇总表”内容计算。小平房工程只有暂列金额一项。见表5-6。

其他项目清单与计价汇总表 **表5-6**

工程名称：小平房工程　　标段：　　第1页　共1页

序号	项目名称	金额（元）	结算金额（元）	备　注
1	暂列金额	8000.00		
2	暂估价			
2.1	材料（工程设备）暂估价			
2.2	专业工程暂估价			
3	计日工			
4	总承包服务费			
5	索赔与现场签证			
合计		8000.00		

注：材料（工程设备）暂估单价进入清单项目综合单价，此处不汇总。

5.6 小平房工程规费、税金的计算

根据定额人工费和表 5-1 中的数据计算规费、税金项目计价表。见表 5-7。

规费、税金项目计价表 **表 5-7**

工程名称：小平房工程 标段： 第 1 页 共 1 页

<table>
<tr><th>序号</th><th>项目名称</th><th>计算基础</th><th>计算基数</th><th>计算费率（%）</th><th>金额（元）</th></tr>
<tr><td>1</td><td>规费</td><td></td><td></td><td></td><td>4243.38</td></tr>
<tr><td>1.1</td><td>社会保障费</td><td></td><td></td><td></td><td>3323.86</td></tr>
<tr><td>(1)</td><td>养老保险费</td><td rowspan="6">定额人工费（分部分项工程＋单价措施项目）</td><td rowspan="6">20774.15</td><td rowspan="5">16</td><td rowspan="5">3323.86</td></tr>
<tr><td>(2)</td><td>失业保险费</td></tr>
<tr><td>(3)</td><td>医疗保险费</td></tr>
<tr><td>(4)</td><td>工伤保险费</td></tr>
<tr><td>(5)</td><td>生育保险费</td></tr>
<tr><td>1.2</td><td>住房公积金</td><td>3</td><td>623.22</td></tr>
<tr><td>1.3</td><td>工程排污费</td><td>按工程所在地区规定计取</td><td>分部分项工程费 59260.31</td><td>0.5</td><td>296.30</td></tr>
<tr><td></td><td></td><td></td><td></td><td></td><td></td></tr>
<tr><td>2</td><td>增值税税金</td><td>税前造价</td><td>85348.66</td><td></td><td>9388.35</td></tr>
<tr><td colspan="4">合 计</td><td></td><td>13631.73</td></tr>
</table>

编制人（造价人员）： 复核人（造价工程师）：

5.7 小平房工程投标报价汇总表

将分部分项工程和单价措施项目清单与计价表、总价措施项目清单与计价表、其他项目清单与计价汇总表、规费和税金项目计价表中的数据汇总到“单位工程投标报价汇总表”，见表5-8。

单位工程投标报价汇总表 **表5-8**

工程名称：小平房工程 标段： 第1页 共1页

序号	汇总内容	金额（元）	其中：暂估价（元）
1	分部分项工程	59260.31	
1.1	土石方工程	1874.40	
1.2	砌筑工程	11574.27	
1.3	混凝土及钢筋混凝土工程	16130.94	
1.4	门窗工程	5870.90	
1.5	屋面及防水工程	3007.92	
1.6	保温、隔热、防腐工程	1238.75	
1.7	楼地面工程	2784.34	
1.8	墙柱面装饰工程	11981.43	
1.9	天棚工程	947.39	
1.10	油漆、涂料、裱糊工程	3849.97	
2	措施项目	13844.97	
2.1	其中：安全文明费	5193.54	
3	其他项目	8000.00	
3.1	其中：暂列金额	8000.00	
3.2	其中：专业工程暂估价		
3.3	其中：计日工		
3.4	其中：总承包服务费		
4	规费	4243.38	
5	增值税税金	9388.35	
投标报价合计=1+2+3+4+5		94737.01	

说明：表中序1～序4各费用均以不包含增值税可抵扣进项税额的价格计算。

5.8 小平房工程投标总价扉页

投 标 总 价

招 标 人：××学校

工程名称：小平房工程

投标总价(小写)：94737.01元

(大写)：玖万肆仟柒佰叁拾柒元零壹分

投 标 人：×××建筑公司
(单位盖章)

法定代表人
或其授权人：×××
(签字或盖章)

编 制 人：×××
(造价人员签字盖专用章)

时间：2014年6月29日

6　水电安装工程投标报价编制实例

6.1　小平房安装工程投标报价编制依据

6.1.1　小平房安装工程投标报价编制依据

1. 清单计价规范

本实例采用《建设工程工程量计价规范》GB 50500—2013 和《通用安装工程工程量计算规范》GB 50856—2013。

2. 招标文件

招标文件规定了应采用“××地区计价定额”以及建设工期等的确定。

3. 工程量清单

水电安装工程量清单是编制分部分项工程和单价措施项目综合单价分析表的重要依据；是计算总价措施项目费、其他项目费、规费和税金的重要依据。

4. 计价定额、工料机单价和费用定额及计价办法

采用××当前安装工程计价定额、安装工料机市场价。费用定额和计价方法见表 5-1 的内容。

5. 施工图及相关资料

小平房水电安装施工图及有关标准图。

6.1.2　小平房安装工程投标报价编制步骤

小平房安装工程投标报价编制的主要步骤为：

根据招标文件、工程量清单和施工图复核分部分项和单价措施项目的清单工程量，然后根据清单工程量、工料机信息价、计价定额计算分部分项工程和单价措施项目综合单价；

将综合单价填入“分部分项工程和单价措施项目清单与计价表”后，工程量乘以对应的综合单价计算出合价；

根据“总价措施项目清单”和有关费率，计算“安全文明施工费”等总价措施项目费；

根据“其他项目清单”计算单位工程“其他项目费”；

根据“定额人工费”和“规费、税金项目清单”和规定的费率、税率计算规费和税金；

填写“单位工程投标报价汇总表”并计算出投标总价；

最后，编写“工程计价总说明”和填写“投标总价封面”。

6.2 小平房安装工程综合单价编制

6.2.1 小平房安装工程主要材料市场价

小平房安装分部分项工程和单价措施项目综合单价分析是根据安装工程量清单、所在地区的安装计价定额、安装材料市场价进行的。

某地区安装主要材料市场价见表 6-1。

小平房安装工程主要材料单价表（某地区市场价） **表 6-1**

序号	材料名称	规格	单位	单价（元）	
				市场价	暂估价
1	嵌入式配电箱	400×300×140	台		800.00
2	单联单控翘板开关	16A、250V	只	4.20	
3	双联单控翘板开关	16A、250V	只	5.50	
4	单相三孔空调插座	15A、220V	套	4.00	
5	单相二、三极插座	15A、220V	套	5.70	
6	单相五孔防溅插座	15A、250V	套	6.50	
7	成套防水防尘灯	220V、40W	套	25.00	
8	半圆球吸顶灯	灯罩直径 300mm	套	29.00	
9	一般壁灯	220V、25W	套	20.00	
10	普通半圆球吸顶灯	灯罩直径 300mm	套	30.00	
11	塑料管	*DN*15	m	1.00	
12	塑料管	*DN*20	m	1.30	
13	铜芯塑料绝缘导线	BV-2.5mm^2	m	1.58	
14	铜芯塑料绝缘导线	BV-4mm^2	m	2.55	
15	塑料开关盒、插座盒	86×86	个	0.65	
16	塑料灯头盒、接线盒		个	0.65	
17	成套组线箱	300×200×100	台		200.00
18	用户终端盒	TV	个	10.00	
19	用户终端暗盒	86×86	个	1.00	
20	电话插座		个	7.00	
21	电话插座暗盒	86×86	个	1.00	
22	8 位模块信息插座	单口	个	25.00	
23	模块信息插座底盒		个	1.00	
24	塑料管	PC16	m	1.00	
25	四对双绞线	超五类	m	2.40	
26	网络线	RVS-2×0.5	m	2.33	
27	射频同轴电缆	SYWV-75-9	m	3.10	
28	射频同轴电缆接头		个	1.50	
29	塑料给水管	PPR-*DN*15	m	2.15	
30	塑料给水管	PPR-*DN*20	m	2.70	
31	塑料给水管	PPR-*DN*25	m	3.78	
32	承插塑料排水管	UPVC *DN*50	m	3.47	
33	承插塑料排水管	UPVC *DN*100	m	13.70	
34	球阀	*DN*20	个	13.50	
35	球阀	*DN*25	个	16.70	
36	水嘴	*DN*15	个	3.45	
37	地漏	*DN*50	个	6.00	

续表

序号	材料名称	规格	单位	单价（元）	
				市场价	暂估价
38	坐便器		个	250.00	
39	坐便器软管	*DN*15	根	1.60	
40	坐便器连体进水阀配件		套	10.00	
41	洗脸盆	450×320	个	100.00	
42	混合水嘴		个	3.45	
43	提拉式排水栓	*DN*32	套	20.00	
44	洗脸盆给水软管		根	1.60	

6.2.2 小平房安装分部分项工程和单价措施项目综合单价分析

小平房安装工程综合单价分析依据的计价定额见附录一，综合单价分析结果见表6-2。

综合单价分析表 **表 6-2**

工程名称：小平房工程 标段： 第1页 共36页

项目编码	0304040017001			项目名称		配电箱			计量单位		台
清单综合单价组成明细											
定额编号	定额项目名称	定额单位	数量	单价				合价			
				人工费	材料费	机械费	管理费和利润	人工费	材料费	机械费	管理费和利润
2-264	嵌入式配电箱	台	1.00	106.20	131.83	—	26.55	106.20	131.83	—	26.55
人工单价		小计						106.20	131.83	—	26.55
元/工日		未计价材料费						800.00			
清单项目综合单价								1064.58			

材料费明细	主要材料名称、规格、型号	单位	数量	单价（元）	合价（元）	暂估单价（元）	暂估合价（元）
	嵌入式配电箱（400×300×140）	台	1.00			800.00	800.00
	其他材料费			—		—	
	材料费小计			—		—	800.00

说明：(1) 表中各费用均以不包含增值税可抵扣进项税价格计算（续表同）。

(2) 城市维护建设税、教育费附加、地方教育附加均已包含在管理费中（续表同）。

综合单价分析表

续表

工程名称：小平房工程　　标段：　　第 2 页　共 36 页

项目编码	030404034001	项目名称	照明开关	计量单位	个

清单综合单价组成明细

定额编号	定额项目名称	定额单位	数量	单价				合价			
				人工费	材料费	机械费	管理费和利润	人工费	材料费	机械费	管理费和利润
2-1737	单联板式开关暗装	10 套	0.100	42.60	7.21	—	10.65	4.26	0.72	—	1.06
人工单价		小计						4.26	0.72	—	1.06
元/工日		未计价材料费						4.28			
清单项目综合单价								10.32			

材料费明细	主要材料名称、规格、型号	单位	数量	单价（元）	合价（元）	暂估单价（元）	暂估合价（元）
	单联板式翘板开关 16A，250V	只	1.020	4.20	4.28		
	其他材料费			—		—	
	材料费小计			—	4.28	—	

综合单价分析表

续表

工程名称：小平房工程　　标段：　　第3页　共36页

项目编码	030404034002	项目名称	照明开关	计量单位	个

清单综合单价组成明细

定额编号	定额项目名称	定额单位	数量	单价				合价			
				人工费	材料费	机械费	管理费和利润	人工费	材料费	机械费	管理费和利润
2-1738	双联开关板式暗装	10套	0.100	45.60	10.25	—	11.40	4.56	1.03	—	1.14
人工单价		小计						4.56	1.03	—	1.14
元/工日		未计价材料费						5.61			
清单项目综合单价								12.34			

	主要材料名称、规格、型号	单位	数量	单价(元)	合价(元)	暂估单价(元)	暂估合价(元)
材料费明细	双联板式翘板开关16A，250V	只	1.020	5.50	5.61		
	其他材料费			—		—	
	材料费小计			—	5.61	—	

综合单价分析表　　　　续表

工程名称：小平房工程　　　　标段：　　　　第4页　共36页

项目编码	030404035001	项目名称	插座	计量单位	个

清单综合单价组成明细

定额编号	定额项目名称	定额单位	数量	单价				合价			
				人工费	材料费	机械费	管理费和利润	人工费	材料费	机械费	管理费和利润
2-1766	单相三孔插座暗装	10套	0.100	53.40	10.65	—	13.35	5.34	1.07	—	1.34
人工单价		小　计						5.34	1.07	—	1.34
元/工日		未计价材料费						4.08			
清单项目综合单价								11.83			

材料费明细	主要材料名称、规格、型号	单位	数量	单价（元）	合价（元）	暂估单价（元）	暂估合价（元）
	单相三孔空调插座15A，250V	套	1.02	4.00	4.08		
	其他材料费			—		—	
	材料费小计			—	4.08	—	

综合单价分析表 续表

工程名称：小平房工程 标段： 第5页 共36页

项目编码	030404025002			项目名称			插座			计量单位	个
清单综合单价组成明细											
定额编号	定额项目名称	定额单位	数量	单价				合价			
				人工费	材料费	机械费	管理费和利润	人工费	材料费	机械费	管理费和利润
2-1768	单相五孔插座暗装	10套	0.100	64.80	16.72	—	16.20	6.48	1.67	—	1.62
人工单价		小计						6.48	1.67	—	1.62
元/工日		未计价材料费						5.81			
清单项目综合单价								15.58			
材料费明细	主要材料名称、规格、型号					单位	数量	单价(元)	合价(元)	暂估单价(元)	暂估合价(元)
	单相二、三极插座15A，250V					套	1.02	5.70	5.81		
	其他材料费							—		—	
	材料费小计							—	5.81	—	

综合单价分析表

续表

工程名称：小平房工程　　　　标段：　　　　第 6 页　共 36 页

项目编码	030404035003	项目名称	插座	计量单位	个

清单综合单价组成明细

定额编号	定额项目名称	定额单位	数量	单价				合价			
				人工费	材料费	机械费	管理费和利润	人工费	材料费	机械费	管理费和利润
2-1768	单相五孔插座暗装	10 套	0.100	64.80	16.72	—	16.20	6.48	1.67	—	1.62
人工单价		小　计						6.48	1.67	—	1.62
元/工日		未计价材料费						6.63			
清单项目综合单价								16.40			

	主要材料名称、规格、型号	单位	数量	单价（元）	合价（元）	暂估单价（元）	暂估合价（元）
材料费明细	单相五孔防溅插座 15A，250V	套	1.02	6.50	6.63		
	其他材料费			—		—	
	材料费小计			—	6.63	—	

综合单价分析表

续表

工程名称：小平房工程　　　　标段：　　　　第7页　共36页

项目编码	030412002001	项目名称	（防水防尘灯）工厂灯	计量单位	套

清单综合单价组成明细

定额编号	定额项目名称	定额单位	数量	单价				合价			
				人工费	材料费	机械费	管理费和利润	人工费	材料费	机械费	管理费和利润
2-1684	防水防尘灯	10套	0.100	174.60	83.26	—	43.65	17.46	8.33	—	4.37
人工单价		小计						17.46	8.33	—	4.37
元/工日		未计价材料费						25.25			
清单项目综合单价								55.41			

	主要材料名称、规格、型号	单位	数量	单价（元）	合价（元）	暂估单价（元）	暂估合价（元）
材料费明细	成套防水防尘灯	套	1.01	25.00	25.25		
	其他材料费			—		—	
	材料费小计			—	25.25	—	

综合单价分析表

续表

工程名称：小平房工程　　标段：　　第 8 页　共 36 页

项目编码	030412001001	项目名称	普通灯具	计量单位	套

清单综合单价组成明细

定额编号	定额项目名称	定额单位	数量	单价				合价			
				人工费	材料费	机械费	管理费和利润	人工费	材料费	机械费	管理费和利润
2-1463	半圆球吸顶灯 D=300mm	10 套	0.100	127.20	94.65	—	31.80	12.72	9.47	—	3.18
人工单价		小　计						12.72	9.47	—	3.18
元/工日		未计价材料费						29.29			
清单项目综合单价								54.66			

材料费明细	主要材料名称、规格、型号	单位	数量	单价（元）	合价（元）	暂估单价（元）	暂估合价（元）
	半圆球吸顶灯（灯罩直径 D=300mm）	套	1.010	29.00	29.29		
	其他材料费			—		—	
	材料费小计			—	29.29	—	

综合单价分析表

续表

工程名称：小平房工程　　标段：　　第 9 页　共 36 页

项目编码	030412001002			项目名称	普通灯具			计量单位		套
清单综合单价组成明细										
定额编号	定额项目名称	定额单位	数量	单价				合价		
				人工费	材料费	机械费	管理费和利润	人工费	材料费	机械费	管理费和利润
2-1471	一般壁灯	10套	0.100	118.80	73.45	—	29.70	11.88	7.35	—	2.97
人工单价		小计						11.88	7.35	—	2.97
元/工日		未计价材料费						20.20			
清单项目综合单价								42.40			

	主要材料名称、规格、型号	单位	数量	单价（元）	合价（元）	暂估单价（元）	暂估合价（元）
材料费明细	一般灯具 220V，25W	套	1.010	20.00	20.20		
	其他材料费			—		—	
	材料费小计			—	20.20	—	

综合单价分析表

续表

工程名称：小平房工程　　标段：　　第10页　共36页

项目编码	030412001003	项目名称	普通灯具	计量单位	套

清单综合单价组成明细

定额编号	定额项目名称	定额单位	数量	单价				合价			
				人工费	材料费	机械费	管理费和利润	人工费	材料费	机械费	管理费和利润
2-1461	普通圆球吸顶灯	10套	0.100	127.20	86.77	—	31.80	12.72	8.68	—	3.18
人工单价		小计						12.72	8.68	—	3.18
元/工日		未计价材料费						30.30			
清单项目综合单价								54.88			

材料费明细	主要材料名称、规格、型号	单位	数量	单价（元）	合价（元）	暂估单价（元）	暂估合价（元）
	普通圆球吸顶灯 D=300mm	10套	0.100	30.00	30.30		
	其他材料费			—		—	
	材料费小计			—	30.30	—	

综合单价分析表

续表

工程名称：小平房工程　　　　标段：　　　　第 11 页　共 36 页

项目编码	030411001001	项目名称	配管	计量单位	m

清单综合单价组成明细											
定额编号	定额项目名称	定额单位	数量	单价				合价			
				人工费	材料费	机械费	管理费和利润	人工费	材料费	机械费	管理费和利润
2-1142	塑料管 *DN*15	100m	0.01	419.40	21.44	—	104.85	4.19	0.21	—	1.05
人工单价		小计						4.19	0.21	—	1.05
元/工日		未计价材料费						1.100			
清单项目综合单价								6.55			

材料费明细	主要材料名称、规格、型号	单位	数量	单价(元)	合价(元)	暂估单价(元)	暂估合价(元)
	塑料管 *DN*15	m	1.100	1.00	1.100		
	其他材料费			—		—	
	材料费小计			—	1.100	—	

综合单价分析表

续表

工程名称：小平房工程　　标段：　　第 12 页　共 36 页

项目编码	030411001002	项目名称	插座	计量单位	m

清单综合单价组成明细

定额编号	定额项目名称	定额单位	数量	单价				合价			
				人工费	材料费	机械费	管理费和利润	人工费	材料费	机械费	管理费和利润
2-1143	塑料管 *DN*20	100m	0.01	454.20	21.53	—	113.55	4.54	0.22	—	1.14
人工单价		小计						4.54	0.22	—	1.14
元/工日		未计价材料费						1.43			
清单项目综合单价								7.33			

材料费明细	主要材料名称、规格、型号	单位	数量	单价（元）	合价（元）	暂估单价（元）	暂估合价（元）
	塑料管 *DN*20	m	1.100	1.30	1.43		
	其他材料费			—		—	
	材料费小计			—	1.43	—	

综合单价分析表 续表

工程名称：小平房工程 标段： 第13页 共36页

项目编码	030411004001			项目名称		配线			计量单位	m	
清单综合单价组成明细											
定额编号	定额项目名称	定额单位	数量	单价				合价			
				人工费	材料费	机械费	管理费和利润	人工费	材料费	机械费	管理费和利润
2-1177	管内穿照明线BV-2.5	100m	0.010	58.80	23.48	—	14.70	0.59	0.23	—	0.15
人工单价		小计						0.59	0.23	—	0.15
元/工日		未计价材料费						1.83			
清单项目综合单价								2.81			
材料费明细	主要材料名称、规格、型号					单位	数量	单价(元)	合价(元)	暂估单价(元)	暂估合价(元)
	铜芯塑料绝缘导线BV-2.5mm^2					m	1.160	1.58	1.83		
	其他材料费							—		—	
	材料费小计							—	1.83	—	

综合单价分析表

续表

工程名称：小平房工程　　标段：　　第 14 页　共 36 页

项目编码	03041104002	项目名称	配线	计量单位	m

清单综合单价组成明细

定额编号	定额项目名称	定额单位	数量	单价				合价			
				人工费	材料费	机械费	管理费和利润	人工费	材料费	机械费	管理费和利润
2-1178	管内穿照明线 BV-4	100m	0.010	41.40	23.05	—	10.35	0.41	0.23	—	0.01
人工单价		小计						0.41	0.23	—	0.01
元/工日		未计价材料费						2.81			
清单项目综合单价								3.55			

材料费明细	主要材料名称、规格、型号	单位	数量	单价（元）	合价（元）	暂估单价（元）	暂估合价（元）
	铜芯塑料绝缘导线 BV-4mm²	m	1.100	2.55	2.81		
	其他材料费			—		—	
	材料费小计			—	2.81	—	

综合单价分析表

续表

工程名称：小平房工程　　　　　　　　标段：　　　　　　　　第 15 页　共 36 页

项目编码	030411006001	项目名称	接线盒	计量单位	个

清单综合单价组成明细

定额编号	定额项目名称	定额单位	数量	单价				合价			
				人工费	材料费	机械费	管理费和利润	人工费	材料费	机械费	管理费和利润
2-1430	开关盒暗装	10 个	0.100	28.20	5.34	—	7.05	2.82	0.53	—	0.71
人工单价		小计						2.82	0.53	—	0.71
元/工日		未计价材料费						0.66			
清单项目综合单价								4.72			

	主要材料名称、规格、型号	单位	数量	单价(元)	合价(元)	暂估单价(元)	暂估合价(元)
材料费明细	塑料开关盒、插座盒 86×86	个	1.020	0.65	0.66		
	其他材料费			—		—	
	材料费小计			—	0.66	—	

综合单价分析表

续表

工程名称：小平房工程　　　　标段：　　　　第16页　共36页

项目编码	030411006002	项目名称	插接盒	计量单位	个

清单综合单价组成明细

定额编号	定额项目名称	定额单位	数量	单价				合价			
				人工费	材料费	机械费	管理费和利润	人工费	材料费	机械费	管理费和利润
2-1429	接线盒暗装	10个	0.100	26.40	11.53	—	6.60	2.64	1.15	—	0.66
人工单价		小计						2.64	1.15	—	0.66
元/工日		未计价材料费						0.66			
清单项目综合单价								5.11			

	主要材料名称、规格、型号	单位	数量	单价（元）	合价（元）	暂估单价（元）	暂估合价（元）
材料费明细	塑料灯头盒、接线盒86×86	个	1.020	0.65	0.66		
	其他材料费			—		—	
	材料费小计			—	0.66	—	

综合单价分析表

续表

工程名称：小平房工程　　　　标段：　　　　第 17 页　共 36 页

项目编码	030502003001	项目名称	分线接线箱	计量单位	台

清单综合单价组成明细

定额编号	定额项目名称	定额单位	数量	单价				合价			
				人工费	材料费	机械费	管理费和利润	人工费	材料费	机械费	管理费和利润
12-113	成套组线箱安装（50）	台	1.000	54.60	3.01	3.46	14.52	54.60	3.01	3.46	14.52
人工单价		小　计						54.60	3.01	3.46	14.52
元/工日		未计价材料费						200.00			
清单项目综合单价								275.59			

材料费明细	主要材料名称、规格、型号	单位	数量	单价（元）	合价（元）	暂估单价（元）	暂估合价（元）
	成套组线箱（300×200×100）	台	1.000			200.00	200.00
	其他材料费			—		—	
	材料费小计			—		—	200.00

综合单价分析表

续表

工程名称：小平房工程　　　　标段：　　　　第 18 页　共 36 页

项目编码	030504001001			项目名称	电视插座				计量单位		个
清单综合单价组成明细											
定额编号	定额项目名称	定额单位	数量	单价				合价			
				人工费	材料费	机械费	管理费和利润	人工费	材料费	机械费	管理费和利润
12-677	用户终端盒	10 个	0.100	81.00	0.24	—	20.25	8.10	0.02	—	2.03
12-678	暗盒埋设 86×86	10 个	0.100	28.20	0.24	—	7.05	2.82	0.02	—	0.71
人工单价		小计						10.92	0.04	—	2.74
元/工日		未计价材料费						11.11			
清单项目综合单价								24.81			
材料费明细	主要材料名称、规格、型号					单位	数量	单价（元）	合价（元）	暂估单价（元）	暂估合价（元）
	用户终端盒（TV）					个	1.010	10.00	10.10		
	暗盒（86×86）					个	1.010	1.00	1.01		
	其他材料费							—		—	
	材料费小计							—	11.11	—	

综合单价分析表

续表

工程名称：小平房工程　　标段：　　第19页　共36页

项目编码	03002004002			项目名称		电话插座				计量单位	个
清单综合单价组成明细											
定额编号	定额项目名称	定额单位	数量	单价				合价			
				人工费	材料费	机械费	管理费和利润	人工费	材料费	机械费	管理费和利润
12-118	电话插座（单联）	个	1.000	2.40	0.61	—	0.60	2.40	0.61	—	0.60
12-27	插座底盒	个	1.000	13.20	—	—	3.30	13.20	—	—	3.30
人工单价		小　计						15.60	0.61	—	3.90
元/工日		未计价材料费						8.15			
清单项目综合单价								28.26			
材料费明细	主要材料名称、规格、型号					单位	数量	单价（元）	合价（元）	暂估单价（元）	暂估合价（元）
	电话插座					个	1.020	7.00	7.14		
	底盒（86×86）					个	1.010	1.00	1.01		
	其他材料费							—		—	
	材料费小计							—	8.15	—	

综合单价分析表

续表

工程名称：小平房工程　　　　标段：　　　　第20页　共36页

项目编码	030502012001			项目名称		信息插座				计量单位	个
清单综合单价组成明细											
定额编号	定额项目名称	定额单位	数量	单价				合价			
				人工费	材料费	机械费	管理费和利润	人工费	材料费	机械费	管理费和利润
12-20	8位模块信息插座（单口）	个	1.00	4.20	—	—	1.05	4.20	—	—	1.05
12-27	插座底盒（混凝土内）	个	1.00	13.20	—	—	3.30	13.20	—	—	3.30
人工单价		小计						17.40	—	—	4.35
元/工日		未计价材料费						26.26			
清单项目综合单价								48.01			
材料费明细	主要材料名称、规格、型号					单位	数量	单价（元）	合价（元）	暂估单价（元）	暂估合价（元）
	8位模块信息插座（单口）					个	1.010	25.00	25.25		
	插座底盒（混凝土内）					个	1.010	1.00	1.01		
	其他材料费							—		—	
	材料费小计							—	26.26	—	

综合单价分析表

续表

工程名称：小平房工程　　标段：　　第21页　共36页

项目编码	030411001001	项目名称	配管	计量单位	m

清单综合单价组成明细

定额编号	定额项目名称	定额单位	数量	单价				合价			
				人工费	材料费	机械费	管理费和利润	人工费	材料费	机械费	管理费和利润
2-1142	塑料管 *DN*15	100m	0.01	419.40	21.44	—	104.85	4.19	0.21	—	1.05
人工单价		小　计						4.19	0.21	—	1.05
元/工日		未计价材料费						1.1			
清单项目综合单价								6.55			

	主要材料名称、规格、型号	单位	数量	单价(元)	合价(元)	暂估单价(元)	暂估合价(元)
材料费明细	塑料管 PC16	m	1.100	1.00	1.100		
	其他材料费			—		—	
	材料费小计			—	1.100	—	

综合单价分析表

续表

工程名称：小平房工程　　　　标段：　　　　第 22 页　共 36 页

项目编码	030502002001	项目名称	双绞线缆	计量单位	m

清单综合单价组成明细

定额编号	定额项目名称	定额单位	数量	单价				合价			
				人工费	材料费	机械费	管理费和利润	人工费	材料费	机械费	管理费和利润
12-1	管内穿电话线（4 对以内）	100m	0.010	37.80	1.10	5.61	10.85	0.38	0.01	0.06	0.11
人工单价		小　计						0.38	0.01	0.06	0.11
元/工日		未计价材料费						2.45			
清单项目综合单价								3.01			

材料费明细	主要材料名称、规格、型号	单位	数量	单价（元）	合价（元）	暂估单价（元）	暂估合价（元）
	超五类四对双绞线缆	m	1.020	2.40	2.45		
	其他材料费			—		—	
	材料费小计			—	2.45	—	

综合单价分析表

续表

工程名称：小平房工程　　标段：　　第 23 页　共 36 页

项目编码	030502002002			项目名称	双绞线缆					计量单位	m
清单综合单价组成明细											
定额编号	定额项目名称	定额单位	数量	单价				合价			
				人工费	材料费	机械费	管理费和利润	人工费	材料费	机械费	管理费和利润
12-1	管内穿双绞线缆	100m	0.010	84.60	1.60	11.66	24.07	0.85	0.02	0.12	0.24
人工单价		小计						0.85	0.02	0.12	0.24
元/工日		未计价材料费						2.38			
清单项目综合单价								3.61			

	主要材料名称、规格、型号	单位	数量	单价(元)	合价(元)	暂估单价(元)	暂估合价(元)
材料费明细	管内穿电话线 RVS-2×0.5	m	1.020	2.33	2.38		
	其他材料费			—		—	
	材料费小计			—	2.38	—	

综合单价分析表 续表

工程名称：小平房工程 标段： 第 24 页 共 36 页

项目编码	030505005001			项目名称	射频同轴电缆			计量单位	m		
清单综合单价组成明细											
定额编号	定额项目名称	定额单位	数量	单价				合价			
				人工费	材料费	机械费	管理费和利润	人工费	材料费	机械费	管理费和利润
12-581	射频同轴电缆（9mm 以内）	100m	0.010	73.20	—	12.78	21.50	0.73	—	0.13	0.22
人工单价		小计						0.73	—	0.13	0.22
元/工日		未计价材料费						3.16			
清单项目综合单价								4.24			

材料费明细	主要材料名称、规格、型号	单位	数量	单价（元）	合价（元）	暂估单价（元）	暂估合价（元）
	射频同轴电缆 SYWV-75-9	m	1.020	3.10	3.16		
	其他材料费			—		—	
	材料费小计			—	3.16	—	

综合单价分析表

续表

工程名称：小平房工程　　　　标段：　　　　第25页　共36页

项目编码	030505006001			项目名称	同轴电缆接头				计量单位	个	
清单综合单价组成明细											
定额编号	定额项目名称	定额单位	数量	单价				合价			
				人工费	材料费	机械费	管理费和利润	人工费	材料费	机械费	管理费和利润
12-590	制作射频电缆接头	10个	0.100	45.00	20.44	—	11.25	4.50	2.04	—	1.13
人工单价		小计						4.50	2.04	—	1.13
元/工日		未计价材料费						1.50			
清单项目综合单价								9.17			

	主要材料名称、规格、型号	单位	数量	单价(元)	合价(元)	暂估单价(元)	暂估合价(元)
材料费明细	射频同轴电缆接头	个	1.00	1.50	1.50		
	其他材料费			—		—	
	材料费小计			—	1.50	—	

综合单价分析表

续表

工程名称：小平房工程　　　　标段：　　　　第 26 页　共 36 页

项目编码	031001006001	项目名称	塑料管	计量单位	m

清单综合单价组成明细

定额编号	定额项目名称	定额单位	数量	单价				合价			
				人工费	材料费	机械费	管理费和利润	人工费	材料费	机械费	管理费和利润
8-271	塑料给水管 *DN*25（热熔）	10m	0.100	58.20	33.08	0.66	14.72	5.82	3.31	0.07	1.47
人工单价		小计						5.82	3.31	0.07	1.47
元/工日		未计价材料费						3.86			
清单项目综合单价								14.53			

	主要材料名称、规格、型号	单位	数量	单价（元）	合价（元）	暂估单价（元）	暂估合价（元）
材料费明细	塑料管（PPR）*DN*25	m	1.020	3.78	3.86		
	其他材料费			—		—	
	材料费小计			—	3.86	—	

综合单价分析表

续表

工程名称：小平房工程　　标段：　　第27页　共36页

<table>
<tr><td>项目编码</td><td colspan="3">031001006002</td><td colspan="2">项目名称</td><td colspan="4">塑料管</td><td colspan="2">计量单位 m</td></tr>
<tr><td colspan="12">清单综合单价组成明细</td></tr>
<tr><td rowspan="2">定额编号</td><td rowspan="2">定额项目名称</td><td rowspan="2">定额单位</td><td rowspan="2">数量</td><td colspan="4">单价</td><td colspan="4">合价</td></tr>
<tr><td>人工费</td><td>材料费</td><td>机械费</td><td>管理费和利润</td><td>人工费</td><td>材料费</td><td>机械费</td><td>管理费和利润</td></tr>
<tr><td>8-270</td><td>塑料给水管 DN20（热熔）</td><td>10m</td><td>0.100</td><td>55.20</td><td>30.83</td><td>0.66</td><td>13.97</td><td>5.52</td><td>3.08</td><td>0.07</td><td>1.40</td></tr>
<tr><td></td><td></td><td></td><td></td><td></td><td></td><td></td><td></td><td></td><td></td><td></td><td></td></tr>
<tr><td></td><td></td><td></td><td></td><td></td><td></td><td></td><td></td><td></td><td></td><td></td><td></td></tr>
<tr><td></td><td></td><td></td><td></td><td></td><td></td><td></td><td></td><td></td><td></td><td></td><td></td></tr>
<tr><td colspan="2">人工单价</td><td colspan="6">小计</td><td>5.52</td><td>3.08</td><td>0.07</td><td>1.40</td></tr>
<tr><td colspan="2">元/工日</td><td colspan="6">未计价材料费</td><td colspan="4">2.75</td></tr>
<tr><td colspan="8">清单项目综合单价</td><td colspan="4">12.82</td></tr>
<tr><td rowspan="4">材料费明细</td><td colspan="5">主要材料名称、规格、型号</td><td>单位</td><td>数量</td><td>单价（元）</td><td>合价（元）</td><td>暂估单价（元）</td><td>暂估合价（元）</td></tr>
<tr><td colspan="5">塑料管（PPR）DN20</td><td>m</td><td>1.020</td><td>2.70</td><td>2.75</td><td></td><td></td></tr>
<tr><td colspan="7">其他材料费</td><td>—</td><td></td><td>—</td><td></td></tr>
<tr><td colspan="7">材料费小计</td><td>—</td><td>2.75</td><td>—</td><td></td></tr>
</table>

综合单价分析表

续表

工程名称：小平房工程　　标段：　　第28页　共36页

项目编码	031001006003			项目名称		塑料管			计量单位	m	
清单综合单价组成明细											
定额编号	定额项目名称	定额单位	数量	单价				合价			
				人工费	材料费	机械费	管理费和利润	人工费	材料费	机械费	管理费和利润
8-269	塑料给水管 *DN*15（热熔）	10m	0.100	50.40	39.40	0.66	12.71	5.04	3.94	0.07	1.27
人工单价		小计						5.04	3.94	0.07	1.27
元/工日		未计价材料费						2.19			
清单项目综合单价								12.51			

材料费明细	主要材料名称、规格、型号	单位	数量	单价（元）	合价（元）	暂估单价（元）	暂估合价（元）
	塑料管（PPR）*DN*15	m	1.020	2.15	2.19		
	其他材料费			—		—	
	材料费小计			—	2.19	—	

综合单价分析表

续表

工程名称：小平房工程　　　　标段：　　　　第 29 页　共 36 页

项目编码	031001006004			项目名称		塑料管		计量单位		m	
清单综合单价组成明细											
定额编号	定额项目名称	定额单位	数量	单价				合价			
				人工费	材料费	机械费	管理费和利润	人工费	材料费	机械费	管理费和利润
8-305	承插塑料排水管 *DN*100	10m	0.100	132.60	183.45	0.31	33.23	13.26	18.35	0.03	3.32
人工单价		小计						13.26	18.35	0.03	3.32
元/工日		未计价材料费						11.67			
清单项目综合单价								46.63			
材料费明细	主要材料名称、规格、型号				单位		数量	单价（元）	合价（元）	暂估单价（元）	暂估合价（元）
	承插塑料管（UPVC）*DN*100				m		0.852	13.70	11.67		
	其他材料费							—		—	
	材料费小计							—	11.67	—	

综合单价分析表

续表

工程名称：小平房工程　　　　　　　　标段：　　　　　　　　第 30 页　共 36 页

项目编码	031001006005			项目名称	塑料管			计量单位	m		
清单综合单价组成明细											
定额编号	定额项目名称	定额单位	数量	单价				合价			
				人工费	材料费	机械费	管理费和利润	人工费	材料费	机械费	管理费和利润
8-303	承插塑料排水管	10m	0.100	89.40	38.79	—	22.35	8.94	3.88	—	2.24
人工单价		小计						8.94	3.88	—	2.24
元/工日		未计价材料费						3.34			
清单项目综合单价								18.40			

材料费明细	主要材料名称、规格、型号	单位	数量	单价（元）	合价（元）	暂估单价（元）	暂估合价（元）
	承插排水塑料管（UPVC）*DN*50	m	0.963	3.47	3.34		
	其他材料费			—		—	
	材料费小计			—	3.34	—	

综合单价分析表

续表

工程名称：小平房工程　　标段：　　第 31 页　共 36 页

项目编码	031003001001			项目名称		螺纹阀门			计量单位		个
清单综合单价组成明细											
定额编号	定额项目名称	定额单位	数量	单价				合价			
				人工费	材料费	机械费	管理费和利润	人工费	材料费	机械费	管理费和利润
8-416	螺纹阀门安装	个	1.00	6.60	2.05	—	1.65	6.60	2.05	—	1.65
人工单价		小计						6.60	2.05	—	1.65
元/工日		未计价材料费						16.87			
清单项目综合单价								27.17			

	主要材料名称、规格、型号	单位	数量	单价(元)	合价(元)	暂估单价(元)	暂估合价(元)
材料费明细	球阀 $DN25$	个	1.010	16.70	16.87		
	其他材料费			—		—	
	材料费小计			—	16.87	—	

综合单价分析表

续表

工程名称：小平房工程　　　　标段：　　　　第 32 页　共 36 页

项目编码	031003001002			项目名称	螺纹阀门			计量单位	个		
清单综合单价组成明细											
定额编号	定额项目名称	定额单位	数量	单价				合价			
				人工费	材料费	机械费	管理费和利润	人工费	材料费	机械费	管理费和利润
8-415	螺纹阀门安装 *DN*20	个	1.00	6.00	1.66	—	1.50	6.00	1.66	—	1.50
人工单价		小计						6.00	1.66	—	1.50
元/工日		未计价材料费						13.64			
清单项目综合单价								22.80			

材料费明细	主要材料名称、规格、型号	单位	数量	单价（元）	合价（元）	暂估单价（元）	暂估合价（元）
	球阀 *DN*25	个	1.10	13.50	13.64		
	其他材料费			—		—	
	材料费小计			—	13.64	—	

综合单价分析表

续表

工程名称：小平房工程　　　　标段：　　　　第 33 页　共 36 页

项目编码	031004014001			项目名称	水嘴			计量单位	个		
清单综合单价组成明细											
定额编号	定额项目名称	定额单位	数量	单价				合价			
				人工费	材料费	机械费	管理费和利润	人工费	材料费	机械费	管理费和利润
8-633	水嘴 $DN15$	10 个	0.1	15.60	4.42	—	3.90	1.56	0.44	—	0.39
人工单价		小计						1.56	0.44	—	0.39
元/工日		未计价材料费						3.48			
清单项目综合单价								5.87			

	主要材料名称、规格、型号	单位	数量	单价（元）	合价（元）	暂估单价（元）	暂估合价（元）
材料费明细	水嘴 $DN15$	个	1.010	3.45	3.48		
	其他材料费			—		—	
	材料费小计			—	3.48	—	

综合单价分析表

续表

工程名称：小平房工程　　标段：　　第 34 页　共 36 页

项目编码	031004014002			项目名称	地漏				计量单位	个	
清单综合单价组成明细											
定额编号	定额项目名称	定额单位	数量	单价				合价			
				人工费	材料费	机械费	管理费和利润	人工费	材料费	机械费	管理费和利润
8-642	地漏 *DN*50	10 个	0.100	88.21	5.51	—	22.05	8.82	0.55	—	2.21
人工单价		小计						8.82	0.55	—	2.21
元/工日		未计价材料费						6.00			
清单项目综合单价								17.58			

材料费明细	主要材料名称、规格、型号	单位	数量	单价（元）	合价（元）	暂估单价（元）	暂估合价（元）
	地漏 *DN*50	个	1.00	6.00	6.00		
	其他材料费			—		—	
	材料费小计			—	6.00	—	

综合单价分析表

续表

工程名称：小平房工程　　标段：　　第 35 页　共 36 页

项目编码	031004006001			项目名称		大便器				计量单位		组
清单综合单价组成明细												
定额编号	定额项目名称	定额单位	数量	单价				合价				
				人工费	材料费	机械费	管理费和利润	人工费	材料费	机械费	管理费和利润	
8-611	连体坐式大便器安装	10 组	0.100	333.00	324.22	—	83.25	33.30	32.42	—	8.33	
人工单价		小计						33.30	32.42	—	8.33	
元/工日		未计价材料费						264.22				
清单项目综合单价								338.27				

材料费明细	主要材料名称、规格、型号	单位	数量	单价（元）	合价（元）	暂估单价（元）	暂估合价（元）
	坐便盆	个	1.010	250.00	252.50		
	软管（PVC）	根	1.010	1.60	1.62		
	连体进水阀配件	套	1.010	10.00	10.10		
	其他材料费			—		—	
	材料费小计			—	264.22	—	

综合单价分析表

续表

工程名称：小平房工程　　标段：　　第 36 页　共 36 页

项目编码	031004003001			项目名称	洗脸盆				计量单位		组
清单综合单价组成明细											
定额编号	定额项目名称	定额单位	数量	单价				合价			
				人工费	材料费	机械费	管理费和利润	人工费	材料费	机械费	管理费和利润
8-587	台式混合龙头洗脸盆	10 组	0.1	852.60	645.34	—	213.15	85.26	64.53	—	21.32
人工单价		小计						85.26	64.53	—	21.32
元/工日		未计价材料费						127.91			
清单项目综合单价								299.03			
材料费明细	主要材料名称、规格、型号				单位	数量		单价（元）	合价（元）	暂估单价（元）	暂估合价（元）
	洗脸盆				个	1.01		100.00	101.00		
	混合龙头				个	1.01		3.45	3.48		
	提拉排水装置 *DN*32				个	1.01		20.00	20.20		
	软管				根	2.02		1.6	3.23		
	其他材料费							—		—	
	材料费小计							—	127.91	—	

6.2.3 小平房安装分部分项工程和单价措施项目清单费计算

根据表 6-2 和小平房安装分部分项工程和单价措施项目清单，计算出的分部分项工程和单价措施项目清单费见表 6-3。

分部分项工程和单价措施项目清单与计价表 **表 6-3**

工程名称：小平房工程安装工程 第 页 共 页

序号	项目编码	项目名称	项目特征描述	计量单位	工程数量	金额（元）			
						综合单价	合价	其中	
								定额人工费	暂估价
一、电气设备安装工程									
1	030404017001	配电箱	1. 名称：配电箱 2. 型号：AL-1 3. 规格：400×300×140 4. 安装方式：嵌入式，距地 1.5m 5. 端子板外部接线材质、规格：BV-2.5、1 个，BV-4、3 个	台	1	1064.58	1064.58	106.20	800.00
2	030404034001	照明开关	1. 名称：单联翘板开关 2. 规格：250V16A 3. 安装方式：暗装，距地 1.3m	个	3	10.32	30.96	12.78	
3	030404034002	照明开关	1. 名称：双联翘板开关 2. 规格：250V16A 3. 安装方式：暗装	个	1	12.34	12.34	4.56	
4	030404035001	插座	1 名称：单相三孔空调插座 2. 规格：250V15A 3. 安装方式：暗装，距地 2.2m	个	2	11.83	23.66	10.68	
5	030404035002	插座	1. 名称：单相二加三带安全门插座 2. 规格：250V15A 3. 安装方式：暗装，距地 0.3m	个	3	15.58	46.74	19.44	
6	030404035003	插座	1. 名称：卫生间防溅插座 2. 规格：250V15A 3. 安装方式：暗装，距地 1.8m	个	3	16.40	49.20	19.44	
7	030412002001	工厂灯	1. 名称：防水防尘灯 2. 安装方式：吸顶 3. 规格：220V40W	套	1	55.41	55.41	17.46	
8	030412001001	普通灯具	1. 名称：节能吸顶灯 2. 安装方式：吸顶 3. 规格：220V40W，灯罩直径 300mm	套	1	54.66	54.66	12.72	
9	030412001002	普通灯具	1. 名称：普通壁灯 2. 安装方式：壁装 3. 规格：220V25W	套	1	42.40	42.40	11.88	
本页小计							1379.95	215.16	800
合计							1379.95	215.16	800

续表

序号	项目编码	项目名称	项目特征描述	计量单位	工程数量	金额（元）			
						综合单价	合价	其中	
								定额人工费	暂估价
10	030412001003	普通灯具	1. 名称：普通圆球吸顶灯 2. 安装方式：吸顶 3. 规格：220V40W，灯罩直径 300mm	套	2	54.88	109.76	25.44	
11	030411001001	配管	1. 名称：塑料管 2. 材质：塑料 3. 规格：*DN*16 4. 配置形式：暗敷	m	33.050	6.55	216.48	138.48	
12	030411001002	配管	1. 名称：塑料管 2. 材质：塑料 3. 规格：*DN*20 4. 配置形式：暗敷	m	40.400	7.33	296.13	183.42	
13	030411004001	配线	1. 名称：电气配线 2. 配线形式：管内照明线 3. 规格型号：BV-2.5mm^2 4. 配线部位：沿墙沿天棚	m	73.200	2.81	205.69	43.19	
14	030411004002	配线	1. 名称：电气配线 2. 配线形式：管内照明线 3. 规格型号：BV-4mm^2 4. 配线部位：沿墙沿地沿天棚	m	127.500	3.55	452.63	52.28	
15	030411006001	接线盒	1. 名称：开关、插座盒 2. 材质：塑料 3. 安装形式：暗装	个	12	4.72	56.64	33.84	
16	030411006002	接线盒	1. 名称：接线盒 2. 材质：塑料 3. 安装形式：暗装	个	7	5.11	35.77	18.48	
二、建筑智能化工程									
17	030502003001	分线接线箱	1. 名称：弱电箱 2. 材质：铁质 3. 规格：300×200×100 4. 安装方式：嵌入式	个	1	275.59	275.59	54.60	200.00
18	030502004001	电视插座	1. 名称：电视插座 2. 安装方式：暗装 3. 底盒材质：塑料，86×86	个	2	24.81	49.62	21.84	
本页小计							1698.31	571.57	200
合计							3078.26	786.73	1000

续表

序号	项目编码	项目名称	项目特征描述	计量单位	工程数量	金额（元）			
						综合单价	合价	其中	
								定额人工费	暂估价
19	030502004002	电话插座	1. 名称：电话插座 2. 安装方式：暗装 3. 底盒材质：塑料	个	2	28.26	56.52	31.20	
20	030502012001	信息插座	1. 名称：信息插座 2. 安装方式：暗装 3. 底盒材质：塑料	个	2	48.01	96.02	34.80	
21	030411001001	配管	1. 名称：弱电配管 2. 材质：塑料 3. 规格：*DN*16 4. 配置形式：暗敷	m	12.700	6.55	83.19	53.21	
22	030502005001	双绞线缆	1. 名称：电话线 2. 规格：超五类 3. 线缆对数：四对双绞线 4. 敷设方式：管内暗敷	m	12.700	3.01	38.23	4.83	
23	030502005002	双绞线缆	1. 名称：网络线（RVS） 2. 规格：2×0.5 3. 设方式：管内暗敷	m	12.700	3.61	45.85	10.80	
24	030505005001	射频同轴电缆	1. 名称：射频同轴电视线（SYKV） 2. 规格：75-9 3. 设方式：管内暗敷	m	12.700	4.24	53.85	9.27	
25	030505006001	同轴电缆接头	规格：75-9	个	4	9.17	36.68	18.00	
三、给排水工程									
26	031001006001	塑料管	1. 安装部位：室内 2. 介质：冷水 3. 规格：PPR25 4. 连接方式：热熔	m	2.850	14.53	41.41	16.59	
27	031001006002	塑料管	1. 安装部位：室内 2. 介质：冷水 3. 规格：PPR-*DN*20 4. 连接方式：热熔	m	4.900	12.82	62.82	27.05	
28	031001006003	塑料管	1. 安装部位：室内 2. 介质：冷水 3. 规格：PPR-*DN*15 4. 连接方式：热熔	m	3.510	12.52	43.95	17.69	
本页小计							558.52	223.24	
合计							3636.78	1009.97	1000

续表

序号	项目编码	项目名称	项目特征描述	计量单位	工程数量	金额（元）			
						综合单价	合价	其中	
								定额人工费	暂估价
29	031001006004	塑料管	1. 安装部位：室内 2. 介质：冷水 3. 规格：UPVC100 4. 连接方式：承插	m	5.550	46.63	258.80	73.59	
30	031001006005	塑料管	1. 安装部位：室内 2. 介质：冷水 3. 规格：UPVC50 4. 连接方式：承插	m	3.800	18.40	69.92	33.97	
31	031003001001	螺纹阀门	1. 类型：球阀 2. 材质：铜质 3. 规格：*DN*25 4. 连接方式：螺纹连接	个	1	27.17	27.17	6.60	
32	031004001002	螺纹阀门	1. 类型：球阀 2. 材质：铜质 3. 规格：*DN*20 4. 连接方式：螺纹连接	个	1	22.80	22.80	6.00	
33	031004014001	水嘴	1. 材质：铜质 2. 型号规格：*DN*15 水嘴 3. 连接方式：螺纹连接	个	1	5.87	5.87	1.56	
34	031004014002	地漏	1. 材质：钢质 2. 型号规格：*DN*50 地漏	个	2	17.58	35.16	17.64	
35	031004006001	大便器	1. 材质：陶瓷 2. 组装方式：低水箱坐式 3. 附件名称及数量：自闭式冲洗阀 1 个	组	1	338.27	338.27	33.30	
36	031004003001	洗脸盆	1. 材质：陶瓷 2. 规格、类型：冷热水混合水龙头 3. 组装方式：台式 4. 附件名称及数量：螺纹阀门 2 个	组	1	299.03	299.03	85.26	
本页小计							1057.02	257.92	
合计							4693.80	1267.89	1000

编制说明：

1. 分部分项工程量清单应根据《通用安装计量规范》GB 500856—2013 中规定的项目编码、项目名称、项目特征、计量单位和工程量计算规则进行编制。

2. 工程量清单的项目特征是确定一个清单项目综合单价不可缺少的重要依据，在编制工程量清单时必须对其项目特征进行准确和全面的描述。但在实际的工程量清单项目特征描述中，有些项目特征用文字往往又难以准确和全面地予以描述，因此为达到规范、统一、简捷、准确、全面描述项目特征的要求，在描述工程量清单项目特征时应按以下原则进行：

（1）项目特征描述的内容应按清单“规范附录”规定的内容，项目特征的表述按拟建工程的实际要求，能满足确定综合单价的需要。

（2）若采用标准图集或施工图纸能够全部或部分满足项目特征描述的要求，项目特征描述可直接采用详见××图集或××图号的方式。对不能满足项目特征描述要求的部分，仍应用文字描述。

3. 分部分项工程量清单的项目编码，统一招标工程的项目不得有重复编码。

6.2.4 小平房安装工程总价措施项目费计算

根据小平房安装工程总价措施项目清单和某地区费用定额（见表 5-1）计算的总价措施项目清单费见表 6-4。

总价措施项目清单与计价表 **表 6-4**

工程名称：小平房工程　　　　标段：　　　　第 1 页　共 1 页

序号	项目编码	项目名称	计算基础	费率（%）	金额（元）	调整费率（%）	调整后金额（元）	备注
1	011707001001	安全文明施工	定额人工费	25	316.97			人工费 1267.89
2	011707002001	夜间施工	定额人工费	2	25.36			
3	011707004001	二次搬运	定额人工费	1	12.68			
4	011707005001	冬雨季施工	定额人工费	0.5	6.34			
合计					361.35			

编制人（造价人员）：　　　　复核人（造价工程师）：

6.2.5 小平房安装工程其他项目费计算

根据小平房安装工程量清单的“其他项目清单与计价汇总表”内容计算出的结果见表 6-5。本工程项目只有暂列金额一项。

其他项目清单与计价汇总表 **表 6-5**

工程名称：小平房工程　　　　标段：　　　　第 1 页　共 1 页

序号	项目名称	金额（元）	结算金额（元）	备注
1	暂列金额	1000.00		明细详见表 12-1（略）
2	暂估价			
2.1	材料（工程设备）暂估价			
2.2	专业工程暂估价			
3	计日工			
4	总承包服务费			
5	索赔与现场签证			
合计		1000.00		

注：材料（工程设备）暂估单价进入清单项目综合单价，此处不汇总。

6.2.6 小平房安装工程规费、税金计算

根据小平房安装工程定额人工费和某地区费用定额（见表5-1）计算的规费、税金项目费见表6-6。

规费、税金项目计价表 **表6-6**

工程名称：小平房工程 标段： 第1页共1页

序号	项目名称	计算基础	计算基数	计算费率（%）	金额（元）
1	规费				240.90
1.1	社会保障费				202.86
(1)	养老保险费	定额人工费（分部分项＋单价措施项目）	1267.89	16	202.86
(2)	失业保险费				
(3)	医疗保险费				
(4)	工伤保险费				
(5)	生育保险费				
1.2	住房公积金			3	38.04
1.3	工程排污费	按工程所在地区规定计取	分部分项工程费		
2	增值税税金	税前造价	6296.05	11	692.57
合计					

编制人（造价人员）： 复核人（造价工程师）：

6.2.7 小平房安装工程投标报价汇总表

将分部分项工程和单价措施项目清单与计价表、总价措施项目清单与计价表、其他项目清单与计价汇总表、规费和税金项目计价表中的数据汇总到“单位工程投标报价汇总表”，见表6-7。

单位工程投标报价汇总表 **表6-7**

工程名称：小平房工程 标段： 第1页 共1页

序号	汇总内容	金额（元）	其中：暂估价
1	分部分项工程	4693.80	
1.1	电气设备安装工程	2753.05	
1.2	建筑智能化工程	735.55	
1.3	给水排水工程	1205.20	
1.4			
1.5			
1.6			
1.7			
1.8			
2	措施项目	361.35	
2.1	其中：安全文明费	316.97	
3	其他项目	1000.00	
3.1	其中：暂列金额	1000.00	
3.2	其中：专业工程暂估价		
3.3	其中：计日工		
3.4	其中：总承包服务费		
4	规费	240.90	
5	增值税税金	692.57	
投标报价合计＝1＋2＋3＋4＋5		6988.62	

注：表中序1～序4各费用均以不包含增值税可抵扣进项税额的价格计算。

6.2.8 小平房安装工程投标总价扉页

投 标 总 价

招 标 人： ××学校

工程名称： 小平房安装工程

投标总价：（小写） 6988.62元

（大写） 陆仟玖佰捌拾捌元陆角贰分

投 标 人： ××安装公司

（单位盖章）

法定代表人

或其授权人： ×××

（签字或盖章）

编 制 人： ×××

（造价人员签字盖专业章）

时间：2014年6月29日

附录1　小平房建筑工程选用计价定额摘录

A.1.1.4　人工原土打夯、平整场地、回填土、山坡切土

工作内容：1. 原土打夯：碎土、平土、夯土、泼水。2. 平整场地：在±30cm以内的挖、填、找平。

单位：$100m^2$

定额编号				A1-38	A1-39
项目名称				原土打夯	平整场地
基价（元）				81.93	142.88
其中	人工费（元）			64.39	142.88
	材料费（元）			—	—
	机械费（元）			17.54	—
名称		单位	单价（元）	数量	
人工	综合用工三类	工日	47.00	1.370	3.040
机械	夯实机(电动)夯击能力20～62N·m	台班	31.33	0.560	—

工作内容：1. 回填土：5m以内取土、回填、铺平、夯实；2. 回填灰土：拌合灰土、夯实、场内运输。

单位：$100m^3$

定额编号				A1-40	A1-41	A1-42
项目名称				回填土		回填灰土
				松填	夯填	2∶8
基价（元）				388.22	1582.46	7619.09
其中	人工费（元）			388.22	1332.45	2434.60
	材料费（元）			—	—	4933.85
	机械费（元）			—	250.01	250.64
名称		单位	单价（元）	数量		
人工	综合用工三类	工日	47.00	8.260	28.350	51.800
材料	灰土2∶8	m^3	—	—	—	(101.000)
	黏土	m^3	—	—	—	(135.340)
	生石灰	t	290.00	—	—	16.665
	水	m^3	5.00	—	—	20.200
机械	夯实机(电动)夯击能力20～62N·m	台班	31.33	—	7.980	8.000

A.3.1 砌　　砖

A.3.1.1 基础及实砌内外墙

工作内容：1. 调运砂浆（包括筛砂子及淋灰膏）、砌砖。基础包括清理基槽。2. 砌窗台虎头砖、腰线、门窗套。3. 安放木砖、铁件。

单位：10m³

定额编号				A3-1	A3-2	A3-3	A3-4
项目名称				砖基础	砖砌内外墙（墙厚）		
					一砖以内	一砖	一砖以上
基价（元）				2918.53	3467.25	3204.01	3214.17
其中	人工费（元）			584.40	985.20	798.60	775.20
	材料费（元）			2293.77	2447.91	2366.10	2397.59
	机械费（元）			40.35	34.14	39.31	41.38
名称		单位	单价（元）	数量			
人工	综合用工二类	工日	60.00	9.740	16.420	13.310	12.920
材料	水泥砂浆 M5（中砂）	m³	—	(2.360)	—	—	—
	水泥石灰砂浆 M5（中砂）	m³	—	—	(1.920)	(2.250)	(2.382)
	标准砖 240×115×53	千块	380.00	5.236	5.661	5.314	5.345
	水泥 32.5	t	360.00	0.505	0.411	0.482	0.510
	中砂	t	30.00	3.783	3.078	3.607	3.818
	生石灰	t	290.00	—	0.157	0.185	0.195
	水	m³	5.00	1.760	2.180	2.280	2.360
机械	灰浆搅拌机 200L	台班	103.45	0.390	0.330	0.380	0.400

A.4.1 现浇钢筋混凝土

A.4.1.1 基 础

工作内容：混凝土搅拌、场内水平运输、浇捣、养护等。 单位：$10m^3$

定额编号				A4-1	A4-2	A4-3
项目名称				带形基础		
				毛石混凝土	无筋混凝土	钢筋混凝土
基价（元）				2523.58	2799.12	2782.62
其中	人工费（元）			459.00	563.40	561.60
	材料费（元）			1896.03	2036.68	2026.78
	机械费（元）			168.55	199.04	194.24
名称		单位	单价（元）	数量		
人工	综合用工三类	工日	60.00	7.650	9.390	9.360
材料	现浇混凝土（中砂碎石）C20～40	m^3	—	(8.630)	(10.150)	(10.100)
	水泥32.5	t	360.00	2.805	3.299	3.283
	中砂	t	30.00	5.773	6.790	6.757
	碎石	t	42.00	11.789	13.865	13.797
	毛石100～500mm	m^3	60.00	2.720	—	—
	塑料薄膜	m^2	0.80	9.560	10.080	10.080
	水	m^3	5.00	9.410	10.990	10.930
机械	滚筒式混凝土搅拌机500L以内	台班	151.10	0.330	0.390	0.380
	混凝土振捣器（插入式）	台班	15.47	0.660	0.770	0.770
	机动翻斗车1t	台班	164.36	0.660	0.780	0.760

A. 4. 1. 2 柱

工作内容：混凝土搅拌、场内水平运输、浇捣、养护等。 单位：10m³

定额编号				A4-16	A4-17	A4-18	A4-19
项目名称				矩形柱	圆形及正多边形柱	构造柱异形柱	升板柱帽
基价（元）				3423.78	3462.29	3649.62	3954.68
其中	人工费（元）			1272.60	1312.70	1499.40	1809.60
	材料费（元）			2037.20	2035.51	2036.24	2031.10
	机械费（元）			113.98	113.98	113.98	113.98
名称		单位	单价（元）	数量			
人工	综合用工三类	工日	60.00	21.210	21.880	24.990	30.160
材料	现浇混凝土（中砂碎石）C20～40	m³	—	(9.800)	(9.800)	(9.800)	(9.800)
	水泥砂浆 1∶2（中砂）	m³	—	(0.310)	(0.310)	(0.310)	(0.310)
	水泥 32.5	t	360.00	3.356	3.356	3.356	3.356
	中砂	t	30.00	7.008	7.008	7.008	7.008
	碎石	t	42.00	13.387	13.387	13.387	13.387
	塑料薄膜	m²	0.80	4.000	3.440	3.360	—
	水	m³	5.00	10.670	10.420	10.580	10.090
机械	滚筒式混凝土搅拌机 500L 以内	台班	151.10	0.600	0.600	0.600	0.600
	灰浆搅拌机 200L	台班	103.45	0.040	0.040	0.040	0.040
	混凝土振捣器（插入式）	台班	15.47	1.240	1.240	1.240	1.240

注：正多边形柱是指柱断面为正方形以外的正多边形。

A.4.1.3 梁

工作内容：混凝土搅拌、场内水平运输、浇捣、养护等。 单位：10m³

定额编号				A4-20	A4-21	A4-22	A4-23
项目名称				基础梁	单梁 连续梁	异形梁	圈梁 弧形圈梁
基价（元）				2908.78	3035.92	3083.52	3498.43
其中	人工费（元）			773.40	900.60	942.60	1399.20
	材料费（元）			2022.67	2202.61	2028.21	2030.05
	机械费（元）			112.71	112.71	112.71	69.18
名称		单位	单价（元）	数量			
人工	综合用工三类	工日	60.00	12.890	15.010	15.710	23.320
材料	现浇混凝土（中砂碎石）C20～40	m³	—	(10.000)	(10.000)	(10.000)	(10.000)
	水泥 32.5	t	360.00	3.250	3.250	3.250	3.250
	中砂	t	30.00	6.690	6.690	6.690	6.690
	碎石	t	42.00	13.660	13.660	13.660	13.660
	塑料薄膜	m²	0.80	24.120	23.800	28.920	33.040
	水	m³	5.00	11.790	11.830	12.130	11.840
机械	滚筒式混凝土搅拌机 500L 以内	台班	151.10	0.620	0.620	0.620	0.380
	混凝土振捣器（插入式）	台班	15.47	1.230	1.230	1.230	0.760

工作内容：混凝土搅拌、场内水平运输、浇捣、养护等。 单位：10m³

定额编号				A4-24	A4-25	A4-26
项目名称				过梁	拱形梁 弧形梁	叠合梁
基价（元）				3706.20	3551.62	3281.20
其中	人工费（元）			1515.60	1399.80	1069.20
	材料费（元）			2077.89	2039.11	2099.29
	机械费（元）			112.71	112.71	112.71
名称		单位	单价（元）	数量		
人工	综合用工三类	工日	60.00	25.260	23.330	17.820
材料	现浇混凝土（中砂碎石）C20～40	m³	—	(10.000)	(10.000)	(10.000)
	水泥 32.5	t	360.00	3.250	3.250	3.250
	中砂	t	30.00	6.690	6.690	6.690
	碎石	t	42.00	13.660	13.660	13.660
	塑料薄膜	m²	0.80	74.280	39.920	88.840
	水	m³	5.00	14.810	12.550	16.760
机械	滚筒式混凝土搅拌机 500L 以内	台班	151.10	0.620	0.620	0.620
	混凝土振捣器（插入式）	台班	15.47	1.230	1.230	1.230

A.4.1.4 板

工作内容：混凝土搅拌、场内水平运输、浇捣、养护等。 单位：10m³

定额编号				A4-34	A4-35	A4-36	A4-37
项目名称				无梁板	平板	拱形板	预制板间补现浇板缝
基价（元）				2869.74	3039.03	3346.63	3193.71
其中	人工费（元）			710.40	784.80	1137.60	916.20
	材料费（元）			2044.50	2139.39	2094.19	2162.67
	机械费（元）			114.84	114.84	114.84	114.84
名称		单位	单价（元）	数量			
人工	综合用工三类	工日	60.00	11.840	13.080	18.960	15.270
材料	现浇混凝土（中砂碎石）C20～40	m³	—	—	(10.000)	(10.000)	(10.000)
	现浇混凝土（中砂碎石）C20～40	m³	—	(10.000)	—	—	—
	水泥 32.5	t	360.00	3.250	3.520	3.520	3.520
	中砂	t	30.00	6.690	6.950	6.950	6.950
	碎石	t	42.00	13.660	12.970	12.970	12.970
	塑料薄膜	m²	0.80	42.040	56.880	18.000	76.720
	水	m³	5.00	13.290	14.690	11.870	16.170
机械	滚筒式混凝土搅拌机 500L 以内	台班	151.10	0.620	0.620	0.620	0.620
	混凝土振捣器（插入式）	台班	15.47	0.620	0.620	0.620	0.620
	混凝土振捣器（平板式）	台班	18.65	0.620	0.620	0.620	0.620

工作内容：1. 挖土、抛于槽边1m外，修理槽壁与槽底、拍底。2. 铺设垫层、找平、夯实灰土垫层（包括焖灰、筛灰、筛土）。3. 混凝土搅拌、浇灌、养护。4. 刷素水泥浆。5. 调运砂浆、一次抹光。6. 灌缝、基础回填等。　　　　单位：100m²

定额编号				A4-61	A4-62
项目名称				散水	
				混凝土一次抹光 水泥砂浆	混凝土一次抹光 干混抹灰砂浆
基价（元）				6924.90	7040.05
其中	人工费（元）			3444.60	3432.00
	材料费（元）			3377.92	3504.90
	机械费（元）			102.38	103.15
名称		单位	单价（元）	数量	
人工	综合用工三类	工日	60.00	57.410	57.200
材料	现浇混凝土（中砂碎石）C15～40	m³	—	(7.110)	(7.110)
	干混抹灰砂浆 DPM20	t	290.00	—	0.970
	水泥砂浆 1∶1（中砂）	m³	—	(0.510)	—
	普通沥青砂浆 1∶2∶7（中砂）	m³	—	(0.490)	(0.490)
	灰土 3∶7	m³	—	(16.160)	(16.160)
	水泥 32.5	t	360.00	2.235	1.849
	中砂	t	30.00	6.700	6.189
	碎石	t	42.00	9.577	9.577
	生石灰	t	290.00	4.008	4.008
	黏土	m³	—	(18.907)	(18.907)
	石油沥青 30#	t	4900.00	0.120	0.120
	滑石粉	kg	0.50	229.320	229.320
	烟煤	t	750.00	0.094	0.094
	水	m³	5.00	4.665	4.660
	其他材料费	元	1.00	11.277	11.277
机械	滚筒式混凝土搅拌机 500L 以内	台班	151.10	0.440	0.440
	混凝土振捣器（平板式）	台班	18.65	0.370	0.370
	灰浆搅拌机 200L	台班	103.45	0.065	—
	干混砂浆储料罐（带搅拌机）	台班	115.16	—	0.065
	夯实机(电动)夯击能力 20～62N·m	台班	31.33	0.711	0.711

工作内容：1. 挖土、抛于槽边1m外，修理槽壁与槽底、拍底。2. 铺设垫层、找平、夯实灰土垫层（包括焖灰、筛灰、筛土）。3. 混凝土搅拌、浇注、养护。4. 基础回填等。

单位：100m²

定额编号				A4-66	A4-67
项目名称				台阶	明沟
				混凝土基层	混凝土抹水泥砂浆
				100m² 水平投影面积	10m
基价（元）				9201.58	1021.00
其中	人工费（元）			4036.20	493.44
	材料费（元）			4980.09	500.05
	机械费（元）			185.29	27.51
名称		单位	单价（元）	数量	
人工	综合用工二类	工日	60.00	67.270	8.224
材料	现浇混凝土（中砂碎石）C15～40	m³	—	(12.280)	(2.610)
	水泥砂浆 1：1（中砂）	m³	—	—	(0.122)
	普通沥青砂浆 1：2：7（中砂）	m³	—	(0.230)	—
	灰土 3：7	m³	—	(32.720)	—
	水泥 32.5	t	360.00	3.193	0.771
	中砂	t	30.00	9.648	2.090
	碎石	t	42.00	16.541	3.516
	生石灰	t	290.00	8.115	—
	黏土	m³	—	(38.282)	—
	石油沥青 30#	t	4900.00	0.056	—
	滑石粉	kg	0.50	107.640	—
	塑料薄膜	m²	0.80	74.880	—
	烟煤	t	750.00	0.045	—
	水	m³	5.00	8.754	2.170
	其他材料费	元	1.00	27.458	1.271
机械	滚筒式混凝土搅拌机 500L 以内	台班	151.10	0.770	0.140
	混凝土振捣器（插入式）	台班	15.47	1.540	0.150
	灰浆搅拌机 200L	台班	103.45	—	0.030
	夯实机(电动)夯击能力 20～62N·m	台班	31.33	1.440	—
	混凝土振捣器(平板式)	台班	18.65	—	0.050

A.4.8 钢筋、铁件

A.4.8.1 钢筋、铁件制作、安装

工作内容：钢筋包括除锈、制作、绑扎。 单位：t

定额编号				A4-330	A4-331	A4-332
项目名称				现浇构件钢筋直径(mm)		
				10以内	20以内	20以外
基价(元)				5299.97	5357.47	5109.22
其中	人工费(元)			799.86	483.60	331.98
	材料费(元)			4444.39	4728.00	4672.87
	机械费(元)			55.72	145.87	104.37
名称		单位	单价(元)	数量		
人工	综合用工三类	工日	60.00	13.331	8.060	5.533
材料	钢筋 ϕ10以内	t	4290.00	1.020	—	—
	钢筋 ϕ20以内	t	4500.00	—	1.040	—
	钢筋 ϕ20以外	t	4450.00	—	—	1.040
	电焊条结422	kg	4.14	—	6.369	8.518
	镀锌铁丝22#	kg	6.70	10.238	3.120	1.373
	水	m^3	5.00	—	0.145	0.081
机械	电动卷扬机(单筒慢速50kN)	台班	130.68	0.337	0.208	—
	钢筋切断机(直径40mm)	台班	49.84	0.112	0.104	0.094
	钢筋弯曲机(直径40mm)	台班	27.09	0.225	0.218	0.187
	直流弧焊机32kW	台班	219.98	—	0.383	0.359
	对焊机75kV·A	台班	248.34	—	0.094	0.063

工作内容：1. 清理基层，刷基层处理剂。2. 铺贴卷材防水层及收头嵌油膏。

<table>
<tr><td colspan="4">定　额　编　号</td><td>A7-50</td><td>A7-51</td><td>A7-52</td><td>A7-53</td><td>A7-54</td><td>A7-55</td></tr>
<tr><td colspan="4" rowspan="4">项　目　名　称</td><td colspan="5">SBS改性沥青防水卷材</td><td rowspan="2">SBC120复合卷材</td></tr>
<tr><td colspan="2">冷贴</td><td colspan="2">热熔</td><td>屋面分格缝</td></tr>
<tr><td>一层</td><td>每增一层</td><td>一层</td><td>每增一层</td><td>点粘300宽</td><td>冷贴满铺</td></tr>
<tr><td colspan="4">100m²</td><td>100m</td><td>100m²</td></tr>
<tr><td colspan="4">基价（元）</td><td>2767.21</td><td>2578.23</td><td>2208.56</td><td>1946.90</td><td>600.06</td><td>3751.49</td></tr>
<tr><td rowspan="3">其中</td><td colspan="3">人工费（元）</td><td>227.88</td><td>203.34</td><td>263.76</td><td>235.62</td><td>82.80</td><td>173.64</td></tr>
<tr><td colspan="3">材料费（元）</td><td>2539.33</td><td>2374.89</td><td>1944.80</td><td>1711.28</td><td>517.26</td><td>3577.85</td></tr>
<tr><td colspan="3">机械费（元）</td><td>—</td><td>—</td><td>—</td><td>—</td><td>—</td><td>—</td></tr>
<tr><td colspan="2">名　称</td><td>单位</td><td>单价（元）</td><td colspan="6">数　量</td></tr>
<tr><td>人工</td><td>综合用工三类</td><td>工日</td><td>60.00</td><td>3.798</td><td>3.389</td><td>4.396</td><td>3.927</td><td>1.380</td><td>2.894</td></tr>
<tr><td rowspan="13">材料</td><td>素水泥浆</td><td>m³</td><td>—</td><td>—</td><td>—</td><td>—</td><td>—</td><td>—</td><td>(0.161)</td></tr>
<tr><td>SBS改性沥青防水卷材3mm</td><td>m²</td><td>12.00</td><td>119.480</td><td>119.480</td><td>119.480</td><td>119.480</td><td>33.630</td><td>—</td></tr>
<tr><td>聚乙烯丙纶双面复合卷材500g/m²</td><td>m²</td><td>21.00</td><td>—</td><td>—</td><td>—</td><td>—</td><td>—</td><td>119.480</td></tr>
<tr><td>聚丁胶粘合剂</td><td>kg</td><td>15.00</td><td>53.743</td><td>59.987</td><td>—</td><td>—</td><td>7.580</td><td>—</td></tr>
<tr><td>SBS弹性沥青防水胶</td><td>kg</td><td>8.70</td><td>28.920</td><td>—</td><td>28.920</td><td>—</td><td>—</td><td>—</td></tr>
<tr><td>聚氨酯甲料</td><td>kg</td><td>14.60</td><td>—</td><td>—</td><td>—</td><td>—</td><td>—</td><td>20.487</td></tr>
<tr><td>聚氨酯乙料</td><td>kg</td><td>14.60</td><td>—</td><td>—</td><td>—</td><td>—</td><td>—</td><td>30.731</td></tr>
<tr><td>CSPE嵌缝油膏330mL</td><td>支</td><td>3.85</td><td>—</td><td>—</td><td>—</td><td>—</td><td>—</td><td>52.681</td></tr>
<tr><td>石油液化气</td><td>kg</td><td>7.84</td><td>—</td><td>—</td><td>26.992</td><td>30.128</td><td>—</td><td>—</td></tr>
<tr><td>改性沥青嵌缝油膏</td><td>kg</td><td>8.00</td><td>5.977</td><td>5.165</td><td>5.977</td><td>5.165</td><td>—</td><td>—</td></tr>
<tr><td>TG胶</td><td>kg</td><td>2.50</td><td>—</td><td>—</td><td>—</td><td>—</td><td>—</td><td>12.245</td></tr>
<tr><td>水泥32.5</td><td>t</td><td>360.00</td><td>—</td><td>—</td><td>—</td><td>—</td><td>—</td><td>0.242</td></tr>
<tr><td>水</td><td>m³</td><td>5.00</td><td>—</td><td>—</td><td>—</td><td>—</td><td>—</td><td>0.086</td></tr>
</table>

工作内容：1. 清扫基层。2. 调制混合料或混凝土及铺填养护。　　　　单位：10m³

定额编号				A8-230	A8-231	A8-232	A8-233	A8-234
项目名称				1∶6 水泥炉渣	炉渣 混凝土	石灰炉渣	水泥石灰 炉渣	现浇水泥 蛭石
基价（元）				2550.76	2711.29	1975.41	2349.05	1847.49
其中	人工费（元）			389.16	389.16	336.99	325.24	331.82
	材料费（元）			2086.05	2246.58	1562.87	1948.26	1440.12
	机械费（元）			75.55	75.55	75.55	75.55	75.55
名称		单位	单价（元）	数量				
人工	综合用工三类	工日	47.00	8.280	8.280	7.170	6.920	7.060
材料	水泥炉渣 1∶6	m³	—	(10.10)	—	—	—	—
	炉渣混凝土 C5.0	m³	—	—	(10.100)	—	—	—
	石灰炉渣 1∶3	m³	—	—	—	(10.100)	—	—
	水泥石灰炉渣 1∶1∶8	m³	—	—	—	—	(10.100)	—
	水泥蛭石 1∶10	m³	—	—	—	—	—	(10.400)
	水泥 32.5	t	360.00	2.545	1.424	—	1.788	1.539
	炉渣	m³	90.00	12.830	15.550	11.210	11.920	—
	生石灰	t	290.00	—	1.101	1.858	0.747	—
	蛭石	m³	65.00	—	—	—	—	13.312
	水	m³	5.00	3.030	3.030	3.030	3.030	4.160
机械	滚筒式混凝土搅拌机 500L 以内	台班	151.10	0.500	0.500	0.500	0.500	0.500

A.12.1.1.2 柱

工作内容：1. 模板选配、刷隔离剂、安装、拆除、清理、堆放。2. 模板支撑及操作系统的安装、拆除、清理、堆放。3. 模板、模板支撑及操作系统的场内外水平运输。

单位：100m²

定额编号				A12-17	A12-18	A12-19
项目名称				矩形柱	异形柱	柱支撑高度超过3.6m每增加1m
基价（元）				4401.96	5336.28	277.33
其中	人工费（元）			2161.20	3232.80	182.40
	材料费（元）			2012.11	1874.83	84.98
	机械费（元）			228.65	228.65	9.95
名称		单位	单价（元）	数量		
人工	综合用工二类	工日	60.00	36.020	53.880	3.040
材料	组合钢模板	t·天	11.00	62.472	61.712	—
	零星卡具	t·天	11.00	21.357	8.941	—
	支撑钢管 ϕ48.3×3.6	百米·天	1.60	153.520	300.627	17.019
	直角扣件≥1.1kg/套	百套·天	1.00	72.352	140.265	7.940
	对接扣件≥1.25kg/套	百套·天	1.00	13.781	26.717	1.513
	木模板	m³	2300.00	0.064	0.083	—
	支撑方木	m³	2300.00	0.182	—	0.021
	木脚手板	m³	2200.00	0.053	0.053	—
	铁钉	kg	5.50	1.800	13.860	—
	隔离剂	kg	0.98	10.000	10.000	—
	其他材料费	元	1.00	56.130	56.130	—
机械	载货汽车5t	台班	476.04	0.280	0.280	0.010
	汽车式起重机5t	台班	519.40	0.180	0.180	0.010
	木工圆锯机 ϕ500	台班	31.19	0.060	0.060	—

A.12.1.1.3　梁

工作内容：1. 模板选配、刷隔离剂、安装、拆除、清理、堆放。2. 模板支撑及操作系统的安装、拆除、清理、堆放。3. 模板、模板支撑及操作系统的场内外水平运输。

单位：100m²

定　额　编　号				A12-20	A12-21	A12-22
项　目　名　称				基础梁	单梁 连续梁	圈梁 （直形）
基价（元）				3755.72	5398.45	3469.33
其中	人工费（元）			1720.80	2334.00	1830.00
	材料费（元）			1867.05	2802.23	1526.06
	机械费（元）			167.87	262.22	113.27
名　　称		单位	单价（元）	数　　量		
人工	综合用工二类	工日	60.00	28.680	38.900	30.500
材料	水泥砂浆 1：2（中砂）	m³	—	(0.012)	(0.012)	(0.003)
	水泥 32.5	t	360.00	0.007	0.007	0.002
	中砂	t	30.00	0.017	0.017	0.004
	组合钢模板	t·天	11.00	61.336	108.276	61.200
	零星卡具	t·天	11.00	10.182	23.016	—
	支撑钢管 ϕ18.3×3.6	百米·天	1.60	—	293.084	—
	直角扣件≥1.1kg/套	百套·天	1.00	—	221.002	—
	对接扣件≥1.25kg/套	百套·天	1.00	—	42.095	—
	支撑方木	m³	2300.00	0.281	0.029	0.109
	木脚手板	m³	2200.00	—	0.081	—
	木模板	m³	2300.00	0.043	0.017	0.014
	梁卡具	t·天	11.00	5.488	14.666	—
	铁钉	kg	5.50	21.920	0.470	32.970
	镀锌铁丝 8#	kg	5.00	17.220	16.070	64.540
	隔离剂	kg	0.98	10.000	10.000	10.000
	尼龙帽	个	0.80	—	37.000	—
	镀锌铁丝 22#	kg	6.70	0.180	0.180	0.180
	水	m³	5.00	0.004	0.004	0.001
	其他材料费	元	1.00	54.070	54.070	54.070
机械	载货汽车 5t	台班	476.04	0.230	0.330	0.150
	汽车式起重机 5t	台班	519.40	0.110	0.200	0.080
	木工圆锯机 ϕ500	台班	31.19	0.040	0.040	0.010

A.12.1.1.5 板

工作内容：1. 模板选配、刷隔离剂、安装、拆除、清理、堆放。2. 模板支撑系统的安装、拆除、清理、堆放。3. 模板及支撑系统的场内外水平运输。 单位：100m²

定额编号				A12-29	A12-30	A12-31	A12-32
项目名称				无梁板 400mm 内	无梁板 1500mm 内	无梁板 2100mm 内	平板
基价（元）				4970.79	8749.50	10194.10	4612.40
其中	人工费（元）			1636.20	2454.30	2781.54	1561.80
	材料费（元）			3101.31	6061.92	7179.28	2782.06
	机械费（元）			233.28	233.28	233.28	268.54
名称		单位	单价（元）	数量			
人工	综合用工二类	工日	60.00	27.270	40.905	46.359	26.030
材料	水泥砂浆 1∶2（中砂）	m³	—	(0.003)	(0.003)	(0.003)	(0.003)
	水泥 32.5	t	360.00	0.002	0.002	0.002	0.002
	中砂	t	30.00	0.004	0.004	0.004	0.004
	组合钢模板	t·天	11.00	79.394	79.394	79.394	95.592
	零星卡具	t·天	11.00	14.610	14.610	14.610	15.490
	支撑钢管（碗扣式）ϕ48×3.5	百米·天	3.00	282.172	971.576	1303.394	282.172
	木模板	m³	2300.00	0.182	0.182	0.182	0.051
	支撑方木	m³	2300.00	0.303	0.691	0.744	0.231
	铁钉	kg	5.50	9.100	9.100	9.100	1.790
	隔离剂	kg	0.98	10.000	10.000	10.000	10.000
	镀锌铁丝 22#	kg	6.70	0.180	0.180	0.180	0.180
	水	m³	5.00	0.001	0.001	0.001	0.001
	其他材料费	元	1.00	43.350	43.350	43.350	43.350
机械	载货汽车 5t	台班	476.04	0.310	0.310	0.310	0.340
	汽车式起重机 5t	台班	519.40	0.150	0.150	0.150	0.200
	木工圆锯机 ϕ500	台班	31.19	0.250	0.250	0.250	0.090

工作内容：1. 包括模板制作、安装、拆除；2. 包括模板场内水平运输。

定额编号				A12-77	A12-78
项目名称				混凝土基础垫层	二次灌浆
				100m²	10m³
基价（元）				4155.02	1358.56
其中	人工费（元）			651.60	454.80
	材料费（元）			3446.07	875.20
	机械费（元）			57.35	28.56
名称		单位	单价（元）	数量	
人工	综合用工二类	工日	60.00	10.860	7.580
材料	水泥砂浆1∶2（中砂）	m³	—	(0.012)	—
	水泥32.5	t	360.00	0.007	—
	中砂	t	30.00	0.017	—
	木模板	m³	2300.00	1.445	0.370
	隔离剂	kg	0.98	10.000	—
	铁钉	kg	5.50	19.730	4.400
	镀锌铁丝22#	kg	6.70	0.180	—
	水	m³	5.00	0.004	—
机械	载货汽车5t	台班	476.04	0.110	0.060
	木工圆锯机ϕ500	台班	31.19	0.160	—

A.12.1.3.6 其　他

工作内容：1. 包括模板制作、安装、拆除、清除、堆放。2. 模板支撑系统的安装、拆除、清理、堆放。3. 模板、模板支撑系统的场内外水平运输。　　单位：100m²

定额编号				A12-94	A12-95	A12-96
项目名称				整体楼梯	螺旋楼梯	
					整体	柱式
基价（元）				7090.30	17571.96	16424.79
其中	人工费（元）			2649.54	6864.42	6864.42
	材料费（元）			4247.05	10179.67	9032.50
	机械费（元）			193.71	527.87	527.87
名称		单位	单价（元）	数量		
人工	综合用工二类	工日	60.00	44.159	114.407	114.407
材料	其他材料费	元	1.00	41.000	388.750	195.647
	木模板	m³	2300.00	0.874	2.441	2.192
	支撑方木	m³	2300.00	0.825	1.627	1.460
	铁钉	kg	5.50	52.460	79.004	79.501
	隔离剂	kg	0.98	10.020	—	—
机械	木工圆锯机 ϕ500	台班	31.19	2.456	0.807	0.807
	载货汽车 5t	台班	476.04	0.246	1.056	1.056

工作内容：1. 包括模板制作、安装、拆除、清理、堆放。2. 模板支撑系统的安装、拆除、清理、堆放。3. 模板、模板支撑系统的场内外水平运输。　　单位：100m²

定额编号				A12-97	A12-98	A12-99	A12-100
项目名称				弧形阳台	弧形雨篷	弧形栏板	台阶
基价（元）				14219.43	12131.04	10338.25	6372.28
其中	人工费（元）			4201.44	3550.26	1846.80	2616.00
	材料费（元）			9591.88	8341.32	8342.27	3648.60
	机械费（元）			426.11	259.46	149.18	107.68
名称		单位	单价（元）	数量			
人工	综合用工二类	工日	60.00	70.024	59.171	30.780	43.600
材料	木模板	m³	2300.00	1.335	1.180	1.403	1.300
	支撑方木	m³	2300.00	2.472	2.179	2.131	0.200
	铁钉	kg	5.50	42.290	105.423	31.110	29.600
	隔离剂	kg	0.98	—	9.991	12.000	10.000
	铁件	kg	7.00	72.694	—	—	—
	其他材料费	元	1.00	94.325	26.000	31.200	26.000
机械	载货汽车 5t	台班	476.04	0.517	0.345	0.240	0.200
	木工圆锯机 ϕ500	台班	31.19	5.771	2.412	1.120	0.400

工作内容：1. 包括模板制作、安装、拆除、清除、堆放。2. 模板支撑系统的安装、拆除、清理、堆放。3. 模板、模板支撑系统的场内外水平运输。 单位：100m²

定额编号				A12-101	A12-102	A12-103	A12-104
项目名称				零星构件	池槽	压顶 垫块 墩块	升板柱帽
基价（元）				5066.77	6428.51	3571.01	11569.97
其中	人工费（元）			2678.70	2413.74	2160.00	3079.80
	材料费（元）			2259.34	3807.13	1353.85	8188.51
	机械费（元）			128.73	207.64	57.16	301.66
名称		单位	单价（元）	数量			
人工	综合用工二类	工日	60.00	44.645	40.229	36.00	51.330
材料	木模板	m³	2300.00	0.870	1.225	0.537	0.928
	支撑方木	m³	2300.00	—	0.316	—	2.403
	铁钉	kg	5.50	27.236	41.853	6.789	86.620
	隔离剂	kg	0.98	—	6.774	—	10.000
	其他材料费	元	1.00	108.543	26.000	81.407	41.000
机械	载货汽车 5t	台班	476.04	0.020	0.390	0.082	0.540
	木工圆锯机 ϕ500	台班	31.19	3.822	0.705	0.581	1.430

A.12.1.3.7 混凝土路面模板

工作内容：1. 包括模板制作、安装、拆除。2. 包括模板场内水平运输。 单位：100m²

定额编号				A12-105
项目名称				混凝土路面
基价（元）				4497.74
其中	人工费（元）			1972.20
	材料费（元）			2383.09
	机械费（元）			142.45
名称		单位	单价（元）	数量
人工	综合用工二类	工日	60.00	32.870
材料	木模板	m³	2300.00	0.960
	铁件	kg	7.00	10.000
	铁钉	kg	5.50	18.000
	其他材料费	元	1.00	6.090
机械	木工圆锯机 ϕ500	台班	31.19	1.650
	木工平刨床 300mm	台班	15.40	1.650
	载货汽车 6t	台班	504.40	0.130

A.13.1 建筑物垂直运输

A.13.1.1 ±0.00m以下

工作内容：单位工程合理工期内完成本定额项目所需的塔吊台班费用。 单位：100m²

定额编号				A13-1	A13-2	A13-3	A13-4
项目名称				±0.00m以下			
				一层	二层以内	三层以内	四层以内
基价（元）				3222.33	2504.41	2253.87	2003.82
其中	人工费（元）			—	—	—	—
	材料费（元）			—	—	—	—
	机械费（元）			3222.33	2504.41	2253.87	2003.82
名称		单位	单价（元）	数量			
机械	塔式起重机（起重力矩600kN·m）	台班	488.38	6.598	5.128	4.615	4.103

A.13.1.2 ±0.00m以上，20m（6层）以内

工作内容：单位工程合理工期内完成本定额项目所需的塔吊、卷扬机台班费用。 单位：100m²

定额编号				A13-5	A13-6	A13-7	A13-8
项目名称				砖混结构		现浇框架	其他结构
				卷扬机	塔式起重机		
基价（元）				1262.65	1958.16	2489.33	1910.68
其中	人工费（元）			—	—	—	—
	材料费（元）			—	—	—	—
	机械费（元）			1262.65	1958.16	2489.33	1910.68
名称		单位	单价（元）	数量			
机械	塔式起重机（起重力矩600kN·m）	台班	488.38	—	2.022	2.563	1.969
	慢速卷扬机（带塔、综合）	台班	229.74	5.496	4.225	5.387	4.131

工作内容：混凝土搅拌、浇筑、捣固、养护等全部操作过程。　　单位：100m³

定额编号				B1-24	B1-25	B1-26
项目名称				混凝土	预拌混凝土	陶粒混凝土
基价（元）				2624.85	2812.36	3484.09
其中	人工费（元）			772.80	418.80	543.60
	材料费（元）			1779.32	2379.76	2867.76
	机械费（元）			72.73	13.80	72.73
名称		单位	单价（元）	数量		
人工	综合用工二类	工日	60.00	12.880	6.980	9.060
材料	现浇混凝土（中砂碎石）C15～40	m³	—	(10.100)	—	—
	预拌混凝土 C15	m³	230.00	—	10.332	—
	陶粒混凝土 C15	m³	—	—	—	(10.200)
	水泥 32.5	t	360.00	2.626	—	3.142
	中砂	t	30.00	7.615	—	7.069
	碎石	t	42.00	13.605	—	—
	陶粒	m³	170.00	—	—	8.731
	水	m³	5.00	6.820	0.680	8.060
机械	混凝土振捣器（平板式）	台班	18.65	0.740	0.740	0.740
	滚筒式混凝土搅拌机 500L 以内	台班	151.10	0.390	—	0.390

B.1.2 找平层

工作内容：清理基层、调运砂浆、刷素水泥浆、抹平、压实等全部操作过程。　单位：100m²

<table>
<tr><td colspan="4">定额编号</td><td>B1-27</td><td>B1-28</td><td>B1-29</td><td>B1-30</td></tr>
<tr><td colspan="4" rowspan="4">项目名称</td><td colspan="4">水泥砂浆</td></tr>
<tr><td colspan="2">在硬基层上</td><td>在填充材料上</td><td rowspan="3">每增减5mm</td></tr>
<tr><td>平面</td><td>立面</td><td>平面</td></tr>
<tr><td colspan="3">20mm</td></tr>
<tr><td colspan="4">基价（元）</td><td>936.71</td><td>1089.92</td><td>1000.50</td><td>188.78</td></tr>
<tr><td rowspan="3">其中</td><td colspan="3">人工费（元）</td><td>459.60</td><td>612.60</td><td>471.00</td><td>82.80</td></tr>
<tr><td colspan="3">材料费（元）</td><td>451.25</td><td>451.46</td><td>496.40</td><td>99.77</td></tr>
<tr><td colspan="3">机械费（元）</td><td>25.86</td><td>25.86</td><td>33.10</td><td>6.21</td></tr>
<tr><td colspan="2">名称</td><td>单位</td><td>单价（元）</td><td colspan="4">数量</td></tr>
<tr><td>人工</td><td>综合用工二类</td><td>工日</td><td>60.00</td><td>7.660</td><td>10.210</td><td>7.850</td><td>1.380</td></tr>
<tr><td rowspan="5">材料</td><td>水泥砂浆 1∶3（中砂）</td><td>m³</td><td>—</td><td>(2.020)</td><td>(2.020)</td><td>(2.530)</td><td>(0.510)</td></tr>
<tr><td>素水泥浆</td><td>m³</td><td>—</td><td>(0.100)</td><td>(0.100)</td><td>—</td><td>—</td></tr>
<tr><td>水泥 32.5</td><td>t</td><td>360.00</td><td>0.966</td><td>0.966</td><td>1.022</td><td>0.206</td></tr>
<tr><td>中砂</td><td>t</td><td>30.00</td><td>3.238</td><td>3.238</td><td>4.056</td><td>0.818</td></tr>
<tr><td>水</td><td>m³</td><td>5.00</td><td>1.270</td><td>1.311</td><td>1.359</td><td>0.213</td></tr>
<tr><td>机械</td><td>灰浆搅拌机 200L</td><td>台班</td><td>103.45</td><td>0.250</td><td>0.250</td><td>0.320</td><td>0.060</td></tr>
</table>

B.1.3 整 体 面 层

B.1.3.1 水 泥 砂 浆

工作内容：1. 清理基层、调运砂浆、刷素水泥浆、抹面、压光、养护。2. 清理基层、调运砂浆、抹面、搓毛、养护等全部操作过程。　　单位：100m²

定额编号				B1-38	B1-39	B1-40	B1-41
项目名称				楼地面		加浆抹光随打随抹	加浆搓毛
				20mm	每增减5mm		
基价（元）				1432.75	193.71	600.39	576.99
其中	人工费（元）			830.40	63.00	427.20	403.80
	材料费（元）			576.49	124.50	166.98	166.98
	机械费（元）			25.86	6.21	6.21	6.21
名称		单位	单价（元）	数量			
人工	综合用工二类	工日	60.00	13.840	1.050	7.120	6.730
材料	水泥砂浆 1∶1（中砂）	m³	—	—	—	(0.510)	(0.510)
	水泥砂浆 1∶2（中砂）	m³	—	(2.020)	(0.510)	—	—
	素水泥浆	m³	—	(0.100)	—	—	—
	水泥 32.5	t	360.00	1.263	0.281	0.387	0.387
	中砂	t	30.00	2.941	0.743	0.511	0.511
	水	m³	5.00	4.461	0.210	0.210	0.210
	其他材料费	元	1.00	11.277	—	11.277	11.277
机械	灰浆搅拌机 200L	台班	103.45	0.250	0.060	0.060	0.060

B.1.7 踢 脚 线

B.1.7.1 水泥砂浆、水泥彩色踢脚线

工作内容：1. 清理基层、调运砂浆、抹面、压光、养护等全部操作过程。2. 清理基层、浇水、配色、抹面、压光、打蜡、擦光、养护等全部操作过程。

定额编号				B1-199	B1-200
项目名称				水泥砂浆踢脚线	TG胶水泥彩色踢脚线
				$100m^2$	100m
基价（元）				2616.30	189.70
其中	人工费（元）			1967.40	141.60
	材料费（元）			612.69	48.10
	机械费（元）			36.21	—
名称		单位	单价（元）	数量	
人工	综合用工二类	工日	60.00	32.790	2.360
材料	水泥砂浆1∶2（中砂）	m^3	—	(1.110)	—
	水泥砂浆1∶3（中砂）	m^3	—	(1.665)	—
	水泥32.5	t	360.00	1.284	0.040
	中砂	t	30.00	4.285	—
	TG胶	kg	2.50	—	8.00
	色粉	kg	4.50	—	1.600
	硬白蜡50#	kg	6.50	—	0.400
	水	m^3	5.00	4.380	—
	其他材料费	元	1.00	—	3.896
机械	灰浆搅拌机200L	台班	103.45	0.350	—

B.2.1.1.3 混 合 砂 浆

工作内容：清理、修补、湿润基层表面、调运砂浆、分层抹灰找平、罩面压光（包括门窗洞口侧壁及护角抹灰、堵墙眼），清扫落地灰、清理等全部操作过程。　　单位：100m²

定额编号				B2-18	B2-19	B2-20	B2-21	B2-22
项目名称				墙面				
				毛石	标准砖	混凝土	轻质砌块	轻质砌块（TG胶砂浆）
基价（元）				2273.29	1733.84	1735.30	1806.00	1631.24
其中	人工费（元）			1588.30	1283.10	1302.70	1373.40	1212.40
	材料费（元）			635.33	415.57	402.60	402.60	395.05
	机械费（元）			49.66	35.17	30.00	30.00	23.79
名称		单位	单价（元）	数量				
人工	综合用工二类	工日	70.00	22.690	18.330	18.610	19.620	17.320
材料	水泥砂浆 1∶2(中砂)	m³	—	(0.053)	(0.035)	(0.035)	(0.035)	(0.028)
	水泥石灰砂浆 1∶0.3∶2.5(中砂)	m³	—	—	—	—	—	(0.569)
	水泥石灰砂浆 1∶0.5∶3(中砂)	m³	—	—	(0.570)	(0.569)	(0.569)	—
	水泥石灰砂浆 1∶1∶5(中砂)	m³	—	(1.138)	—	—	—	—
	水泥石灰砂浆 1∶1∶6(中砂)	m³	—	(2.612)	(1.787)	(1.709)	(1.709)	(0.684)
	水泥 TG 胶砂浆 1∶6∶0.2(中砂)	m³	—	—	—	—	—	(0.569)
	水泥 32.5	t	360.00	0.832	0.589	0.573	0.573	0.515
	生石灰	t	290.00	0.474	0.275	0.265	0.265	0.125
	中砂	t	30.00	6.088	3.746	3.619	3.619	2.850
	TG 胶	kg	2.50	—	—	—	—	31.921
	水	m³	5.00	3.141	2.280	2.180	2.180	1.619
机械	灰浆搅拌机 200L	台班	103.45	0.480	0.340	0.290	0.290	0.230

B.2.2.1.2 水 泥 砂 浆

工作内容：清理、修补、湿润基层表面、调运砂浆、分层抹灰找平、罩面压光、清扫落地灰、清理等全部操作过程。

单位：100m²

定额编号				B2-74	B2-75	B2-76	B2-77
项目名称				柱（梁）面			圆柱面增加工日
				标准砖	混凝土	砂浆找平层	
基价（元）				2196.98	2180.87	2009.19	435.40
其中	人工费（元）			1690.50	1690.50	1626.10	435.40
	材料费（元）			478.55	463.47	360.33	—
	机械费（元）			27.93	26.90	22.76	—
名称		单位	单价（元）	数量			
人工	综合用工一类	工日	70.00	24.150	24.150	23.230	6.220
材料	水泥砂浆 1∶2(中砂)	m³	—	(0.704)	(0.704)	—	—
	水泥砂浆 1∶3(中砂)	m³	—	(1.486)	(1.408)	(1.760)	—
	水泥 32.5	t	360.00	0.988	0.957	0.711	—
	中砂	t	30.00	3.407	3.282	2.821	—
	水	m³	5.00	4.131	4.098	3.948	—
机械	灰浆搅拌机 200L	台班	103.45	0.270	0.260	0.220	—

工作内容：1. 清理修补基层表面、湿润基层、调运砂浆、打底抹灰、砂浆找平。2. 选料、抹结合层砂浆、贴面砖、擦缝、清洁表面。　　单位：$100m^2$

定额编号				B2-153	B2-154	B2-155
项目名称				水泥砂浆粘贴		
				周长600mm以内		
				5mm缝	10mm缝	20mm缝
基价（元）				7578.55	7468.48	7126.65
其中	人工费（元）			3556.00	3549.70	3530.80
	材料费（元）			3940.95	3836.14	3511.14
	机械费（元）			81.60	82.64	84.71
名称		单位	单价（元）	数量		
人工	综合用工一类	工日	70.00	50.800	50.710	50.440
材料	水泥砂浆 1∶1（中砂）	m^3	—	(0.706)	(0.776)	(0.966)
	水泥砂浆 1∶3（中砂）	m^3	—	(1.746)	(1.746)	(1.746)
	素水泥浆	m^3	—	(0.101)	(0.101)	(0.101)
	水泥 32.5	t	360.00	1.392	1.445	1.589
	中砂	t	30.00	3.506	3.576	3.767
	面砖 240×60	m^2	32.50	93.650	89.770	77.990
	建筑胶	kg	7.50	35.030	35.030	35.030
	棉纱头	kg	5.83	1.000	1.000	1.000
	石料切割锯片	片	18.89	0.750	0.750	0.750
	水	m^3	5.00	1.661	1.682	1.739
机械	灰浆搅拌机 200L	台班	103.45	0.310	0.320	0.340
	石料切割机	台班	42.70	1.160	1.160	1.160

B. 2. 6. 2. 3 外 墙 面 砖

工作内容：1. 清理修补基层表面、打底抹灰、砂浆找平。2. 选料、抹结合层砂浆（刷粘结剂）、贴面砖、擦缝、清洁表面。

定 额 编 号				B2-152	B2-153	B2-254
项 目 名 称				零星项目		瓷、面砖割角 45°
				外墙面砖		
				水泥砂浆粘贴	干粉型粘结剂粘贴	
				100m²		100m
基 价（元）				10362.13	11404.20	320.16
其中	人 工 费（元）			5887.70	6597.50	103.60
	材 料 费（元）			4381.41	4720.93	72.74
	机 械 费（元）			93.02	85.77	143.82
名 称		单位	单价（元）	数 量		
人工	综合用工一类	工日	70.00	84.110	94.250	1.480
材料	水泥砂浆 1∶1（中砂）	m³	—	(0.599)	—	—
	水泥砂浆 1∶3（中砂）	m³	—	(1.676)	(1.676)	—
	素水泥浆	m³	—	(0.101)	—	—
	水泥 32.5	t	360.00	1.283	0.677	—
	白水泥	kg	0.66	21.000	21.000	—
	中砂	t	30.00	3.287	2.687	—
	面砖 240×60	m²	32.50	108.000	108.000	—
	干粉型粘结剂	kg	2.00	—	421.000	—
	建筑胶	kg	7.50	35.220	—	—
	石料切割锯片	片	18.89	1.000	1.000	2.130
	磨边锯片	片	15.00	—	—	2.100
	棉纱头	kg	5.83	1.000	1.000	—
	水	m³	5.00	1.638	1.203	0.200
机械	灰浆搅拌机 200L	台班	103.45	0.280	0.210	—
	石料切割机	台班	42.70	1.500	1.500	1.390
	磨边机	台班	60.77	—	—	1.390

B.3.1.3 混 合 砂 浆

工作内容：1. 清理、修补、湿润基层表面、调运砂浆、分层抹灰找平、罩面压光（包括天棚小圆角抹灰）、清扫落地灰、清理等全部操作过程。2. 清理、湿润预制板缝、调运砂浆、清扫落地灰、缝内抹灰压实。3. 清扫修补基层、调制碱液、涂刷、清理。

单位：100m²

定额编号				B3-7	B3-8	B3-9	B3-10
项目名称				混凝土	钢板（丝）网	预制混凝土板下	
						勾缝	火碱清洗
基价（元）				1645.34	1696.12	281.05	110.90
其中	人工费（元）			1306.20	1210.30	267.40	77.70
	材料费（元）			318.45	453.75	12.62	33.20
	机械费（元）			20.69	32.07	1.03	—
名称		单位	单价（元）	数量			
人工	综合用工一类	工日	70.00	18.660	17.290	3.820	1.110
材料	水泥石灰砂浆 1∶0.5∶3（中砂）	m³	—	(0.561)	—	—	—
	水泥石灰砂浆 1∶0.5∶5（中砂）	m³	—	—	(0.793)	—	—
	水泥石灰砂浆 1∶1∶4（中砂）	m³	—	(1.017)	(1.684)	(0.064)	—
	水泥 32.5	t	360.00	0.486	0.655	0.018	—
	生石灰	t	290.00	0.225	0.331	0.010	—
	中砂	t	30.00	2.298	3.728	0.093	—
	火碱	kg	3.30	—	—	—	9.910
	水	m³	5.00	1.859	2.054	0.089	0.100
机械	灰浆搅拌机 200L	台班	103.45	0.200	0.310	0.010	—

B.4.2.2.4 塑钢门安装

工作内容：1. 校正框扇、安装门、裁安玻璃、装配五金配件、周边塞缝等全部操作过程。2. 安装纱扇、校正、调整等。　　单位：100m²

定额编号				B4-127	B4-128	B4-129
项目名称				塑钢门		塑钢门纱扇安装
				带亮	不带亮	100m² 扇面积
基价（元）				28737.11	32394.07	6134.80
其中	人工费（元）			2880.00	2925.00	634.80
	材料费（元）			25716.50	29289.78	5500.00
	机械费（元）			140.61	179.29	—
名称		单位	单价（元）	数量		
人工	综合用工二类	工日	60.00	48.000	48.750	10.580
材料	塑钢门（带亮）	m²	250.00	96.000	—	—
	塑钢门（不带亮）	m²	285.00	—	96.000	—
	塑钢门纱扇	m²	55.00	—	—	100.000
	膨胀螺栓 ϕ8	个	0.85	667.080	851.290	—
	螺钉	百个	3.90	6.470	6.770	—
	合金钢钻头 ϕ10	个	8.50	3.270	4.170	—
	氯丁腻子 JN-10	kg	9.50	8.000	—	—
	聚氨酯发泡胶 750mL	支	21.50	6.591	7.391	—
	密封胶	支	10.00	87.875	98.543	—
机械	电锤（功率 520W）	台班	17.19	8.180	10.430	—

B.4.5.6 塑钢窗安装

工作内容：1. 校正框扇、安装窗、裁安玻璃、装配五金配件、周边塞缝等全部操作过程。2. 定位、打孔、安装纱扇及配件。

单位：100m²

	定额编号			B4-255	B4-256	B4-257	B4-258	B4-259
	项目名称			塑钢窗				
				单层			带纱扇	
				推拉	固定	平开	推拉	平开
	基价（元）			18998.52	23780.72	22781.72	20781.12	24610.12
其中	人工费（元）			2234.40	1791.60	2217.60	2592.00	3096.00
	材料费（元）			16633.73	21858.73	20433.73	18058.73	21383.73
	机械费（元）			130.39	130.39	130.39	130.39	130.39
	名称	单位	单价（元）	数量				
人工	综合用工二类	工日	60.00	37.240	29.860	36.960	43.200	51.600
材料	推拉单层塑钢窗（含玻璃）	m²	160.00	95.000	—	—	—	—
	固定单层塑钢窗（含玻璃）	m²	215.00	—	95.000	—	—	—
	平开单层塑钢窗（含玻璃）	m²	200.00	—	—	95.000	—	—
	推拉单层塑钢窗（含玻璃纱窗）	m²	175.00	—	—	—	95.000	—
	平开塑钢窗（含玻璃纱窗）	m²	210.00	—	—	—	—	95.000
	螺钉	百个	3.90	6.530	6.530	6.530	6.530	6.530
	膨胀螺栓 $\phi 8$	个	0.85	618.900	618.900	618.900	618.900	618.900
	合金钢钻头 $\phi 10$	个	8.50	3.034	3.034	3.034	3.034	3.034
	密封胶	支	10.00	73.749	73.749	73.749	73.749	73.749
	聚氨酯发泡胶 750mL	支	21.50	5.531	5.531	5.531	5.531	5.531
机械	电锤（功率 520W）	台班	17.19	7.585	7.585	7.585	7.585	7.585

B.5.4.2 乳 胶 漆

工作内容：清扫、磨砂纸、找补腻子、刷乳胶漆等。 单位：100m²

定 额 编 号				B5-296	B5-297	B5-298
项 目 名 称				乳胶漆		
				二遍	每增减一遍	墙面滚花
基 价（元）				780.80	359.78	577.86
其中	人 工 费（元）			560.98	246.40	525.98
	材 料 费（元）			219.82	113.38	51.88
	机 械 费（元）			—	—	—
名 称		单位	单价（元）	数 量		
人工	综合用工一类	工日	70.00	8.014	3.520	7.514
材料	乳胶漆	kg	7.60	28.350	14.910	6.300
	砂纸	张	0.50	1.000	—	1.000
	白布 0.9m	m	2.00	0.180	0.030	—
	成品腻子粉	kg	0.70	5.000	—	5.000

工作内容：1. 清扫、找补腻子、磨砂纸、刷乳胶漆。2. 清扫、配浆、磨砂纸、刷乳胶漆等。

单位：100m²

定 额 编 号				B5-299	B5-300	B5-301	B5-302
项 目 名 称				乳胶漆二遍			
				拉毛面	砖墙面	混凝土花格窗、栏杆、花饰	阳台、雨篷、窗间墙、隔板等小面积
基 价（元）				797.72	585.06	1251.96	604.13
其中	人 工 费（元）			366.80	219.80	659.40	263.90
	材 料 费（元）			430.92	365.26	592.56	340.23
	机 械 费（元）			—	—	—	—
名 称		单位	单价（元）	数 量			
人工	综合用工一类	工日	70.00	5.240	3.140	9.420	3.770
材料	乳胶漆	kg	7.60	56.700	48.060	77.410	44.230
	砂纸	张	0.50	—	—	1.000	1.000
	白布 0.9m	m	2.00	—	—	0.120	0.040
	成品腻子粉	kg	0.70	—	—	5.000	5.000

工作内容：清扫、修补、调配腻子、刮腻子、磨砂纸全部操作过程。 单位：100m²

定额编号				B5-285	B5-286	B5-287	B5-288	B5-289
项目名称				抹灰面				
				满刮水泥腻子二遍	每增减水泥腻子一遍	满刮防水成品腻子二遍	每增减防水成品腻子一遍	满刮大白腻子一遍
基价（元）				821.34	339.14	517.14	224.18	180.07
其中	人工费（元）			498.12	178.36	378.14	161.98	161.14
	材料费（元）			323.22	160.78	139.00	62.20	18.93
	机械费（元）			—	—	—	—	—
名称		单位	单价（元）	数量				
人工	综合用工一类	工日	70.00	7.116	2.548	5.402	2.314	2.302
材料	白水泥	t	660.00	0.167	0.083	—	—	—
	防水腻子	kg	1.70	—	—	80.000	36.000	—
	大白粉	kg	0.22	—	—	—	—	22.900
	羧甲基纤维素	kg	16.80	—	—	—	—	0.640
	生石灰	t	290.00	—	—	—	—	0.004
	砂纸	张	0.50	6.000	2.000	6.000	2.000	2.000
	聚醋酸乙烯乳液	kg	7.50	—	—	—	—	0.130
	TG胶	kg	2.50	84.000	42.000	—	—	—

附录 2　建设工程工程量清单计价规范摘录

中华人民共和国国家标准

建设工程工程量清单计价规范

Code of bills of quantities and valuation for
construction works

GB 50500－2013

主编部门：中华人民共和国住房和城乡建设部
批准部门：中华人民共和国住房和城乡建设部
施行日期：2 0 1 3 年 7 月 1 日

2 术　　语

2.0.1 工程量清单　bills of quantities（BQ）

载明建设工程分部分项工程项目、措施项目、其他项目的名称和相应数量以及规费、税金项目等内容的明细清单。

2.0.2 招标工程量清单　BQ for tendering

招标人依据国家标准、招标文件、设计文件以及施工现场实际情况编制的，随招标文件发布供投标报价的工程量清单，包括其说明和表格。

2.0.3 已标价工程量清单　priced BQ

构成合同文件组成部分的投标文件中已标明价格，经算术性错误修正（如有）且承包人已确认的工程量清单，包括其说明和表格。

2.0.4 分部分项工程　work sections and trades

分部工程是单项或单位工程的组成部分，是按结构部位、路段长度及施工特点或施工任务将单项或单位工程划分为若干分部的工程；分项工程是分部工程的组成部分，是按不同施工方法、材料、工序及路段长度等将分部工程划分为若干个分项或项目的工程。

2.0.5 措施项目　preliminaries

为完成工程项目施工，发生于该工程施工准备和施工过程中的技术、生活、安全、环境保护等方面的项目。

2.0.6 项目编码　item code

分部分项工程和措施项目清单名称的阿拉伯数字标识。

2.0.7 项目特征　item description

构成分部分项工程项目、措施项目自身价值的本质特征。

2.0.8 综合单价　all-in unit rate

完成一个规定清单项目所需的人工费，材料和工程设备费、施工机具使用费和企业管理费、利润以及一定范围内的风险费用。

2.0.9 风险费用　risk allowance

隐含于已标价工程量清单综合单价中，用于化解发承包双方在工程合同中约定内容和范围内的市场价格波动风险的费用。

2.0.10 工程成本　construction cost

承包人为实施合同工程并达到质量标准，在确保安全施工的前提下，必须消耗或使用的人工、材料、工程设备、施工机械台班及其管理等方面发生的费用和按规定缴纳的规费和税金。

2.0.11 单价合同　unit rate contract

发承包双方约定以工程量清单及其综合单价进行合同价款计算，调整和确认的建设工程施工合同。

2.0.12 总价合同　lump sum contract

发承包双方约定以施工图及其预算和有关条件进行合同价款计算，调整和确认的建设工程施工合同。

2.0.13 成本加酬金合同 cost plus contract

发承包双方约定以施工工程成本再加合同约定酬金进行合同价款计算，调整和确认的建设工程施工合同。

2.0.14 工程造价信息 guidance cost information

工程造价管理机构根据调查和测算发布的建设工程人工、材料、工程设备、施工机械台班的价格信息，以及各类工程的造价指数、指标。

2.0.15 工程造价指数 construction cost index

反映一定时期的工程造价相对于某一固定时期的工程造价变化程度的比值或比率。包括按单位或单项工程划分的造价指数，按工程造价构成要素划分的人工、材料、机械等价格指数。

2.0.16 工程变更 variation order

合同工程实施过程中由发包人提出或由承包人提出经发包人批准的合同工程任何一项工作的增、减、取消或施工工艺、顺序、时间的改变；设计图纸的修改；施工条件的改变；招标工程量清单的错、漏从而引起合同条件的改变或工程量的增减变化。

2.0.17 工程量偏差 discrepancy in BQ quantity

承包人按照合同工程的图纸（含经发包人批准由承包人提供的图纸）实施，按照现行国家计量规范规定的工程量计算规则计算得到的完成合同工程项目应予计量的工程量与相应的招标工程量清单项目列出的工程量之间出现的量差。

2.0.18 暂列金额 provisional sum

招标人在工程量清单中暂定并包括在合同价款中的一笔款项，用于工程合同签订时尚未确定或者不可预见的所需材料、工程设备、服务的采购，施工中可能发生的工程变更、合同约定调整因素出现时的合同价款调整以及发生的索赔、现场签证确认等的费用。

2.0.19 暂估价 prime cost sum

招标人在工程量清单中提供的用于支付必然发生但暂时不能确定价格的材料、工程设备的单价以及专业工程的金额。

2.0.20 计日工 dayworks

在施工过程中，承包人完成发包人提出的工程合同范围以外的零星项目或工作，按合同中约定的单价计价的一种方式。

2.0.21 总承包服务费 main contractor's attendance

总承包人为配合协调发包人进行的专业工程发包，对发包人自行采购的材料、工程设备等进行保管以及施工现场管理、竣工资料汇总整理等服务所需的费用。

2.0.22 安全文明施工费 health，safety and environmental provisions

在合同履行过程中，承包人按照国家法律、法规、标准等规定，为保证安全施工、文明施工，保护现场内外环境和搭拆临时设施等所采用的措施而发生的费用。

2.0.23 索赔 claim

在工程合同履行过程中，合同当事人一方因非己方的原因而遭受损失，按合同约定或法律法规规定应由对方承担责任，从而向对方提出补偿的要求。

2.0.24　现场签证　site instruction

发包人现场代表（或其授权的监理人、工程造价咨询人）与承包人现场代表就施工过程中涉及的责任事件所作的签认证明。

2.0.25　提前竣工（赶工）费　early completion(acceleration)cost

承包人按发包人的要求而采取加快工程进度措施，使合同工程工期缩短，由此产生的应由发包人应付的费用。

2.0.26　误期赔偿费　delay damages

承包人未按照合同工程的计划进度施工，导致实际工期超过合同工期（包括经发包人批准的延长工期），承包人应向发包人赔偿损失的费用。

2.0.27　不可抗力　force majeure

发承包双方在工程合同签订时不能预见的，对其发生的后果不能避免，并且不能克服的自然灾害和社会性突发事件。

2.0.28　工程设备　engineering facility

指构成或计划构成永久工程一部分的机电设备、金属结构设备、仪器装置及其他类似的设备和装置。

2.0.29　缺陷责任期　defect liability period

指承包人和已交付使用的合同工程承担合同约定的缺陷修复责任的期限。

2.0.30　质量保证金　retention money

发承包双方在工程合同中约定，从应付合同价款中预留，用以保证承包人在缺陷责任期内履行缺陷修复义务的金额。

2.0.31　费用　fee

承包人为履行合同所发生或将要发生的所有合理开支，包括管理费和应分摊的其他费用，但不包括利润。

2.0.32　利润　profit

承包人完成合同工程获得的盈利。

2.0.33　企业定额　corporate rate

施工企业根据本企业的施工技术、机械装备和管理水平而编制的人工、材料和施工机械台班等的消耗标准。

2.0.34　规费　statutory fee

根据国家法律、法规规定，由省级政府或省级有关权力部门规定施工企业必须缴纳的，应计入建筑安装工程造价的费用。

2.0.35　税金　tax

国家税法规定的应计入建筑安装工程造价内的营业税、城市维护建设税、教育费附加和地方教育附加。

2.0.36　发包人　employer

具有工程发包主体资格和支付工程价款能力的当事人以及取得该当事人资格的合法继承人，本规范有时又称招标人。

2.0.37　承包人　contractor

被发包人接受的具有工程施工承包主体资格的当事人以及取得该当事人资格的合法继

承人，本规范有时又称投标人。

2.0.38 工程造价咨询人　cost engineering consultant(quantity surveyor)

取得工程造价咨询资质等级证书，接受委托从事建设工程造价咨询活动的当事人以及取得该当事人资格的合法继承人。

2.0.39 造价工程师　cost engineer(quantity surveyor)

取得造价工程师注册证书，有一个单位注册、从事建设工程造价活动的专业人员。

2.0.40 造价员　cost engineering technician

取得全国建设工程造价员资格证书，在一个单位注册、从事建设工程造价活动的专业人员。

2.0.41 单价项目　unit rate project

工程量清单中以单价计价的项目，即根据合同工程图纸（含设计变更）和相关工程现行国家计量规范规定的工程量计算规则进行计量，与已标价工程量清单相应综合单价进行价款计算的项目。

2.0.42 总价项目　lump sum project

工程量清单中以总价计价的项目，即此类项目在相关工程现行国家计量规范中无工程量计算规则，以总价（或计算基础乘费率）计算的项目。

2.0.43 工程计量　measurement of quantities

发承包双方根据合同约定，对承包人完成合同工程的数量进行的计算和确认。

2.0.44 工程结算　final account

发承包双方根据合同约定，对合同工程在实施中、终止时、已完工后进行的合同价款计算、调整和确认。包括期中结算、终止结算、竣工结算。

2.0.45 招标控制价　tender sum limit

招标人根据国家或省级，行业建设主管部门颁发的有关计价依据和办法，以及拟定的招标文件和招标工程量清单，结合工程具体情况编制的指标工程的最高投标限价。

2.0.46 投标价　tender sum

投标人投标时响应招标文件要求所报出的对已标价工程量清单汇总后标明的总价。

2.0.47 签约合同价（合同价款）　contract sum

发承包双方在工程合同中约定的工程造价，即包括了分部分项工程费、措施项目费、其他项目费、规费和税金的合同总金额。

2.0.48 预付款　advance payment

在开工前，发包人按照合同约定，预先支付给承包人用于购买合同工程施工所需的材料、工程设备，以及组织施工机械和人员进场等的款项。

2.0.49 进度款　Interim payment

在合同工程施工过程中，发包人按照合同约定对付款周期内承包人完成的合同价款给予支付的款项，也是合同价款期中结算支付。

2.0.50 合同价款调整　adjustment in contract sum

在合同价款调整因素出现后，发承包双方根据合同约定，对合同价款进行变动的提出、计算和确认。

2.0.51 竣工结算价　final account at completion

发承包双方依据国家有关法律、法规和标准规定，按照合同约定确定的，包括在履行合同过程中按合同约定进行的合同价款调整，是承包人按合同约定完成了全部承包工作后，发包人应付给承包人的合同总金额。

2.0.52　工程造价鉴定　construction cost verification

工程造价咨询人接受人民法院、仲裁机关委托，对施工合同纠纷案件中的工程造价争议，运用专门知识进行鉴别、判断和评定，并提供鉴定意见的活动，也称为工程造价司法鉴定。

3　一　般　规　定

3.1　计 价 方 式

3.1.1　使用国有资金投资的建设工程发承包，必须采用工程量清单计价。

3.1.2　非国有资金投资的建设工程，宜采用工程量清单计价。

3.1.3　不采用工程量清单计价的建设工程，应执行本规范除工程量清单等专门性规定外的其他规定。

3.1.4　工程量清单应采用综合单价计价。

3.1.5　措施项目中的安全文明施工费必须按国家或省级、行业建设主管部门的规定计算，不得作为竞争性费用。

3.1.6　规费和税金必须按国家或省级、行业建设主管部门的规定计算，不得作为竞争性费用。

3.2　发包人提供材料和工程设备

3.2.1　发包人提供的材料和工程设备（以下简称甲供材料）应在招标文件中按照本规范附录 L.1 的规定填写《发包人提供材料和工程设备一览表》，写明甲供材料的名称、规格、数量、单价、交货方式、交货地点等。

承包人投标时，甲供材料单价应计入相应项目的综合单价中，签约后，发包人应按合同约定扣除甲供材料款，不予支付。

3.2.2　承包人应根据合同工程进度计划的安排，向发包人提交甲供材料交货的日期计划。发包人应按计划提供。

3.2.3　发包人提供的甲供材料如规格、数量或质量不符合合同要求，或出于发包人原因发生交货日期延误、交货地点及交货方式变更等情况的，发包人应承担由此增加的费用和（或）工期延误，并应向承包人支付合理利润。

3.2.4　发承包双方对甲供材料的数量发生争议不能达成一致的，应按照相关工程的计价定额同类项目规定的材料消耗量计算。

3.2.5　若发包人要求承包人采购已在招标文件中确定为甲供材料的，材料价格应由发承包双方根据市场调查确定，并应另行签订补充协议。

3.3 承包人提供材料和工程设备

3.3.1 除合同约定的发包人提供的甲供材料外，合同工程所需的材料和工程设备应由承包人提供，承包人提供的材料和工程设备均应由承包人负责采购、运输和保管。

3.3.2 承包人应按合同约定将采购材料和工程设备的供货人及品种、规格、数量和供货时间等提交发包人确认，并负责提供材料和工程设备的质量证明文件，满足合同约定的质量标准。

3.3.3 对承包人提供的材料和工程设备经检测不符合合同约定的质量标准，发包人应立即要求承包人更换，由此增加的费用和（或）工期延误应由承包人承担，对发包人要求检测承包人已具有合格证明的材料、工程设备，但经检测证明该项材料、工程设备符合合同约定的质量标准，发包人应承担由此增加的费用和（或）工期延误，并向承包人支付合理利润。

3.4 计 价 风 险

3.4.1 建设工程发承包，必须在招标文件、合同中明确计价中的风险内容及其范围，不得采用无限风险、所有风险或类似语句规定计价中的风险内容及范围。

3.4.2 由于下列因素出现，影响合同价款调整的，应由发包人承担：

1 国家法律、法规、规章和政策发生变化；

2 省级或行业建设主管部门发布的人工费调整，但承包人对人工费或人工单价的报价高于发布价的除外；

3 由政府定价或政府指导价管理的原材料等价格进行了调整。

因承包人原因导致工期延误的，应按本规范第 9.2.2 条、第 9.8.3 条的规定执行。

3.4.3 由于市场物价波动影响合同价款的，应由发承包双方合理分摊，按本规范附录 L.2 或 L.3 填写《承包人提供主要材料和工程设备一览表》作为合同附件；当合同中没有约定，发承包双方发生争议时，应按本规范第 9.8.1～9.8.3 条的规定调整合同价款。

3.4.4 由于承包人使用机械设备，施工技术以及组织管理水平等自身原因造成施工费用增加的，应由承包人全部承担。

3.4.5 当不可抗力发生，影响合同价款时，应按本规范第 9.10 节的规定执行。

4 工程量清单编制

4.1 一 般 规 定

4.1.1 招标工程量清单应由具有编制能力的招标人或受其委托、具有相应资质的工程造价咨询人编制。

4.1.2 招标工程量清单必须作为招标文件的组成部分，其准确性和完整性应由招标人负责。

4.1.3 招标工程量清单是工程量清单计价的基础，应作为编制招标控制价、投标报价、计算或调整工程量、索赔等的依据之一。

4.1.4　招标工程量清单应以单位（项）工程为单位编制，应由分部分项工程项目清单，措施项目清单，其他项目清单、规费和税金项目清单组成。

4.1.5　编制招标工程量清单应依据：

1　本规范和相关工程的国家计量规范；

2　国家或省级，行业建设主管部门颁发的计价定额和办法；

3　建设工程设计文件及相关资料；

4　与建设工程有关的标准、规范、技术资料；

5　拟定的招标文件；

6　施工现场情况、地勘水文资料、工程特点及常规施工方案；

7　其他相关资料。

4.2　分部分项工程项目

4.2.1　分部分项工程项目清单必须载明项目编码、项目名称、项目特征、计量单位和工程量。

4.2.2　分部分项工程项目清单必须根据相关工程现行国家计量规范规定的项目编码、项目名称、项目特征、计量单位和工程量计算规则进行编制。

4.3　措　施　项　目

4.3.1　措施项目清单必须根据相关工程现行国家计量规范的规定编制。

4.3.2　措施项目清单应根据拟建工程的实际情况列项。

4.4　其　他　项　目

4.4.1　其他项目清单应按照下列内容列项：

1　暂列金额；

2　暂估价，包括材料暂估单价、工程设备暂估单价、专业工程暂估价；

3　计日工；

4　总承包服务费。

4.4.2　暂列金额应根据工程特点按有关计价规定估算。

4.4.3　暂估价中的材料，工程设备暂估单价应根据工程造价信息或参照市场价格估算，列出明细表；专业工程暂估价应分不同专业，按有关计价规定估算，列出明细表。

4.4.4　计日工应列出项目名称、计量单位和暂估数量。

4.4.5　总承包服务费应列出服务项目及其内容等。

4.4.6　出现本规范第 4.4.1 条未列的项目，应根据工程实际情况补充。

4.5　规　　费

4.5.1　规费项目清单应按照下列内容列项：

1　社会保险费：包括养老保险费、失业保险费、医疗保险费、工伤保险费、生育保险费；

2 住房公积金；

3 工程排污费。

4.5.2 出现本规范第4.5.1条未列的项目，应根据省级政府或省级有关部门的规定列项。

4.6 税 金

4.6.1 税金项目清单应包括下列内容：

1 营业税；

2 城市维护建设税；

3 教育费附加；

4 地方教育附加。

4.6.2 出现本规范第4.6.1条未列的项目，应根据税务部门的规定列项。

5 招标控制价

5.1 一 般 规 定

5.1.1 国有资金投资的建设工程招标，招标人必须编制招标控制价。

5.1.2 招标控制价应由具有编制能力的招标人或受其委托具有相应资质的工程造价咨询人编制和复核。

5.1.3 工程造价咨询人接受招标人委托编制招标控制价，不得再就同一工程接受投标人委托编制投标报价。

5.1.4 招标控制价应按照本规范第5.2.1条的规定编制，不应上调或下浮。

5.1.5 当招标控制价超过批准的概算时，招标人应将其报原概算审批部门审核。

5.1.6 招标人应在发布招标文件时公布招标控制价，同时应将招标控制价及有关资料报送工程所在地或有该工程管辖权的行业管理部门工程造价管理机构备查。

5.2 编制与复核

5.2.1 招标控制价应根据下列依据编制与复核：

1 本规范；

2 国家或省级、行业建设主管部门颁发的计价定额和计价办法；

3 建设工程设计文件及相关资料；

4 拟定的招标文件及招标工程量清单；

5 与建设项目相关的标准、规范、技术资料；

6 施工现场情况、工程特点及常规施工方案；

7 工程造价管理机构发布的工程造价信息，当工程造价信息没有发布时，参照市场价；

8 其他的相关资料。

5.2.2 综合单价中应包括招标文件中划分的应由投标人承担的风险范围及其费用。招标文件中没有明确的，如是工程造价咨询人编制，应提请招标人明确；如是招标人编制，应予明确。

5.2.3　分部分项工程和措施项目中的单价项目，应根据拟定的招标文件和招标工程量清单项目中的特征描述及有关要求确定综合单价计算。

5.2.4　措施项目中的总价项目应根据拟定的招标文件和常规施工方案按本规范第3.1.4条和3.1.5条的规定计价。

5.2.5　其他项目应按下列规定计价：

1　暂列金额应按招标工程量清单中列出的金额填写；

2　暂估价中的材料、工程设备单价应按招标工程量清单中列出的单价计入综合单价；

3　暂估价中的专业工程金额应按招标工程量清单中列出的金额填写；

4　计日工应按招标工程量清单中列出的项目根据工程特点和有关计价依据确定综合单价计算；

5　总承包服务费应根据招标工程量清单列出的内容和要求估算。

5.2.6　规费和税金应按本规范第3.1.6条的规定计算。

5.3　投诉与处理

5.3.1　投标人经复核认为招标人公布的招标控制价未按照本规范的规定进行编制的，应在招标控制价公布后5天内向招投标监督机构和工程造价管理机构投诉。

5.3.2　投诉人投诉时，应当提交由单位盖章和法定代表人或其委托人签名或盖章的书面投诉书。投诉书应包括下列内容：

1　投诉人与被投诉人的名称、地址及有效联系方式；

2　投诉的招标工程名称、具体事项及理由；

3　投诉依据及有关证明材料；

4　相关的请求及主张。

5.3.3　投诉人不得进行虚假、恶意投诉，阻碍招投标活动的正常进行。

5.3.4　工程造价管理机构在接到投诉书后应在2个工作日内进行审查，对有下列情况之一的，不予受理：

1　投诉人不是所投诉招标工程招标文件的收受人；

2　投诉书提交的时间不符合本规范第5.3.1条规定的；

3　投诉书不符合本规范第5.3.2条规定的；

4　投诉事项已进入行政复议或行政诉讼程序的。

5.3.5　工程造价管理机构应在不迟于结束审查的次日将是否受理投诉的决定书面通知投诉人、被投诉人以及负责该工程招投标监督的招投标管理机构。

5.3.6　工程造价管理机构受理投诉后，应立即对招标控制价进行复查，组织投诉人、被投诉人或其委托的招标控制价编制人等单位人员对投诉问题逐一核对。有关当事人应当予以配合，并应保证所提供资料的真实性。

5.3.7　工程造价管理机构应当在受理投诉的10天内完成复查，特殊情况下可适当延长，并作出书面结论通知投诉人、被投诉人及负责该工程招投标监督的招投标管理机构。

5.3.8　当招标控制价复查结论与原公布的招标控制价误差大于±3%时，应当责成招标人改正。

5.3.9 招标人根据招标控制价复查结论需要重新公布招标控制价的，其最终公布的时间至招标文件要求提交投标文件截止时间不足15天的，应相应延长投标文件的截止时间。

6 投 标 报 价

6.1 一 般 规 定

6.1.1 投标价应由投标人或受其委托具有相应资质的工程造价咨询人编制。

6.1.2 投标人应依据本规范第6.2.1条的规定自主确定投标报价。

6.1.3 投标报价不得低于工程成本。

6.1.4 投标人必须按招标工程量清单填报价格。项目编码、项目名称、项目特征、计量单位、工程量必须与招标工程量清单一致。

6.1.5 投标人的投标报价高于招标控制价的应予废标。

6.2 编 制 与 复 核

6.2.1 投标报价应根据下列依据编制和复核：

1 本规范；

2 国家或省级、行业建设主管部门颁发的计价办法；

3 企业定额，国家或省级、行业建设主管部门颁发的计价定额和计价办法；

4 招标文件、招标工程量清单及其补充通知、答疑纪要；

5 建设工程设计文件及相关资料；

6 施工现场情况、工程特点及投标时拟定的施工组织设计或施工方案；

7 与建设项目相关的标准、规范等技术资料；

8 市场价格信息或工程造价管理机构发布的工程造价信息；

9 其他的相关资料。

6.2.2 综合单价中应包括招标文件中划分的应由投标人承担的风险范围及其费用，招标文件中没有明确的，应提请招标人明确。

6.2.3 分部分项工程和措施项目中的单价项目，应根据招标文件和招标工程量清单项目中的特征描述确定综合单价计算。

6.2.4 措施项目中的总价项目金额应根据招标文件及投标时拟定的施工组织设计或施工方案，按本规范第3.1.4条的规定自主确定。其中安全文明施工费应按照本规范第3.1.5条的规定确定。

6.2.5 其他项目应按下列规定报价：

1 暂列金额应按招标工程量清单中列出的金额填写；

2 材料、工程设备暂估价应按招标工程量清单中列出的单价计入综合单价；

3 专业工程暂估价应按招标工程量清单中列出的金额填写；

4 计日工应按招标工程量清单中列出的项目和数量，自主确定综合单价并计算计日工金额；

5 总承包服务费应根据招标工程量清单中列出的内容和提出的要求自主确定。

6.2.6 规费和税金应按本规范第3.1.6条的规定确定。

6.2.7 招标工程量清单与计价表中列明的所有需要填写单价和合价的项目，投标人均应填写且只允许有一个报价。未填写单价和合价的项目，可视为此项费用已包含在已标价工程量清单中其他项目的单价和合价之中。当竣工结算时，此项目不得重新组价予以调整。

6.2.8 投标总价应当与分部分项工程费、措施项目费、其他项目费和规费、税金的合计金额一致。

16 工程计价表格

16.0.1 工程计价表宜采用统一格式。各省、自治区、直辖市建设行政主管部门和行业建设主管部门可根据本地区、本行业的实际情况，在本规范附录B至附录L计价表格的基础上补充完善。

16.0.2 工程计价表格的设置应满足工程计价的需要，方便使用。

16.0.3 工程量清单的编制应符合下列规定：

1 工程量清单编制使用表格包括：封-1、扉-1、表-01、表-08、表-11、表-12（不含表-12-6～表-12-8）、表-13、表-20、表-21或表-22。

2 扉页应按规定的内容填写、签字、盖章，由造价员编制的工程量清单应有负责审核的造价工程师签字、盖章。受委托编制的工程量清单，应有造价工程师签字、盖章以及工程造价咨询人盖章。

3 总说明应按下列内容填写：

1）工程概况：建设规模、工程特征、计划工期、施工现场实际情况、自然地理条件、环境保护要求等。

2）工程招标和专业工程发包范围。

3）工程量清单编制依据。

4）工程质量、材料、施工等的特殊要求。

5）其他需要说明的问题。

16.0.4 招标控制价、投标报价、竣工结算的编制应符合下列规定：

1 使用表格：

1）招标控制价使用表格包括：封-2、扉-2、表-01、表-02、表-03、表-04、表-08、表-09、表-11、表-12（不含表-12-6～表-12-8）、表-13、表-20、表-21或表-22。

2）投标报价使用的表格包括：封-3、扉-3、表-01、表-02、表-03、表-04、表-08、表-09、表-11、表-12（不含表-12-6～表-12-8）、表-13、表-16、招标文件提供的表-29、表-21或表-22。

3）竣工结算使用的表格包括：封-4、扉-4、表-01、表-05、表-06、表-07、表-08、表-09、表-10、表-11、表-12、表-13、表-14、表-15、表-16、表-17、表-18、

表-19、表-20、表-21或表-22。

2 扉页应按规定的内容填写、签字、盖章，除承包人自行编制的投标报价和竣工结算外，受委托编制的招标控制价、投标报价、竣工结算，由造价员编制的应有负责审核的造价工程师签字、盖章以及工程造价咨询人盖章。

3 总说明应按下列内容填写：

1) 工程概况：建设规模、工程特征、计划工期、合同工期、实际工期、施工现场及变化情况、施工组织设计的特点，自然地理条件、环境保护要求等。

2) 编制依据等。

16.0.5 工程造价鉴定应符合下列规定：

1 工程造价鉴定使用表格包括：封-5、扉-5、表-01、表-05～表-20、表-21或表-22。

2 扉页应按规定内容填写、签字、盖章，应有承担鉴定和负责审核的注册造价工程师签字、盖执业专用章。

3 说明应按本规范第14.3.5条第1款至第6款的规定填写。

16.0.6 投标人应按招标文件的要求，附工程量清单综合单价分析表。

附录 B 工程计价文件封面

B.1 招标工程量清单封面

______________________________工程

招标工程量清单

招　标　人：______________________
（单位盖章）

造价咨询人：______________________
（单位盖章）

年　　月　　日

封-1

B.2　招标控制价封面

______________________________工程

招 标 控 制 价

招　标　人：______________________
（单位盖章）

造价咨询人：______________________
（单位盖章）

年　　月　　日

封-2

B.3　投标总价封面

______________________________工程

投　标　总　价

投　标　人：______________________
（单位盖章）

年　　月　　日

封-3

附录C 工程计价文件扉页

C.1 招标工程量清单扉页

____________________工程

招标工程量清单

招 标 人：________________
（单位盖章）

造价咨询人：________________
（单位资质专用章）

法定代表人
或其授权人：________________
（签字或盖章）

法定代表人
或其授权人：________________
（签字或盖章）

编 制 人：________________
（造价人员签字盖专用章）

复 核 人：________________
（造价工程师签字盖专用章）

编制时间： 年 月 日

复核时间： 年 月 日

扉-1

C.2 招标控制价扉页

________________工程

招 标 控 制 价

招标控制价(小写)：________________

(大写)：________________

招 标 人：________________
(单位盖章)

造价咨询人：________________
(单位资质专用章)

法定代表人
或其授权人：________________
(签字或盖章)

法定代表人
或其授权人：________________
(签字或盖章)

编 制 人：________________
(造价人员签字盖专用章)

复 核 人：________________
(造价工程师签字盖专用章)

编制时间： 年 月 日

复核时间： 年 月 日

扉-2

C.3 投标总价扉页

投 标 总 价

招 标 人：________________

工程名称：________________

投标总价(小写)：________________

(大写)：________________

投 标 人：________________

(单位盖章)

法定代表人

或其授权人：________________

(签字或盖章)

编 制 人：________________

(造价人员签字盖专用章)

时 间： 年 月 日

扉-3

附录 D 工程计价总说明

总 说 明

工程名称： 第 页 共 页

表-01

E.2 单项工程招标控制价/投标报价汇总表

工程名称： 第 页 共 页

序号	单项工程名称	金额（元）	其中：（元）		
			暂估价	安全文明施工费	规费
合 计					

注：本表适用于单项工程招标控制价或投标报价的汇总。暂估价包括分部分项工程中的暂估价和专业工程暂估价。

表-03

E.3　单位工程招标控制价/投标报价汇总表

工程名称：　　　　　　　　　　　　　　标段：　　　　　　　　　　　　　第　页　共　页

序号	汇 总 内 容	金额（元）	其中：暂估价（元）
1	分部分项工程		
1.1			
1.2			
1.3			
1.4			
1.5			
2	措施项目		
2.1	其中：安全文明施工费		
3	其他项目		
3.1	其中：暂列金额		
3.2	其中：专业工程暂估价		
3.3	其中：计日工		
3.4	其中：总承包服务费		
4	规费		
5	税金		
招标控制价合计＝1＋2＋3＋4＋5			

注：本表适用于单位工程招标控制价或投标报价的汇总，如无单位工程划分，单项工程也使用本表汇总。

表-04

附录F　分部分项工程和措施项目计价表

F.1　分部分项工程和单价措施项目清单与计价表

工程名称：　　　　　　　　　　　　标段：　　　　　　　　　　　　第　页　共　页

序号	项目编码	项目名称	项目特征描述	计量单位	工程量	金额（元）		
						综合单价	合价	其中
								暂估价
本页小计								
合　计								

注：为计取规费等的使用，可在表中增设其中："定额人工费"。

表-08

F.2　综合单价分析表

工程名称：　　　　　　　　　　　　　　标段：　　　　　　　　　　第　页　共　页

<table>
<tr><td colspan="2">项目编码</td><td colspan="1"></td><td colspan="1">项目名称</td><td colspan="2"></td><td colspan="1">计量单位</td><td colspan="2"></td><td colspan="1">工程量</td><td colspan="2"></td></tr>
<tr><td colspan="12">清单综合单价组成明细</td></tr>
<tr><td rowspan="2">定额编号</td><td rowspan="2">定额项目名称</td><td rowspan="2">定额单位</td><td rowspan="2">数量</td><td colspan="4">单　　价</td><td colspan="4">合　　价</td></tr>
<tr><td>人工费</td><td>材料费</td><td>机械费</td><td>管理费和利润</td><td>人工费</td><td>材料费</td><td>机械费</td><td>管理费和利润</td></tr>
<tr><td></td><td></td><td></td><td></td><td></td><td></td><td></td><td></td><td></td><td></td><td></td><td></td></tr>
<tr><td></td><td></td><td></td><td></td><td></td><td></td><td></td><td></td><td></td><td></td><td></td><td></td></tr>
<tr><td></td><td></td><td></td><td></td><td></td><td></td><td></td><td></td><td></td><td></td><td></td><td></td></tr>
<tr><td></td><td></td><td></td><td></td><td></td><td></td><td></td><td></td><td></td><td></td><td></td><td></td></tr>
<tr><td></td><td></td><td></td><td></td><td></td><td></td><td></td><td></td><td></td><td></td><td></td><td></td></tr>
<tr><td colspan="2">人工单价</td><td colspan="6">小　　计</td><td></td><td></td><td></td><td></td></tr>
<tr><td colspan="2">元/工日</td><td colspan="6">未计价材料费</td><td colspan="4"></td></tr>
<tr><td colspan="8">清单项目综合单价</td><td colspan="4"></td></tr>
<tr><td colspan="2" rowspan="9">材料费明细</td><td colspan="4">主要材料名称、规格、型号</td><td>单位</td><td>数量</td><td>单价（元）</td><td>合价（元）</td><td>暂估单价（元）</td><td>暂估合价（元）</td></tr>
<tr><td colspan="4"></td><td></td><td></td><td></td><td></td><td></td><td></td></tr>
<tr><td colspan="4"></td><td></td><td></td><td></td><td></td><td></td><td></td></tr>
<tr><td colspan="4"></td><td></td><td></td><td></td><td></td><td></td><td></td></tr>
<tr><td colspan="4"></td><td></td><td></td><td></td><td></td><td></td><td></td></tr>
<tr><td colspan="4"></td><td></td><td></td><td></td><td></td><td></td><td></td></tr>
<tr><td colspan="4"></td><td></td><td></td><td></td><td></td><td></td><td></td></tr>
<tr><td colspan="6">其他材料费</td><td>—</td><td></td><td>—</td><td></td></tr>
<tr><td colspan="6">材料费小计</td><td>—</td><td></td><td>—</td><td></td></tr>
</table>

注：1　如不使用省级或行业建设主管部门发布的计价依据，可不填定额编号、名称等。
　　2　招标文件提供了暂估算价的材料，按暂估的单价填入表内“暂估单价”栏及“暂估合价”栏。

表-09

F.4 总价措施项目清单与计价表

工程名称： 标段： 第 页 共 页

序号	项目编码	项目名称	计算基础	费率（%）	金额（元）	调整费率（%）	调整后金额（元）	备注
		安全文明施工费						
		夜间施工增加费						
		二次搬运费						
		冬雨季施工增加费						
		已完工程及设备保护费						
合计								

编制人（造价人员）： 复核人（造价工程师）：

注：1 “计算基础”中安全文明施工费可为“定额基价”、“定额人工费”或“定额人工费+定额机械费”，其他项目可为“定额人工费”或“定额人工费+定额机械费”。

2 按施工方案计算的措施费，若无“计算基础”和“费率”的数值，也可只填“金额”数值，但应在备注栏说明施工方案出处或计算方法。

表-11

附录G 其他项目计价表

G.1 其他项目清单与计价汇总表

工程名称： 标段： 第 页 共 页

序号	项 目 名 称	金额（元）	结算金额（元）	备 注
1	暂列金额			明细详见表-12-1
2	暂估价			
2.1	材料（工程设备）暂估价/结算价	—		明细详见表-12-2
2.2	专业工程暂估价/结算价			明细详见表-12-3
3	计日工			明细详见表-12-4
4	总承包服务费			明细详见表-12-5
5	索赔与现场签证			明细详见表-12-6
合 计				—

注：材料（工程设备）暂估单价进入清单项目综合单价，此处不汇总。

表-12

G.2 暂列金额明细表

工程名称：　　　　　　　　　　　　标段：　　　　　　　　　　　第 页 共 页

序号	项 目 名 称	计量单位	暂定金额（元）	备 注
1				
2				
3				
4				
5				
6				
7				
8				
9				
10				
11				
合 计				—

注：此表由招标人填写，如不能详列，也可只列暂定金额总额，投标人应将上述暂列金额计入投标总价中。

表-12-1

G.3　材料（工程设备）暂估单价及调整表

工程名称：　　　　　　　　　　　　　　标段：　　　　　　　　　　　　第　页　共　页

序号	材料(工程设备)名称、规格、型号	计量单位	数量		暂估(元)		确认(元)		差额±(元)		备注
			暂估	确认	单价	合价	单价	合价	单价	合价	
合　计											

注：此表由招标人填写“暂估单价”，并在备注栏说明暂估价的材料、工程设备拟用在那些清单项目上，投标人应将上述材料、工程设备暂估单价计入工程量清单综合单价报价中。

表-12-2

G.4 专业工程暂估价及结算价表

工程名称：　　　　　　　　　　　　　标段：　　　　　　　　　　　第　页　共　页

序号	工程名称	工程内容	暂估金额（元）	结算金额（元）	差额±(元)	备　注
合　计						

注：此表“暂估金额”由招标人填写，投标人应将“暂估金额”计入投标总价中。结算时按合同约定结算金额填写。

表-12-3

G.5 计 日 工 表

工程名称：　　　　　　　　　　　标段：　　　　　　　　　第 页 共 页

编号	项目名称	单位	暂定数量	实际数量	综合单价(元)	合价(元)	
						暂定	实际
一	人 工						
1							
2							
3							
4							
人 工 小 计							
二	材 料						
1							
2							
3							
4							
5							
6							
材 料 小 计							
三	施 工 机 械						
1							
2							
3							
4							
施工机械小计							
四、企业管理费和利润							
总 计							

注：此表项目名称、暂定数量由招标人填写，编制招标控制价时，单价由招标人按有关计价规定确定；投标时，单价由投标人自主报价，按暂定数量计算合价计入投标总价中。结算时，按发承包双方确认的实际数量计算合价。

表-12-4

G.6 总承包服务费计价表

工程名称：　　　　　　　　　　　　　　　标段：　　　　　　　　　　　　第 页 共 页

序号	项目名称	项目价值(元)	服务内容	计算基础	费率(%)	金额(元)
1	发包人发包专业工程					
2	发包人提供材料					
	合　计	—	—		—	

注：此表项目名称、服务内容由招标人填写，编制招标控制价时，费率及金额由招标人按有关计价规定确定；投标时，费率及金额由投标人自主报价，计入投标总价中。

表-12-5

附录 H　规费、税金项目计价表

工程名称：　　　　　　　　　　　　　　　　　　标段：　　　　　　　　　　　　　　第　页　共　页

序号	项 目 名 称	计 算 基 础	计算基数	计算费率（%）	金额（元）
1	规费	定额人工费			
1.1	社会保险费	定额人工费			
(1)	养老保险费	定额人工费			
(2)	失业保险费	定额人工费			
(3)	医疗保险费	定额人工费			
(4)	工伤保险费	定额人工费			
(5)	生育保险费	定额人工费			
1.2	住房公积金	定额人工费			
1.3	工程排污费	按工程所在地环境保护部门收取标准，按实计入			
2	税金	分部分项工程费＋措施项目费＋其他项目费＋规费－按规定不计税的工程设备金额			
合 计					

编制人（造价人员）：　　　　　　　　　　　　　　　　　　　　复核人（造价工程师）：

表-12-13

参 考 文 献

1. 建设工程工程量清单计价规范 GB 50500—2013. 北京：中国计划出版社，2013.
2. 房屋建筑与装饰工程工程量计算规范 GB 50854—2013. 北京：中国计划出版社，2013.
3. 通用安装工程工程量计算规范 GB 50856—2013. 北京：中国计划出版社，2013.
4. 袁建新. 工程造价概论(第四版). 北京：中国建筑工业出版社，2018.